イリヤ・プリゴジン

存在から発展へ

物理科学における時間と多様性

小出昭一郎・安孫子誠也 訳

みすず書房

FROM BEING TO BECOMING

Time and Complexity in the Physical Sciences

by

Ilya Prigogine

First published by W. H. Freeman and Company, San Francisco, 1980

ブリュッセルとオースティンにおける同僚と友人たちに捧げる．この仕事ができたのはこれらの人びとの協力による．

コロンブス以前の方解石製の寺院模型．紀元前 300 年より前のもの．
メキシコのグエレロ州出土．高さ約 10 cm．個人蔵．

目　次

第 II 部　発展の物理学

第III部　存在から発展への橋渡し

さあ，わたしをそっとやさしく抱いて下さいな．
でも，あまりきつくお抱きになると，ガラスが壊れます．
物事の性質上そうなのですが，
自然の物にとっては宇宙といえども広すぎるということはありませんが，
人工の物には，限られた空間が必要なのです．

ゲーテ『ファウスト』第2部

（訳注）『ファウスト』第2部第2幕の第2景《実験室》で，ファウストの元の高弟ワーグネルがレトルト（蒸溜などに用いる化学実験器具で，フラスコの頸の曲がったような形のもの）の中で人間の製造に成功したとき，できた小人間ホムンクルスがレトルトの中からワーグネルに語りかけた言葉．訳文は高橋義孝氏による．

日本語版への序文

本書の日本語訳がまもなく出るということで，私はたいへん喜んでいます．本書の刊行以来，不可逆過程に対する関心は鼠算的に増しています．それらが科学の非常に多くの分野で決定的な役割をはたしていることは，いまや全く自明となっています．興味のある読者は最近の学会の記録*をごらんになることもできます．本書で考察した見地からすると，不可逆性というものが空間，時間，動力学に革命的な変化をひきおこしていることを強調するのは，とくに重要なことです．ベナール不安定性のような最も単純な場合においても，不可逆性の結果として生じる空間的な対称性の破れをみることができます．同じように，化学時計は時間における対称性の破れをもたらします．異なる2つの時点が，もはや同じ役を演じなくなるからです．さらに，つぎつぎとおこる分岐の結果と考えれば，自然それ自体も一つの歴史的な対象なのであります．

この新しい立場から見渡すとき，不可逆性はマクロのレベルでおこることであって，そのもととなる《素過程》のレベルは時間反転可能な法則で支配されているはずだという従来の観点を受け入れることは，ますます困難になっています．本書の第1版では，この問題をすでに扱ってはいますが，どちらかといえば素描にすぎません．そこで私は，《不可逆性と時空構造》と題する新しい章をつけ加えることにきめました．これは，この問題への入門に役立つことでしょう．そこには，第1版の刊行後に得られた結果も含まれています．

一言でいいますと，私たちの考え方というのは，エントロピー増大則と，そ

---

* 例えば，G. Nicolis and F. Baras 編，*Chemical Instabilities: Application in Chemistry, Engineering, Geology and Material Science*, Reidel, Dordrect (1984). L. E. Reichl and W. C. Schieve (編集), *Instabilities, Bifurcations, and Fluctuations in Chemical Systems*, University of Texas Press, Austin (1982).

れに含意される《時の矢》の存在を，自然の基本になっている事実とみなすことです．そうしますと，なすべきことというのは，第2法則を基本的仮定として導入した結果として生じる時空と動力学の概念的構成の変化がどうなるかを調べることになります．このような見方を正当づけるのは，私たちのまわりにあるがままの自然が時間的に非対称的だという観測事実です．私たちはみな，そろって年をとっているのです．そして，進化過程の連鎖を逆向きにたどっている星などというものを観測した人は未だかつていないのです．許される状態の集合を図示したとすると，これから平衡状態へと向かう状態だけを表わす部分集合になってしまうのではないかという可能性を調べてみる気にさせたのは，この**経験的**事実なのです．簡単にいえば，この見取図のなかでは第2法則は**動力学の法則によって伝達される選択規則**ということになります．この選択規則は，**不安定な**力学系において，それに含まれるすべての自由度に対して共通の未来に到るような初期条件を規定することはできない，というものです．量子力学的な散乱で，同じ量子状態と結びついた拡散する波だけが観測されて，収縮する波が観測されないのは，この理由によるのです．すでに第1版で述べたように，この場合にもやはり，そのような選択規則が成り立つのは十分に不安定な古典的ないし量子論的系に対してであります．理想化した，摩擦のない調和振動子が熱力学の第2法則に従うとは，誰も期待しません．

このプログラムが，K-流（K は Kolmogoroff の頭文字）と呼ばれる重要な力学系に対して厳密に遂行できるようになったということは，私にとってきわめて注目すべきことのように思われます．K-流については第10章の大部分をあてました．時間について可逆な動力学的記述から確率的な記述への移行は，時間に関する対称性の破れを含む非局所的な変換という特殊な形式によって仲介されます．

この移行で本質的な役割を果たすのは，内部時間という新しい時間の概念で，これは天文学で用いる時間とは根本的に異っています．それを測るのにはやはり時計やその他の力学的な道具を用いますが，不安定な力学系に存在する軌道の乱雑さから出てくるという点で全く異る意味をもっています．この変換は，空間についても時間についても非局所的な記述を導き出します．それに特有な尺度は，運動の不安定さのめやすによって与えられます（第10章で導入されるリアプーノフ指数はその一例）．この非局所性があるために，力学的記述に特有の不安定さを回避し，自然科学のいろいろな場面で見られる微妙な釣合いを許すような記述が得られるのです．

このようにして，時空連続体の中でおこる不可逆過程によって決定される「空間の年齢計測（タイミング）」という考えに到達するのは注目すべきことです．こうなると，従来の静的な時空観とは遠くかけ離れた見地に立っていることになります．

勿論，私たちは私たち自身の生活における時の矢の向きの存在に気づいています．さらに，生物学のおかげで私たちは進化という考えになじんでいます．本書の展望の中では，この進化という考え方が第2法則に含まれるすべての過程の基礎になっているというように一般化されています．一言でいえば，不可逆性としての時間は，もはやわれわれを自然から隔離させてしまうことはないのです．それとは逆に，熱力学の第2法則は，私たちが進化する宇宙に属しているのだということを表現しているのです．

第2法則を動力学の基礎原理にくりこもうという私たちのプログラムは，ごく新しいものであって，さらに多くのことを研究し，明らかにしてゆく必要があります．第2法則を基本原理に加えることの意味がもっと完全に解き明かされるまでには，なすべきことが多く残っています．しかし，この問題は，動力学の原理と確率論の原理の理解だけではなく時空構造の解明にも重要なことなので，この第2版において《中間報告》として出す価値があると思われます．これは読者の興味を，非平衡熱力学の最近の考え方と力学系の理論とをうまく結びつける分野へとさそうことになってくれると期待しています．

統計物理学への関心は日本の科学者の間ではきわめて高く，日本の哲学的伝統は空間と時間の概念と深くかかわっていました．したがって私は，この本が，現代科学の応用と概念的基礎のどちらにも関連する分野への関心を，いきいきとしたものに保つのに貢献すると思っています．

まえがき

この本は時間について書いたものである．一部の読者は驚かれるかもしれないが，私は書名を『時間——忘れられた次元』としたかったのである．時間は，動力学の出発時から，運動を調べるときには考慮に入っているではないか．時間は，特殊相対性理論の主な対象そのものではないか．それは確かに正しい．しかし，古典力学にせよ量子力学にせよ，動力学的記述では，時間は，方程式が時間の反転 $t \to -t$ に対して不変である，という点できわめて限定された形で取り入れられているにすぎない．いわゆる弱い相互作用という特殊なタイプの相互作用は，この時間対称性に従っていないと考えられているが，それは本書で扱う問題とは何の関係もない．

すでに1754年の昔に，ダランベールは，動力学において時間は単なる《幾何学的パラメタ》として現われているにすぎないことを注意した（d'Alembert 1754）．そしてラグランジュは，アインシュタインやミンコフスキーの仕事からさかのぼること100年以上も昔に，4次元の幾何学とでも呼ぶべきものに到達していた（Lagrange 1796）．この観点では，未来と過去とは同じ役を演じる．われわれの宇宙をつくり上げている原子などの粒子が描く軌道——世界線——は，未来へ向かっても過去へ向かっても同様にたどることができる．

世界に対するこの静的な見方の根は西欧科学の起源の中にある（Sambursky 1963）．

あの有名なターレスを代表者とするミレトス学派は，物質保存の考えと密接に関係した根源物質という概念を導入した．ターレスにとっては（水のような）単一の物質が根源物質であった．したがって成長とか腐朽といった，物理的現象における変化はすべて，単なる幻にすぎないと考えねばならない．

物理学者や化学者は，過去と未来が同じ役を演じるような記述がすべての現象にあてはまるわけでないことを知っている．2種の液体を同じ器に入れたならば，一般にはそれらは混じり合って一様な混合液になっていくことを見て知っている．この実験では，時間の方向は本質的である．一様化が次第に進むことは観測されるが，混合液がひとりでに2つの液に分離するのを見ることはないという事実から，時間の一方通行的性格は明らかである．ところが，長い間そのような現象は物理学の基本的な記述からは排除されていた．時間的に順序づけられた過程はすべて，特殊な《ありそうもない》初期条件の結果であると考えられていたのである．

今世紀の初頭には，このような静的な観点がほとんど科学界の満場一致で受け入れられていたことは，第1章で見るとおりである．しかし，われわれはその後，そういう見方から遠ざかってきた．時間が本質的な役を演ずる動力学的な見方が，科学のほとんどすべての分野で優勢になっている．進化の概念は物理的宇宙の理解にとって中心的な重要さをもつように思われる．それは19世紀に力強く現われたものである．全く異なる特定の意味をもっていたにせよ，それが物理学，生物学，社会学にほとんど同時に現われたというのは，注目すべきことである．物理学ではそれは**熱力学の第2法則**，つまり有名なエントロピー増大の法則，を通して導入された．それが本書の主な主題のひとつである．

古典的な見方では，第2法則は分子的な無秩序の増大を表わしていた．ボルツマンの表現を用いれば，熱力学的平衡状態は，最大の《確率》をもった状態に対応している．しかし，生物学や社会学では，進化の基本的な意味はちょうど逆であって，高いレベルの複雑さへの変化を表わしている．それでは，動力学におけるような運動としての時間，熱力学におけるように不可逆性と結びついた時間，生物学や社会学におけるような歴史としての時間，といったさまざまの時間を，どう関連づけることができるのであろうか．これが容易でないことは明らかである．しかし，われわれはただひとつの宇宙に生きている．われわれの住んでいる世界に対する調和のとれた見解に到達するには，ひとつの記述と別の記述とをつなぐ何らかの道を見つけ出さなければならない．

本書のねらいのひとつは，われわれが今や科学革命のただなかにいるのだという私の確信を読者に伝えることである．科学的な研究法の位置と意味が再評価されつつある，という革命であり，古代ギリシアにおける科学的方法の誕生やガリレオ時代におけるそれのルネッサンスにも匹敵するものと思うのである．

多くの興味深くて基本的な発見が，われわれの科学の視野を拡大した．ほんのいくつかを挙げると，素粒子物理学におけるクォーク，宇宙におけるパルサーなどの珍しい現象，分子生物学のめざましい進歩，などである．これらは，われわれの時代を象徴するものであって，きわめて豊富に重要な発見を含んでいる．しかし，私が科学革命と言うときには，それとは違うもっと捕えがたいものを心に描いているのである．西欧科学の誕生以来，われわれは分子，原子，素粒子といった微視的なものの《単純性》ということを信じてきた．そうすると，不可逆性や進化というのは，それ自身は単純なもの多数の集団的振舞いの複雑さに関連した幻影であるかのように見える．歴史的には西欧科学の推進力のひとつであったこの考え方は，今日ではもはや通用しにくくなっている．われわれの知っている素粒子は生成したり消滅したりできる複雑な対象である．物理学や化学に何か単純なものがあるとしても，それは微視的モデルの中にではない．それはむしろ，調和振動子や2体問題のような，理想化された巨視的な表現の中にある．しかし，もしわれわれがそのようなモデルを，大きな系や非常に小さい系の振舞いを記述するのに用いようとすると，この単純性は失われてしまう．もし微視的世界の単純さを信じないということなら，われわれは時間の役目を再評価しなくてはならない．というわけで，われわれは本書の主題にたどりつく．それは次のようにまとめられる．

第1に，不可逆過程は可逆過程と同じように**現実的な**ものである．それは，必要に迫られて可逆的な法則の上にとってつけた補完のための近似などではない．

第2に，不可逆過程は物理的世界において基本的な**建設的**役割を演じる．それは，生物のレベルで特に鮮明に現われる重要な秩序ある過程のもとになっている．

第3に，不可逆性は深く動力学に根ざしている．不可逆性は，（軌道とか波動関数のような）古典力学や量子力学の基礎概念が，はっきりしなくなるところから出発して生じる．不可逆性とは，動力学の法則に導入された補助的な近似のようなものではなく，動力学をもっと巨大な形式の中にはめこむことに対応する．あとで示すように，通常の古典力学や量子力学の形式を超えて広がり，不可逆過程の役割を明確に示すような，微視的な理論体系が存在するのである．

この理論体系から，物理的な系でわれわれが観測する多くの特徴と生物のそれらとを結びつけることを可能にするような，統一的な描像を導くことができる．その意図するところは，物理学と生物学とを単一の体系に《帰着》させることではなく，さまざまなレベルでの記述を明確に定義し，ひとつのレベルから他のレベルへと移りうるための条件を提示することである．

古典物理学における幾何学的表現の役割はよく知られている．古典物理学はユークリッド幾何学を基礎にしており，相対論その他の分野における新しい発展は，幾何学的な考え方の拡張と関連している．しかし，もう一方の極端な場合として，形態生成という複雑な現象を記述するために発生学者が用いた場の理論を考えてみよう．鶏卵の胚が発育していくところを写した映画などを見るのは，とくに生物学者でないものにとって，驚くべき経験である．われわれは，生物体内の各所がつぎつぎと組織化されていくのを見るわけであるが，そこでは，各瞬間に各場所でおこるすべての事象が，全体として関連をもったひとつの過程をつくり上げるようになっていることを知る．このような空間は機能的であって，幾何学的な空間などではない．標準的な幾何学的空間であるユークリッド空間は，平行移動や回転に対して不変である．ところが，生物学的空間はそうではない．この空間では，いろいろな事象は，空間的時間的な範囲の限られた過程なのであって，単なる軌道の集まりではない．これは，神および永久運動の世界と地上の世界とを対比させたアリストテレス的宇宙観に非常に近いものである（Sambursky 1963 を参照）．このアリストテレスの考え方が生物学的な観察によって影響されていることは明らかである．

疑いもなく，天体の燦然たる美しさは，これら卑しい物について考えるよりも多くの歓喜でわれわれを満たしてくれる．太陽や星は生まれることも消滅することもなく，永遠で神聖だからである．しかし，天は高くて遠く，天体に関してわれわれの感覚が与えてくれる知識は乏しく，あいまいである．これに反し，生き物はわれわれの手の届くところにあり，われわれが望むならば，それらについてたくさんの確実な知識を得ることができる．もし生き物がわれわれを歓喜で満たしてくれないのならば，われわれは彫像の美に喜びを感じる．まして，哲学の心をもって原因を求め作者の意図のしるしを認めたときには，なおさらである．そのようにして，自然の目的とその深層にひそむ法則がいたるところで明らかにされるであろう．それらすべては，自然の多様な営みの中で，何らかの形の「美」を志向しているのである．(Haraway 1976 に引用されているアリストテレスの言葉)

アリストテレスの生物観を物理学へ適用することは多くの害をもたらしたけれども，分岐と不安定性に関する新しい理論は，幾何学的世界と組織化された機能的な世界，という 2 つの考え方が相容れないものではないことを，われわれに認めさせるのである．私は，この進歩が，長く影響をもち続けると考えている．

微視的レベルの《単純性》を信じるのは，今ではもう過去のこととなった．しかし，私がわれわれはいま革命の途上にあると信じているのには，もうひとつの理由がある．古典的な，しばしば《ガリレイ的》科学観と呼ばれるものは，世界をひとつの《客体》とみなし，物理的世界を，われわれとは切り離された分析の対象として外から眺めているかのように記述する．この態度は，過去においては非常な成功をおさめてきた．しかし，われわれはガリレイ的世界観の限界にきてしまったのである (Koyré 1968)．さらに前進するためには，われわれのいる位置，つまり物理的宇宙を記述するときの出発点になる視座を，もっとよく理解しておかねばならない．このことは，科学の主観主義に戻れということを意味するのではなく，知識を生物の諸特徴と関係づけなければならない，ということである．モノーは生命系を《これらの不可思議なるもの》と呼んだが，実際，生物というのは《無生物》界にくらべると非常に特異である (Jacques Monod 1970)．したがって，私の目標のひとつは，それらのもつ一般的特質のいくつかを解きほぐすことである．分子生物学には基本的な進歩があったが，それなくしてはこのような議論は不可能であったろう．しかし私は次のような別の面を強調したいのである．生きている組織というのは，平衡からは程遠い対象であって，熱平衡の世界から不安定性によって隔離されていること，および生きている組織は必然的に《大きい》巨視的な対象物であって，生命の持続を可能ならしめる複雑な生体分子をつくり出すために物質の秩序ある状態を要求しているということである.

物理的世界の記述とは何を意味するのか，つまり，どのような見地からわれわれはそれを記述するのか．この問いに対する答えには，上記のような一般的な特徴が取り入れられていなくてはならない．答えとして可能なのは，われわれは巨視的なレベルで出発し，われわれの測定の結果は，微視的世界のものも含めて，すべてどこかで巨視的レベルに戻って比較検討されねばならないということだけである．ボーアが強調したように，**原始的概念**というものは存在する．それらは先験的に知られているというものではないが，記述はすべてそれらの存在と矛盾しないようになっていることを示さなければならない（Bohr 1948)．このことは，物理的世界のわれわれの記述に，自己矛盾がないという要素をもちこむことになる．例えば，生命系は時間の向きを認識する．最も単純な単細胞組織に関する実験ですら，そのことを確かめている．この時間の向きというのは《原始的概念》のひとつである．動力学のように時間に関して可逆的であろうと，不可逆過程であろうと，それなしでは科学は可能ではないはずである．したがって，第4章と第5章で展開される散逸構造の理論の最も面白い特徴は物理学と化学の基礎にこの時間の方向性の根源を見出すことができるということである．他方でこの発見は，われわれが自身で感じている時間の方向を，矛盾なく正当化してくれる．時間の概念というのは，われわれが考えていたよりもずっと複雑なものである．運動に結びついた時間というのは，古典力学や量子力学のような理論体系の枠に矛盾なく包含できる特質のうちの最初のものにすぎない.

われわれはさらに進むことができる．本書で記述する新しい結果のうちで最も顕著なもののひとつは，微視的・力学的レベルにおけるゆらぎに深く根ざした《第2の時間》の出現である．この新しい時間は，古典力学や量子力学におけるもののように，もはや単なるパラメタではなく，どちらかと言えば，量子力学で物理量を記述するものと同様の演算子である．微視的レベルの意外な複雑さを記述するのになぜ演算子が必要なのか，というのは本書で考察する展開の最も興味深い特質のひとつである.

科学の最近の進歩は，西欧文化の枠内で科学的な視野をもっとよく統合することを可能にすると思われる．科学の発達が，その大きな成功にもかかわらず，ある種の文化摩擦をもたらしたことは疑いのないことである(Snow 1964)．《二つの文化》の存在はお互いに対する探究心の欠如だけによるのではなく，少なくとも部分的には，科学的な方法というものが，文学や芸術に固有の時間と変化といった問題について，語ることがあまりにも少なすぎたという事実によるのである．本書では哲学や人文科学に関連した諸問題は扱わないけれども，それらについては協力者スタンジェール（Isabelle Stengers）と私の共著になる別の本 Order out of chaos（混沌からの秩序）で論じられている．ヨーロッパにおいても北米においても，哲学的課題と科学的課題とを近づけようとする強い傾向があることに注意するのは興味深いことである．例えば，フランスにおける Serres, Moscovici, Morin といった人たちの作品や，ニューヨーク・タイムスの 1977 年 8 月 7 日号に載った Robert Brustein の挑発的な論説《アインシュタイン時代のドラマ》などを考えてみればよい．この論説は，文学における因果性の役割を再評価したものである．

西欧文明は時間が中心だ，と言っても多分誇張にはならないであろう．このことは，旧約と新約の両聖書の中でとられている観点の基本的特質と関連しているのではなかろうか．

古典物理学の《時間を欠いた》考え方が，西欧世界の形而上学的諸概念と摩擦をおこすのは不可避であった．カントからホワイトヘッドを経た哲学の全歴史が，別の実在（例えばカントの物自体の世界）あるいは，決定論ではなく時間と自由が本質的な役割をするような新しい記述の形式の導入によって，この困難を解消しようとする企てであったのも偶然ではない．それはさておいても，生物学の諸問題や，社会的要素と文化的要素の結合による進歩では，時間と変化というものは本質的に重要である．実際，生物の進化とは対照的に，文化的・社会的な変化の魅力的な特質は，生じるまでの時間が相対的に短いことである．したがって，ある意味では，文化的・社会的なことに興味を抱いた人は誰でも否応なしに時間の問題と変化の法則とを考えなければならないのである．多分それとは逆に，時間の問題に興味をもった人は誰でも，われわれの時代の文化的・社会的変化にもまた関心を払わざるをえなくなる．

古典物理学は，たとえ量子論や相対論で拡張したとしても，時間変化に関しては相対的に貧しいモデルしか与えてくれない．かつてはそれのみが当然と思われていた決定論的な物理諸法則も，今日では粗い単純化で，時間変化の漫画のようなものと見られている．古典力学においても量子力学においても，与えられた時点における系の状態が十分な精度で《既知》ならば，未来（過去も同様）は少なくとも原理的には予言しうる，と考えられていた．もちろんこれは純粋に概念上の問題であって，実際上は，今から例えば1カ月後に雨が降るかどうかを予報することさえできないことを，われわれはよく知っている．けれども，このような理論的枠組は，ある意味で現在がすでに過去と未来を《含んでいる》ことを示しているように思われる．本当はそうではないことを，われわれは示すつもりである．未来は過去に含まれてはいない．社会学におけると同様に，物理学においても，予言できるのは可能なさまざまな《シナリオ》にすぎない．しかし，ほかならぬその理由のゆえにこそわれわれは，魅惑的な冒険に参加し，ニールス・ボーアの言葉を借りれば，《見物人でもあれば俳優でもある》役割を演じているのである．

本書を執筆するに際し，水準は中間に置いた．読者としては，理論物理学と化学の基本的な道具には慣れている方々を予想している．しかし私は，この水準を採用することによって，私にとってははなはだ含蓄に富むと思われるこの分野を，広汎な読者に簡明に紹介できると思っている．

本書の構成は次のようになっている．序章のあとで，《存在（being)》の物理学とも言うべきもの（古典力学と量子力学）を手短かに概観する．私は主として古典および量子力学の限界を強調するが，それはこれらの分野が閉じていると言うには程遠く，急速な発展途上にあるという私の確信を，読者に伝えるためである．実際，われわれの理解が満足すべきものだと言えるのは，最も単純な問題を考えるときだけである．残念ながら，科学の構造に関して行きわたっている考え方の多くは，これら単純な場合の不当な拡大解釈を基礎にしている．続いて注意は《発展（becoming)》の物理学へと向けられる．それは現代化した熱力学であり，自己組織化やゆらぎの役割が論じられる．最後の3つの章で，存在から発展への橋渡しのために現在用いられている諸方法が説明される．分子運動論とそれの最近の拡張が，そこに含まれる．第8章ではさらに技術的な考察も行なわれる．必要な予備知識のない読者は，直接に第9章に進んでもかまわない．そこでは，第8章で得られた主な結論が要約してある．多分，最も重要な結論は，古典力学と量子力学が終わるところから不可逆性が出発する，ということである．このことは，古典力学や量子力学が誤っているという意味ではない．むしろ，それらは，観測の可能性として考えられる範囲を超えた理想化に対応していることになる．軌道とか波動関数というものは，観測可能な状況をそれらに対応させうるときにのみ，物理的な内容をもつことができるが，物理的描像に不可逆性が入ってくると，もはやそうではなくなってしまうのである．このようにして，本書は，時間と変化というものをより深く理解するための手引きとして役立つような諸問題の展望を提供する．

引用文献はすべて巻末にまとめた．その中には，興味のある読者がいっそうの展開を見出すような重要な文献もあるし，本書の内容のうちの特定の問題を扱った原著論文もある．その選択はどちらかと言えば恣意的であるから，漏れがあったら読者にお詫びする．とくに関連が深いのは，ニコリスと筆者の共著書 *Self-Organization in Nonequilibrium Systems* (Wiley Interscience, 1977)〔小畠陽之助・相沢洋二訳『散逸構造——自己秩序形成の物理学的基礎』(岩波書店 1980)〕である．

ポパー (Karl Popper) は彼の著書 *Logic of Scientific Discovery*〔大内義一・森博訳『科学的発見の論理』(上，下) (恒星社厚生閣 1972)〕の 1959 年版の序言の中で次のように記している．《物を考える人ならばすべて関心をもつ哲学的な問題が少なくともひとつある．それは宇宙論の問題であって，われわれ自身やわれわれの知識をもその一部として含む世界をどう理解するかという問題である．》本書の目的は，物理学と化学における最近の発展が，ポパーによってかくも見事に説明された問題に対してなした貢献を示すことである．

すべての科学上の顕著な発展と同様に，そこには意外な要素が現われる．われわれは，新しい洞察が主として素粒子の研究や宇宙論の問題の解から得られると期待している．ところが，新しい意外な特質は，中間および巨視的レベルでの不可逆性の考えが，物理学や化学の基本的な方法になっている古典力学や量子力学のようなものの改変へと導くということである．不可逆性は，正しく理解するならば，存在から発展への移り変わりの鍵を与えてくれるような予期しない特質を導入するのである．

西欧科学の起源このかた，時間の問題はつねに挑戦的な課題であった．それはニュートン革命と深く結びついていたし，ボルツマンの仕事にとってのインスピレーションでもあった．課題は今でもわれわれとともに存在するが，おそらく今のわれわれはいっそう総合的な観点に近づいている．それによって将来，新しい発展が創造されるであろう．

ブリュッセルおよびオースチンにおける協同研究者の方々には，本書の基礎になったアイディアを定式化し発展させる際の重要な役割に対して，深甚な謝意を表する．すべての方々にここで一人一人感謝はできないけれども，Alkis Grecos 博士，Robert Herman 博士，Isabelle Stengers 嬢の建設的な批判には謝辞を述べておきたい．また，原稿を用意するにあたり絶えず助力して下さった Marie Theodosopulu 博士，Jagdish Mehra 博士， Gregoire Nicolis 博士にもとくにお礼を申しのべたい．

1979年10月

Ilya Prigogine

イリヤ　プリゴジン

第1章

序：物理学における時間

動力学的記述とその限界

われわれの時代に，自然科学の知識は非常に大きく進歩した．物理学的に調べることのできる世界は，まさに途方もない広がりを含むようになった．素粒子物理学のようなミクロのスケールでは，10^{-22} 秒とか 10^{-15} センチメートルといった大きさを扱う．宇宙論のようなマクロの尺度では，時間は 10^{10} 年(宇宙の寿命）の程度に，距離は 10^{28} センチメートル（物理的信号を受理しうる最大距離）の程度に及ぶ．だが，われわれが記述しうる時空の範囲の非常な広さ以上に重要なのは，最近わかってきた物理学的世界の振舞いの変化である．

今世紀のはじめに物理学は，物質の基本構造を，電子や陽子のような安定な《素粒子》数種類に帰着させるという方向に進んでいたように見える．今やわれわれは，そのような単純な記述とは全くかけ離れてしまったところにいる．理論物理学がこの先どうなるにしても，《素》粒子というのは，《ミクロの世界の単純さ》に関することわざなどとても通用しそうもない，大へん複雑なものになりそうである．

天体物理学でも同じような見解の変化が生じている．西欧天文学の創始者たちが天体の運行の規則性と永遠性を強調したのに対し，そうみなしうるのは，せいぜい惑星の運動といったような非常に少数の限られたものだけになっている．どこを見渡しても，安定と調和を見出す代りに，ますます多様になり，いよいよ複雑さを増すような進化の過程が見られる．このように物理的世界の見方が変化してくると，数学や理論物理学のうちで新しい局面と関係のある分野を研究してみようということになってくる．

アリストテレスにとって，物理学というのは自然界におこる諸過程，諸変化

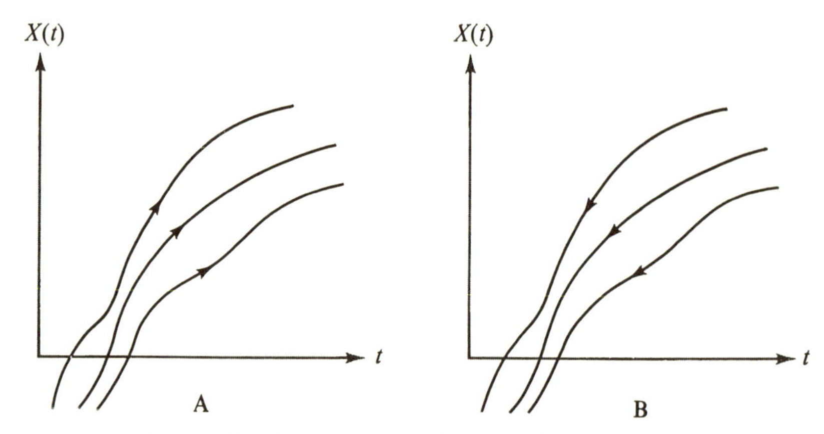

図 1.1 (A) 時間に関して前向きの変化，(B) 時間に関し後向きの変化，という異なった初期条件に対応する座標 $X(t)$ の時間変化を示す世界線.

を調べる科学であった (Ross 1955). しかし，ガリレオその他の現代物理学の創始者たちにとっては，厳密に数学的な言葉で表わせる唯一の変化は加速度，つまり運動状態の変化であった. これが結局，古典力学の基礎方程式を導くことになった. それは加速度を力と次のように関係づける.

$$m\frac{d^2\mathbf{r}}{dt^2}=\mathbf{F}. \tag{1.1}$$

それ以後，物理的な時間といえば古典的な運動方程式に現われる時間 t をさすことになった. われわれは物理的世界というものを，《1次元の》宇宙の場合に**図 1.1** で表わされるような，軌道の集まりと見ることができたのである.

軌道とは，時間の関数として粒子の位置 $X(t)$ を表わすものである. その重要な特質は，動力学というものが未来と過去の間に何ら区別をつけないことである. 式 (1.1) は時間の反転 $t\rightarrow -t$ に関して不変である. 時間に関して《前向き》の運動 A も，《後向き》の運動 B も，どちらも可能である. しかし，もし時間の向きというものを導入しなければ，進化の過程を然るべく記述することは不可能である. したがって，アレクサンドル・コイレ (Alexandre Koyré 1968) が，動力学的な運動のことを《時間と関係のない運動，もしくは，もっと変わった言い方として，時ならぬ時の中で進行する運動——変化のない変化と同じように矛盾を含む概念》と呼んだのは驚くに値しない.

もう一度言うが，自然界で生じている変化のうちで，古典物理学は運動だけを扱ってきた．ベルクソン（『創造的進化』1907; Bergson 1963）その他の人たちが強調したように，すべてが古典物理学で与えられるならば変化というのは発展の否定以外の何物でもなく，時間は単なるパラメタにすぎず，時間がその変化を記述している何物にも影響されはしない．発展という過程を回避した安定な世界というイメージは，理論物理学の理想的な場合として今でも残っている．ニュートンが創始し，ラプラス，ラグランジュ，ハミルトンのような偉大な後継者によって完成された動力学は，どんな問いにも答えることのできる**閉じた**普遍的体系をつくったように思われた．動力学が答えられない問題は本当の問題ではないとして退けられるのが，ほとんど自明のようであった．このようにして，動力学は人びとに究極的な実在への道を与えたように見えた．このような考え方をすると，力学以外のものは（人間をも含み）一種の幻想にすぎず，本質的な重要性などもっていないかのように思われたのである．

こうして，微視的なレベルでも動力学が適用できるということを確認するのが，物理学の主目的になった．この微視的な世界がわかれば，観測されるあらゆる現象を説明する基礎が提供されるはずであった．ここで古典物理学は，デモクリトスが《存在するのは原子と空虚だけである》と述べた，ギリシアの原子論者のプログラムに出会うことになった．

今日われわれは，ニュートン力学が記述できるのはわれわれの物理的経験の一部分にしかすぎないことを知っている．それは，グラムやトンで測られる質量，光の速さよりずっと小さい速さのような通常のスケールをもった対象に対してだけあてはまる．また，古典力学の正しさの限界はいくつかの普遍定数によって示されていることも知っている．そのうちで最も重要なのはプランク定数 h と光の速さ c である．それらの大きさは，cgs 系で $h \simeq 6 \times 10^{-27}$ erg・sec, $c \simeq 3 \times 10^{10}$ cm/sec である．原子や素粒子のようにきわめて小さい対象や，中性子星やブラックホールのように極端に高密度な物のスケールになると，新しい現象が生じてくるのである．こういった現象を扱うため，ニュートン力学の代りに量子力学（これは h の値の有限性を考慮している）や相対論的力学（これは光速 c を考えに入れている）がつくられた．しかし，これら新しい型の動力学――それら自体としては全く革命的なものであるが――もニュートン物理学の考え方を継承しており，宇宙は**発展**なしに**存在**している静的な宇宙である．

これらの概念をさらに議論する前に，物理学というものは本当に動力学という形をとりうるものなのかどうかを問わねばならない．この問いは限定する必要がある．科学というのは閉じたものではない．例えば素粒子の分野における最近の諸発見は，われわれの理論的な理解が実験結果よりもどんなに遅れているかを示している．しかし，まず，一番よくわかっている分子物理学の分野で古典力学と量子力学が果たしている役割について一言述べておこう．われわれは，少なくとも定性的にならば，物質の主な性質を古典力学あるいは量子力学だけで記述できるのであろうか．いくつかの典型的な物性を考えてみよう．光の放出・吸収といった分光学的性質に関しては，吸収線や放出線の位置を予言する上で量子力学はすばらしい成功をおさめてきた．しかし，(例えば比熱のような）他の物性に関しては，いわゆる動力学を超えて先に行く必要がある．例えば1モルの水素気体を0°から100°Cまで加熱するのに，体積を一定に保ったり圧力を一定にして行なうと，いつでも同じ量だけのエネルギーが要るというのはどういうわけなのであろうか．この問いに答えるには，分子構造（それは古典力学ないし量子力学で記述される）の知識だけでなく，水素のどんな2種の試料をとっても，十分な時間がたったあとでは同じ《巨視的》状態になるという仮定が必要である．こうしてわれわれは熱力学の第2法則が関係してくることを認識する．この法則については次節で述べるが，これは本書を通じて本質的な役割を演じる法則である．

粘性とか拡散といった非平衡性が含まれると，動力学以外のものの役割はさらに大きくなる．粘性係数や拡散係数を計算するには，ある種の運動論あるいは《マスター方程式》(第7章を参照）を含む定式化の導入が必要になる．計算の詳しいことは重要でない．大事な点は，古典力学あるいは量子力学が提供する方法のほかに，それを補う方法が必要だということである．それらと動力学の関係を調べる前に，それらを簡潔に記すことにする．ここでわれわれは，本書の主題である，物理的宇宙の記述における時間の役割，に出会うことになる．

熱力学の第2法則

すでに述べたように，動力学が記述する過程では時間の方向は問題にならな

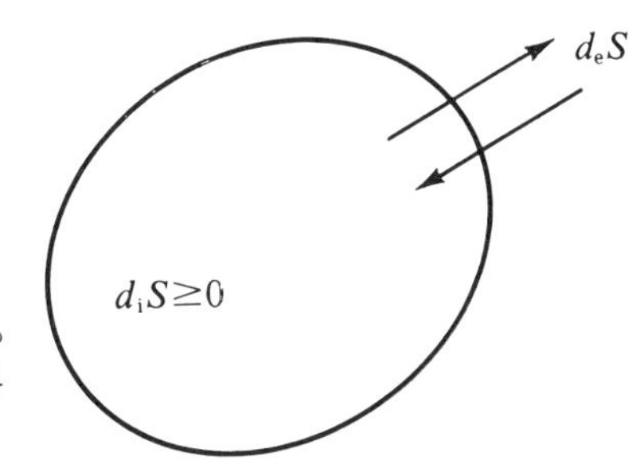

図 1.2 開いた系で d_iS は内部においてつくり出されるエントロピー，d_eS は系と外界の間のエントロピーのやりとりを示す．

い．明らかに，時間の向きが本質的な役割をするようなそれ以外の状況というものは存在する．もし巨視的物体の一部分を加熱してからそれを熱的に孤立させておいたとすると，温度が次第に一様になっていくのを見ることができる．そのような過程では，時間は明らかに《一方通行》的な性質を示す．工学者や物理化学者たちは，18 世紀の終わり頃から広範な研究を続けてきた．クラウジウスが公式化した熱力学の第 2 法則（Planck 1930 を参照）は，そういった過程の特徴を非常によく要約している．クラウジウスは，外部とエネルギーも物質もやりとりをしていない孤立系を考えた．このとき，第 2 法則によるとエントロピーという関数 S の存在が示される．これは熱平衡の状態で最大値をとるが，そうなるまでは単調に増加する．

$$\frac{dS}{dt} \geq 0. \tag{1.2}$$

この定式化は，外部とエネルギーや物質をやりとりする系にも容易に一般化される（**図 1.2** を参照）．

エントロピーの変化 dS というときに 2 つの場合を区別する必要がある．第 1 の d_eS は系の境界を通して行なわれるエントロピーの移動，第 2 の d_iS は系内で生成されるエントロピーである．第 2 法則によると，系の内部でつくり出されるエントロピーは正である．

$$dS = d_eS + d_iS, \quad d_iS \geq 0 \tag{1.3}$$

可逆過程と不可逆過程の間の区別が本質的になるのは，この公式においてである．不可逆過程だけがエントロピーをつくり出す．不可逆過程の例としては，化学反応，熱伝導，拡散などがある．これに対し，可逆過程としては，吸収が無視できるほど小さい場合の波の伝播が挙げられよう．そうすると，熱力学の第2法則は，不可逆過程によって時間には一方通行的な性質があることを主張していることになる．時間の正の向きというのはエントロピーの増す向きである．第2法則の中で時間の一方性がどんなに強く，具体的に現われているかを，ここで強調しておこう．それは，時間とともに増すことはできても減ることがないという全く特徴的な性質をもった関数が，孤立系には存在するということを仮定するのである．そのような関数は，リアプーノフ（Aleksander Lyapounov）が彼の古典的な仕事の中で創始した安定性の現代的理論の中で，重要な役割を演じる（文献は Nicolis and Prigogine 1977 の中に挙げてある）．

時間の一方性を示す例はほかにもある．例えば，弱い相互作用では，方程式の中で時間反転 $t \rightarrow -t$ をしてはならない．しかしこれは時間の一方性を示す形としては**弱いほう**のものである．これは動力学的記述の枠の中におさまる一方性であり，第2法則がもたらす不可逆過程に対応するものではない．

われわれはリアプーノフ関数に関係する過程だけを問題にしようとしているので，この考えをもっと詳しく調べなければならない．いま，時間変化が変数 X_i で記述されるような系を考えよう．X_i は化学的な成分の濃度といったような量である．そのような系の変化は

$$\frac{dX_i}{dt} = F_i(\{X_i\}) \tag{1.4}$$

という形の方程式によって与えられる．F_i は成分 X_i の全体としての生成の割合である．各成分ごとに1個の方程式が立てられる（例は第4章と第5章に出てくる）．$X_i=0$ のときにはすべての反応の進行が0になるものと仮定しよう．そうするとこの $X_i=0$ というのはその系の**平衡点**ということになる．そこで，濃度 X_i が0でない値から出発したら，この系は平衡点 $X_i=0$ へ向かっていくであろうか，が問題となる．いまの言葉でいうと，$X_i=0$ という状態はアトラクターか，ということになる．この問題を扱うにはリアプーノフ関数を使う必要がある．濃度の関数 $\mathcal{V}=(X_1,\cdots,X_n)$ を考え，それは $X=0$ では0であるがそれ以外の問題になっている領域では**正**の値をとるものとする*．そして，濃度 X_i が時間変化をするときに $\mathcal{V}(X_1,\cdots,X_n)$ がどのように変化する

* 一般には，リアプーノフ関数はつねに負値であってもよいが，その1階の導関数はつねに正値でなくてはならない（式（4.28）を参照）．

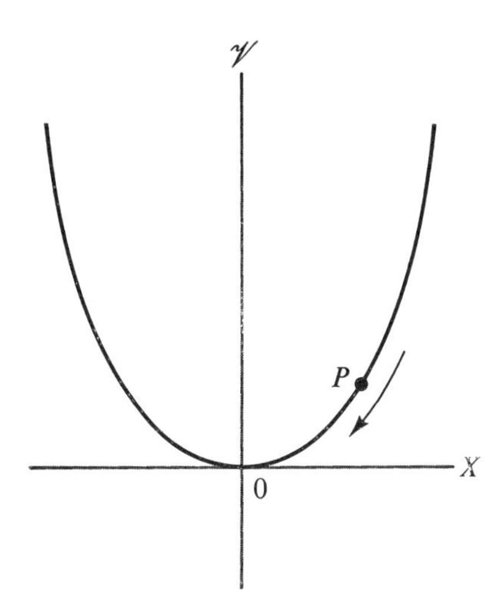

図 1.3 漸近的な安定性：もし何らかの乱れによって系が P 点にきたとすると，時間変化に伴って系は平衡点 0 に戻る．

かを考える．濃度が方程式（1. 4）に従って時間変化する場合のこの関数の時間変化の割合は

$$\frac{d\mathscr{V}}{dt}=\sum_i \frac{\partial \mathscr{V}}{\partial X_i}\frac{dX_i}{dt} \tag{1.5}$$

である．$\mathscr{V}$ の時間微分係数 $d\mathscr{V}/dt$ が $\mathscr{V}$ と反対符号をもつならば，平衡状態はアトラクターになる，というのがリアプーノフの定理である．われわれの場合（$\mathscr{V}>0$）は式（1. 5）が負になる場合である．この条件の幾何学的意味は明らかである（**図 1.3** を参照）．孤立した系では，熱力学の第 2 法則により，そのような系にはリアプーノフ関数が存在し，熱力学的平衡状態は非平衡状態のアトラクターであることがわかる．この重要な点を解説するために熱伝導の簡単な問題を考えてみよう．温度 T の時間変化は，古典的なフーリエの方程式

$$\frac{\partial T}{\partial t}=\kappa\frac{\partial^2 T}{\partial x^2} \tag{1.6}$$

によって記述される．κ は熱伝導率（$\kappa>0$）である．この問題に対するリアプーノフ関数は容易に見出される．例えば

$$\Theta(T)=\int\left(\frac{\partial T}{\partial x}\right)^2 dx\geq 0 \tag{1.7}$$

のようにとればよい．そうすると，一定の境界条件に対して

$$\frac{d\Theta}{dt} = -2\kappa \int \left(\frac{\partial^2 T}{\partial x^2}\right)^2 dx \leq 0 \tag{1.8}$$

はただちに証明でき，リアプーノフ関数 $\Theta(T)$ は実際に減少して最小値になり，そこで熱平衡が達成されることになる．逆に，温度が一様な状態というのは，一様でない温度分布から出発した場合のアトラクターである．

プランクは，熱力学の第2法則によって自然界にあるいろいろな状態を区別することができ，ある種の状態は他の状態のアトラクターとして振舞うことを強調したが，これは全く正しい．不可逆性というのはこのアトラクション（吸引）を表現する言葉なのである（Planck 1930）．

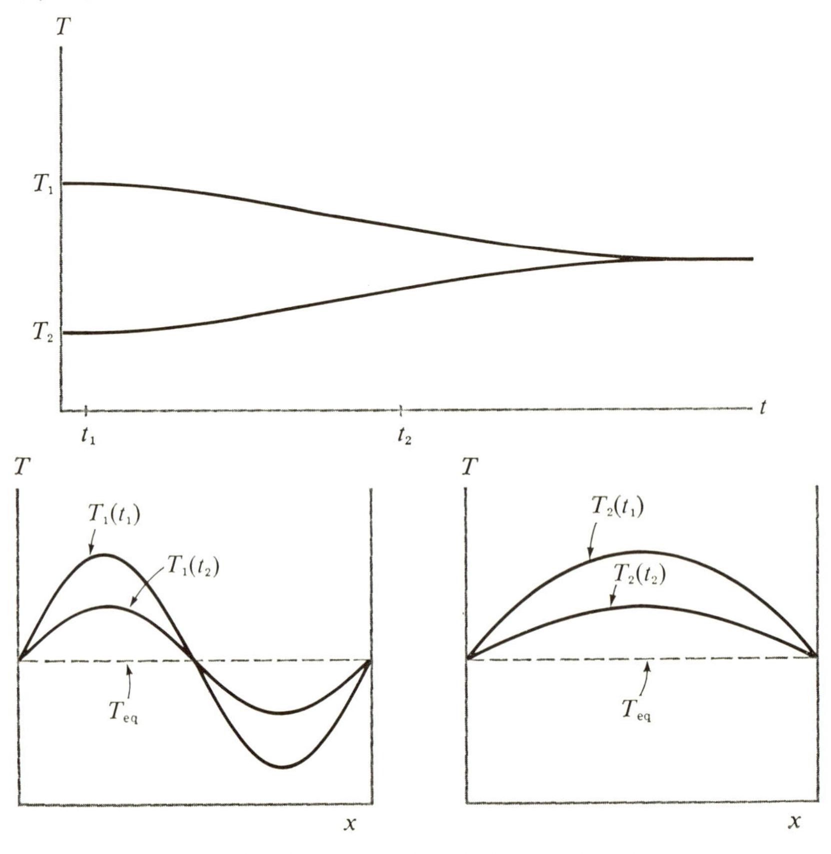

図 1.4 熱平衡へ向かう変化．最初に T_1 と T_2 のような異なる温度分布から出発しても，到達するのは同じ温度分布である．

明らかに自然のそのような記述は力学的な記述とは非常に異なるものである. 最初に異なる温度分布が2つあっても，時間とともに同じ一様な分布になっていく（図 **1.4** を参照). 系はその内部に《忘れる》しかけをもっているのである. 力学の《世界線》では，系はつねに与えられた軌道に従って動くのであるが，そういう考え方とは何と違うことであろう. 力学には，2本の軌道はせいぜい特殊な点で（$t \to \pm\infty$ で）漸近的に近づくことはあるが，交わることはけっしてない，という定理がある.

そこで，分子というものを考えればどのようにして不可逆過程を記述することができるかを，手短かに考えてみることにしよう.

不可逆過程の分子的記述

まず，エントロピーの増加というのは，分子を考えたときにどんな意味をもつのか，ということを考えてみよう. その答えを出すためには，エントロピーの微視的な意味を調べなければならない. 分子の世界の無秩序の尺度がエントロピーであることに最初に気づいたボルツマンは，エントロピー増加の法則というのは，混乱は増大するという法則にほかならないと結論した. 例えば，等しい体積の2部分に分けられている容器を考えよう（図 **1.5** を参照). N 個の分子を N_1 個と N_2 個の2つのグループに分けるしかたの数 P は，簡単な組み合わせの公式

$$P=\frac{N!}{N_1!\,N_2!} \qquad (1.9)$$

で与えられる. ただし，$N!=N(N-1)(N-2)\cdots3\cdot2\cdot1$ である. この量は複合の数という名で呼ばれている（Landau and Lifschitz 1968 を参照).

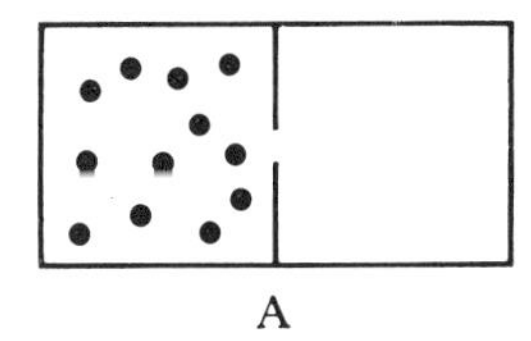

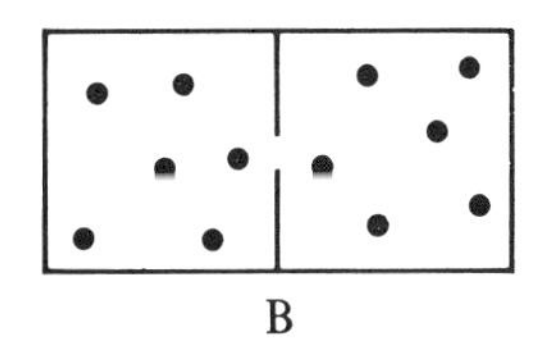

図 1.5 2つの部屋に分子を分ける分布の2種類. (A) $N=N_1=12$, $N_2=0$; (B) $N_1=N_2=6$. 十分に時間が経過すると，分布 B が最もおこりやすい分布を表わすようになる. これが熱平衡のモデルである.

かってな初期値 N_1, N_2 から出発して簡単な実験をやってみよう．これはボルツマンの考えを解説するためにエーレンフェスト夫妻（Paul と Tatiana）が提案したものである（詳しいことは Eigen and Winkler 1975 を参照）．全くでたらめに粒子を1個とり出す．とり出した粒子は必ずそれまでとは違うほうの部屋に移すことにする．十分に長い時間の後にはひとつの平衡状態に達すると期待される．小さなゆらぎを別として，分子は2つの部屋に同じ個数（$N_1 \simeq N_2 \simeq N/2$）だけ存在することになるであろう．

このような状況は P の値の最大値に対応し，そこへ行く変化の途中で P が増大していることはすぐわかる．こういうことからボルツマンは，複合の数 P とエントロピーとを

$$S=k \log P \tag{1.10}$$

という関係で結びつけた．k はボルツマン定数である．エントロピーの増加は，複合の数の増加で示されるように，分子的な無秩序の増加を表わしている．そのような時間変化で，初期条件は《忘れられ》ていく．最初，一方の部屋に他方より多数の粒子があったとしても，時間がたつにつれてこの不釣合いはなくなっていく．

量 P に複合の数で測った状態の《確率》を結びつけることにすると，エントロピーの増加は《最も確からしい》状態へ向かう時間変化に対応することになる．このような解釈についてはあとでまた言及する．確率の概念が理論物理学にはじめて入ってきたのは，不可逆性の分子による説明を通してであった．これは現代物理学の歴史における決定的なひとつの段階であった．

時間とともに不可逆過程がどのように進行するかをもっと定量的に記述するためには，このような確率の議論をさらに進めなければならない．例えば，よく知られた酔歩の問題を考えてみよう．これはブラウン運動の理想化されてはいるが，それにもかかわらず成功したモデルである．一番単純な1次元の酔歩を考えると，分子は一定時間ごとに一定間隔の隣へ移る．最初に原点にあった

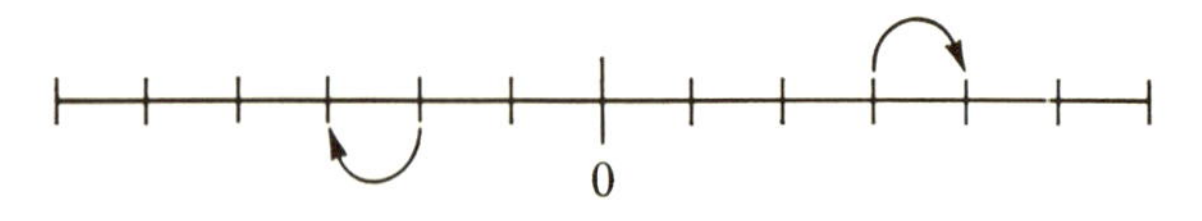

図 1.6　1次元の酔歩．

分子が N 回の移動のあとで点 m に見出される確率はどれだけか，を考えてみる．分子が右へ移る確率も左へ移る確率も等しく 1/2 であるとすれば，答えは

$$W(m,\ N)=\left(\frac{1}{2}\right)^N\frac{N!}{\left[\frac{1}{2}(N+m)\right]!\left[\frac{1}{2}(N-m)\right]!} \tag{1.11}$$

となる．N 回の移動後に点 m に到達するには，右へ $\frac{1}{2}(N+m)$ 回，左へ $\frac{1}{2}(N-m)$ 回移らなければならないからである．式 (1.11) はそのような移り方の総数と，任意のしかたの N 回の移動の全確率 $(1/2)^N$ の積である（詳しいことは，Chandrasekhar 1943 を参照）．

階乗を近似計算することにより，ガウス分布に対応する漸近公式

$$W(m,\ N)=\left(\frac{2}{\pi N}\right)^{1/2}e^{-m^2/2N} \tag{1.12}$$

が得られる．1 回の移動の距離を l，単位時間に移動のおこる回数を n として，$D=\frac{1}{2}nl^2$ と記すことにすれば，この結果は，$x=ml$ として

$$W(x,\ t)=\frac{1}{2(\pi Dt)^{1/2}}e^{-x^2/4Dt} \tag{1.13}$$

と書かれる．これは，フーリエの方程式（式 (1.6)，ただし κ の代りに D を入れる）と同じ形の 1 次元拡散方程式の解になっているのである．明らかに，これは非常に簡単な例である．第 7 章で，不可逆過程を分子運動論から導き出すもっと高尚な技法を考察するが，ここでは基本的な問題提起をしておきたいのである．物理的世界の記述の中で不可逆過程はどんな位置を占めているのか．それらの過程と動力学との関係はどうなっているのか，などである．

時間と動力学

古典力学においても量子力学においても，基本法則は時間について対称的に作られている．熱力学の不可逆性は，この動力学に付加された一種の近似に対応するとされている．よく引用されるのはギブズ（1902）が与えた例である．もし 1 滴の黒インキを水中にたらしてかき回したとすると，液は灰色に見えるであろう．この過程は不可逆のように思われる．しかし，もし 1 個 1 個の分子を追跡できたとしたら，微視的な世界では系は不均一のままだということを認

識したであろう．不可逆性は観察者の不完全な感覚器官によって生じる幻ということになる．系が不均一のままであることは確かであるが，その不均一さのスケールが，はじめ巨視的であったものが微視的になるのである．不可逆性が幻であるという見方は非常に影響力があって，多くの科学者たちがこの幻を，目を粗くする（粗視化）といったような，不可逆性を導く数学的手続きと結びつけようと試みた．同じ狙いで別の人びとは，巨視的な観測というものの条件を出してみようとした．しかし，こういったどんな企ても，最終的な結果には到達していない．

粘性とか不安定な粒子の崩壊のような実測される不可逆過程が，知識の欠如とか不完全な観測などで生じる幻にすぎないと信じることはむずかしい．われわれは，簡単な力学的な運動の場合でさえ初期条件を近似的にしか知らないから，時間がたった遠い未来ほど運動状態がどうなっていくかを予知することが困難になる．それでも，そのような場合に対して熱力学の第2法則を適用することは意味があるとは思われない．第2法則と密接な関係のある比熱とか圧縮率のような性質は，相互作用し合っている多数の粒子からできている気体には意味があっても，惑星系のような単純な力学系にあてはめることは無意味である．したがって，不可逆性というのは，系の力学的な性質と基本的な関連をもっているに違いない．

多分，力学が不完全なのであり，不可逆過程を含むように拡張すべきだという逆の考え方も試みられた．この態度を保持することもまた困難である．なぜなら，簡単な力学系に対しては，古典力学や量子力学の与える予言はどちらもきわめてよく実証されてきているからである．動力学的な軌道のきわめて正確な計算を必要とする宇宙旅行の成功を例として挙げれば十分であろう．

最近，いわゆる観測の問題に関連して，量子力学が完全かどうかということがくり返し問われてきた（第7章でそれに触れる）．測定の不可逆性を含むためには，量子系の運動を記述するシュレーディンガー方程式に新しい項を付加すべきだということが示唆されてきた（第3章を参照）．

ここで本書の主題を述べることにしよう．哲学の言葉を用いれば，《静的な》動力学の記述を**存在**と関係づけることができる．そうすると不可逆性に重きをおいた熱力学的記述は**発展**と関係づけられる．本書の目的は，存在の物理学と発展の物理学の間の関係を論じることであると言える．

しかし，その関係を扱う前に，存在の物理学について述べておく必要がある．そのために，古典力学と量子力学の概要を，基本概念とそれらの現在の限界を強調しつつ，手短かに述べることにする．それから，現代熱力学を簡単に紹介しながら，自己秩序の形成という基本問題を含む，発展の物理学について述べることにする．

こうして，存在と発展の間の転移というわれわれの中心的問題を検討する準備が整うことになる．今日われわれは，物理的世界の記述で，必然的に不完全ではあるが論理的に一貫性のあるものを，どの程度，提供できるのであろうか．われわれは知識の何らかの統一に到達したのであろうか，それとも科学は相反する前提をもとにしたさまざまの部分に分裂しているのであろうか．そのような質問によって，われわれは時間の役割をより深く理解するようになるであろう．科学の統一と時間の問題は非常に密接に関係しているので，どちらか片方だけを扱うわけにはいかないのである．

第Ⅰ部

存在の物理学

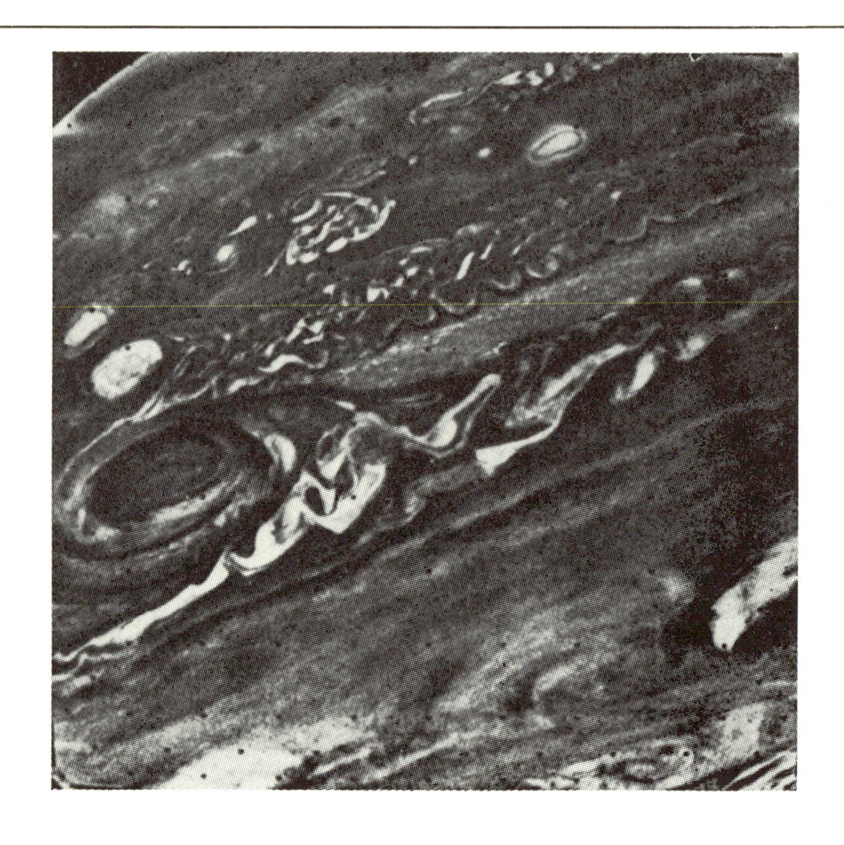

流れの中での秩序の生成

激しい流れの中に秩序をもった構造が出現するのは，複雑な非線形相互作用によるものであるが，これは平衡とは程遠い状態である．上の写真は木星の大気中に生じているスケールの大きな渦を示す．

非線形相互作用によっておこる現象としては，異なる速度で流れている流体の2層間の境界で生じる渦巻の対がある．右ページの図はコンピューターに描かせたグラフを示す．線は渦度の等しい点をつらねたものである．

最初，境目の層は乱流状態になっていて，スケールの小さい構造が生じているだけである．コンピューターによるシミュレーションで，Ralph Metcalf と James Riley は，境界層の小さな乱れがどのようにしてさまざまなタイプのスケールの大きい渦になって

いくかを示した．これらのシミュレーションは，境界層についてなされた実験とよく似ている．流れが全面的な乱流の混沌状態になるか，スケールの大きい秩序ができるかは，系内の不安定性の存在とその性質による．

木星の写真はアメリカ航空宇宙局の好意により，コンピューターの図は Riley および Metcalf 両氏の好意により掲載した．コンピューター・シミュレーションについての詳細は下記の論文に出ている．

"Direct Numerical Simulation of a Perturbed, Turbulent Mixing Layer," AIAA-80-0274 (1980年1月14～16日にカリフォルニア州パサデナで開かれた第18回宇宙科学 AIAA 学会で発表)．この論文は Flow Research Company, Ken, Washington 98031 で入手できる．

第2章

古典動力学

はじめに

古典動力学は現代理論物理学の中で一番古くできた部分である．現代科学は，ガリレオとニュートンが動力学を定式化したときに始まったとさえ言ってよい．ラグランジュ，ハミルトン，ポアンカレといった多くの偉大な西欧科学者が古典動力学に対して決定的な寄与をした．さらに，古典動力学は，相対論や量子論のような20世紀の科学革命の出発点であった．

残念なことに，大多数の大学教科書は古典力学をあたかもひとつの閉じた体系のように紹介している．そうではないことが，これからわかるはずである．実際それは急速に進展している分野なのである．過去20年の間に，コルモゴロフ (Andrei Kolmogoroff)，アーノルド (Vladimir Arnol'd)，モーゼル (Jürgen Moser) その他の人びとが新しい重要な観点を導入し，近い将来にいっそうの発展が期待されている (Moser 1972 を参照)．

古典動力学は科学的な探究方法の模範であった．フランス語では《合理的な》力学という言葉がしばしば用いられているが，これは古典力学の諸法則が真理そのものであることを暗に前提としている．古典力学の特徴の中に厳密な決定論ということがあった．動力学では，任意に与えることのできる初期条件と，それ以後（あるいはそれ以前）の系の運動をきめる運動方程式とは根本的に区別される．あとでわかるように，厳密な決定論をこのように信ずることができるのは，余分な理想化を行なわなくても初期状態がきちんと定められるときだけである．現代の動力学は，惑星の運動に関するヨハネス・ケプラーの法則と，2体問題をニュートンが解決したことによって生まれた．しかしながら，第3の物体――例えばもうひとつの惑星――を考えに入れようとすると，動力学はたちまち恐ろしく複雑なものになってしまう.（3体問題のように）系が複雑になると，系の初期状態を（何らかの精度で）知っても，長い時間にわたる系の振舞いを予言することは一般にはできなくなる．この不確実さは，どんなに初期条件の精度を上げても，消えずに残るのである．例えば，われわれの住んでいる太陽系が未来**永劫**安定なのかどうか知ることは，原理的にもせよ，不可能である．そういうときには，われわれの測定と矛盾しない世界線の**集まり**を考えなくてはならない（**図 2.1** を参照）．しかし，いったん1本の軌道を考えるということをやめにしたら，厳密な決定論を捨てなければならない．**平均の**結果を予測するという統計的な予言しかできないのである．

事態の転換は奇妙なものであった．何年にもわたって，正統的古典物理学の支持者たちは，量子力学からその統計的側面を除こうと試みた（第3章参照）．《神様はサイコロ遊びをしない》というアインシュタインの言葉は有名である．

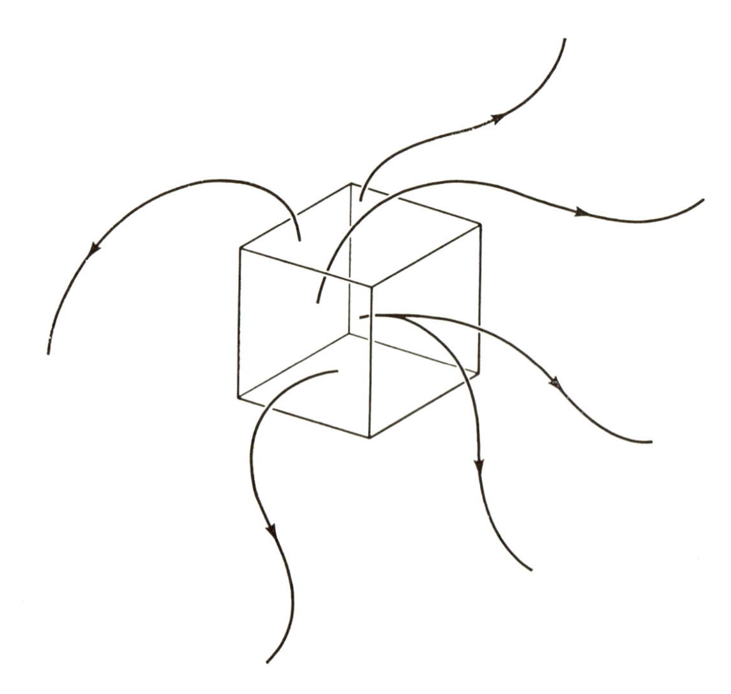

図 2.1 位相空間内で，系のいろいろな初期状態に対応する有限な領域から出発する軌道の集まり．

だが，いまや古典動力学自体さえ，長い時間を考えるときには，統計的な方法を必要とすることがわかるのである．だがもっと重要なのは，おそらくあらゆる理論科学のうちで最も精密にできている古典力学でさえ，《閉じた》科学ではないということである．古典力学では答えは出ないが意味のある問題をいくつか出すことが可能なのである．

古典力学はすべての理論科学の中で一番古いものであるから，それの発展はいろいろな意味で科学の発展の動力学の例証になってくれる．**パラダイム**がどのように生まれ，発展し，衰退するかを見ることができる．そのようなパラダイムの例として，**積分可能**な力学系とか**エルゴード的**な力学系という概念がある．それらについてはこの章の以下の諸節で述べることにする．もちろん，この章で古典動力学の理論的基礎を系統的に述べることはできない．いくつかの問題となる特質を強調することができるだけである．

ハミルトンの運動方程式と統計集団理論

古典力学では，粒子系の状態を表わすのに座標 $q_1, \cdots, q_s$ と運動量 $p_1, \cdots, p_s$ を用いると便利である．一番重要なのは，これらの変数を使って表わした系のエネルギーである．それは一般に

$$H = E_{\mathrm{kin}}(p_1, \cdots, p_s) + V_{\mathrm{pot}}(q_1, \cdots, q_s) \tag{2.1}$$

という形をもつ．第1項は運動量だけに依存する運動エネルギー，第2項は座標に依存する位置エネルギーである（詳細については，Goldstein 1950 を参照）．これらの変数を用いて表わしたエネルギーは**ハミルトニアン**と呼ばれ，古典力学で重要な役割をする．ここでは，H が直接時間によって変化することがない保存《系》だけを考えることにする．簡単な例は1次元の調和振動子で，そのハミルトニアンは

$$H = \frac{p^2}{2m} + k\frac{q^2}{2} \tag{2.2}$$

である．m は質量，k はばねの定数で，振動数 ν（あるいは角振動数 ω）との間に

$$\nu = \frac{1}{2\pi}\sqrt{\frac{k}{m}}, \quad \text{または} \quad \omega \equiv 2\pi\nu = \sqrt{\frac{k}{m}} \tag{2.3}$$

という関係がある．多体系では，位置エネルギーは，万有引力や静電気力の場合のように，2体間相互作用の和になっていることが多い．

たいせつなのは，ハミルトニアン H が既知ならば，系の運動はそれできまってしまうということである．古典動力学の法則はハミルトンの方程式

$$\frac{dq_i}{dt}=\frac{\partial H}{\partial p_i} \quad \text{および} \quad \frac{dp_i}{dt}=-\frac{\partial H}{\partial q_i} \quad (i=1, 2, \cdots, s) \tag{2.4}$$

という形に表わされる．古典力学の大きな成果のひとつは，運動の法則がハミルトニアンというたったひとつの量で表わされるということである．

$q_1, \cdots, q_s, p_1, \cdots, p_s$ を座標とする $2s$ 次元の空間を考えよう．この空間を**位相空間**という．力学的状態のおのおのにこの空間の1点 P_t が対応する．時刻 t_0 における初期状態を表わす点 P とハミルトニアンとで，系の時間変化は完全に決定される．

いま $q_1 \cdots, p_s$ の任意の関数を考えよう．ハミルトンの方程式（2.4）を採用すると，それの時間変化は次式で与えられる．

$$\begin{aligned}\frac{df}{dt}&=\sum_{i=1}^{s}\left[\frac{\partial f}{\partial q_i}\frac{dq_i}{dt}+\frac{\partial f}{\partial p_i}\frac{dp_i}{dt}\right]\\&=\sum_{i=1}^{s}\left[\frac{\partial f}{\partial q_i}\frac{\partial H}{\partial p_i}-\frac{\partial f}{\partial p_i}\frac{\partial H}{\partial q_i}\right]\equiv[f, H],\end{aligned} \tag{2.5}$$

ただし $[f, H]$ は f と H の**ポアッソン括弧**と呼ばれる量である．したがって，f が変化しないという条件は，

$$[f, H]=0 \tag{2.6}$$

となる．明らかに

$$[H, H]=\sum_{i=1}^{s}\left[\frac{\partial H}{\partial q_i}\frac{\partial H}{\partial p_i}-\frac{\partial H}{\partial p_i}\frac{\partial H}{\partial q_i}\right]=0 \tag{2.7}$$

である．この関係はエネルギーの保存を表わしている．

動力学と熱力学の間の関係をつけるには，ギブズとアインシュタインがしたように，**代表点の統計集団**という考えを導入すると非常に便利である（Tolman 1938 を参照）．ギブズはそれを次のように定義した．《同じ性質をもった非常に多数の系を想定する．それらは与えられた瞬間における位置や速度が異なっているが，それは単に少しずつ異なっているというだけではなく，位置と速度について考えられるあらゆる組み合わせがまんべんなく含まれるようになって

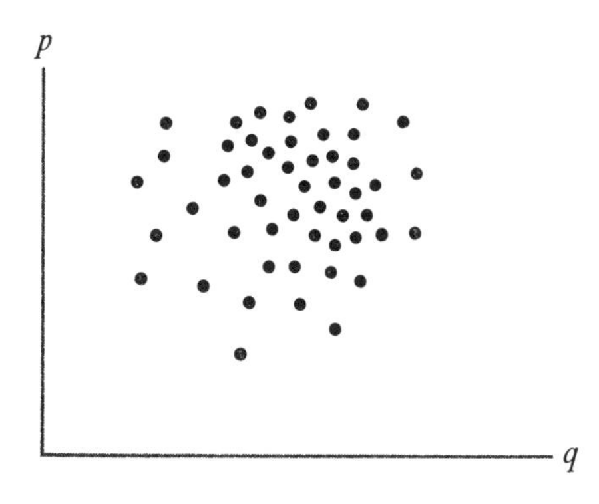

図 2.2 ギブズの統計集団．いろいろな点で記述される系は，同じハミルトニアンと同じ束縛条件に従って時間変化するが，初期条件が異なる．

いるものとする．》

したがって，基本的な考え方というのは，単一の力学系を考える代りに，同じハミルトニアンに支配されるたくさんの系の集まりを考える，ということなのである．この集まり，あるいは統計集団，の選び方は，その系に課せられている条件（例えば孤立系を考えているのか，熱浴と接触している系を考えているのかなど）と，われわれが初期条件をどのくらい知っているか，によってきまる．もし初期条件が十分によくきまっていれば，統計集団の代表点は位相空間のどこかの領域に鋭く集中したものとなろう．初期条件がよく定まっていなければ，集団は位相空間内の広い領域にわたって分布することになる．

ギブズとアインシュタインにとって，統計集団で考えるという見方は，きちんと初期条件が与えられない場合に，平均的な値を計算するための便利な計算手段にすぎなかった．この章と第7章とでわかることであるが，統計集団という考え方の重要性は，はじめにギブズやアインシュタインが考えたよりもずっと大きいのである．

ひとつのギブズ統計集団は，位相空間内の多数の点の《雲》で表わされる（**図 2.2** を参照）．どの領域も多数の点を含むような極限では，《雲》は連続的な流体のようになり，位相空間内で密度

$$\rho(q_1, \cdots, q_s, p_1, \cdots, p_s, t) \tag{2.8}$$

というものを考えることができる．統計集団に属する点の数はどうとってもよ

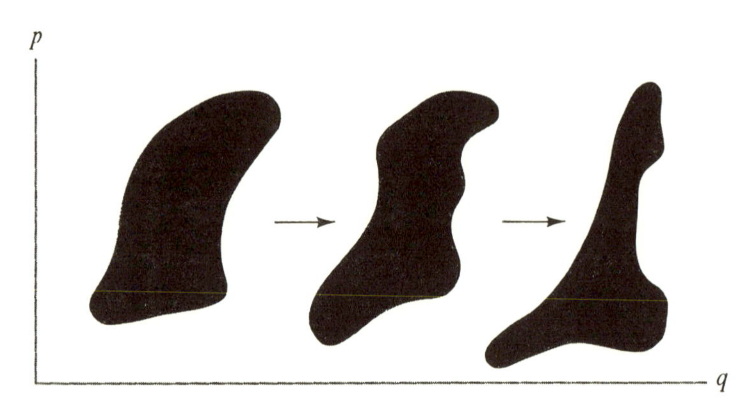

図 2.3 位相空間内で体積を変えずに運動する.

いから，ρ を次のように規格化する.

$$\int \rho(q_1, \cdots, q_s, p_1, \cdots, p_s, t)\ dq_1 \cdots dp_s = 1. \tag{2.9}$$

したがって，

$$\rho dq_1, \cdots, dp_s \tag{2.10}$$

は，時刻 t に代表点を位相空間内の微小体積 $dq_1, \cdots, dp_s$ 内に見出す**確率**を表わしている.

位相空間内の各微小体積内の密度の変化は，その周囲を通って流れこむ量と流れ出る量に差があるために生じる．著しい特色は，位相空間内の流れが《非圧縮性》（縮まない）ということである．言いかえると，流れの発散が 0 なのである．確かに，ハミルトンの方程式（2. 4）を使うと

$$\sum_{i=1}^{s}\left[\frac{\partial}{\partial q_i}\left(\frac{dq_i}{dt}\right)+\frac{\partial}{\partial p_i}\left(\frac{dp_i}{dt}\right)\right]=0 \tag{2.11}$$

が得られるから，その結果として，位相空間内の体積は時間がたっても変わらない（**図 2.3** を参照).

式（2. 11）を用いると，位相空間の密度 ρ に対する簡単な運動方程式が得られる．どんな教科書にも書いてあるように（Tolman 1938)，これがよく知られたリウヴィル方程式であって，

$$\frac{\partial \rho}{\partial t}=-\sum_{i=1}^{s}\left[\frac{\partial H}{\partial p_i}\frac{\partial \rho}{\partial q_i}-\frac{\partial H}{\partial q_i}\frac{\partial \rho}{\partial p_i}\right]=[H,\ \rho] \tag{2.11'}$$

という形をしている．ここで $[H, \rho]$ は（式（2.6）と同様の）ポアッソン括弧である．**演算子による数式化**は便利なことが多いので，式（2.11′）に $i=\sqrt{-1}$ を掛けたものを

$$i\frac{\partial\rho}{\partial t}=L\rho \tag{2.12}$$

と書くことにする．L は線形**演算子**

$$L=-i\frac{\partial H}{\partial p}\frac{\partial}{\partial q}+i\frac{\partial H}{\partial q}\frac{\partial}{\partial p} \tag{2.13}$$

である．演算子の概念については次節で詳しく論じる．記法を簡単にするために，自由度が1の場合を考えてきた．虚数単位 i を掛けたのは，第3章で調べる量子力学のときと同じように，L をエルミート演算子にするためである．エルミート演算子の形式的な定義は教科書に出ている．量子力学系における演算子の定義は，第3章の「演算子と相補性」に関する節で与える．両者の間の基本的な違いは，それらが作用する**空間**である．古典動力学では L は**位相**空間内で作用するが，量子力学の演算子は**配位**空間または運動量空間で作用するようになっている．リウヴィル演算子 L は統計力学では最近ひろく使われている（Prigogine 1962 を参照）.

明らかにわれわれは統計集団を考える必要がある．たとえ正確な初期条件を知らなくても，ギブズ流の密度を考え，力学的な量 $A(p, q)$ の平均値として，統計集団を用いた

$$\langle A\rangle=\int A(p, q)\rho\, dp\, dq \tag{2.14}$$

のようなものを計算することができる．

また，リウヴィル方程式（2.12）の形式的な解を

$$\rho(t)=e^{-iLt}\rho(0) \tag{2.12′}$$

のように容易に与えることができることを注意しておく．この式を証明するには，まっ正直に微分すればよい．ここで一言注意が必要である．ギブズ流の統計集団を用いる方法では，位相空間上の分布関数 ρ を通して確率の考えを取り入れている．こうすることによって，初期条件が与えられている**純粋な**場合と，いろいろな初期条件が可能な**混合**の場合との両方を，いっしょに調べることが

できる．どちらにしても，分布関数の時間変化は完全に決定論的な動力学的性格をもっている．第1章で述べたブラウン運動のような**確率過程**との間に簡単な関係は存在しない．ここでは遷移の確率などという概念は現われない．ひとつの著しい違いは時間の役割である．式（2.12′）の解は t が正でも負でもつねに成立する．これに反し式（1.13）は正の t に対してだけ意味をもつのである（数学的な言葉でいうと，解（2.12′）はひとつの群に，解（1.13）はひとつの半群（群の条件から逆元の存在を除いた集合（訳者））に対応している）．

演　算　子

演算子は通常，量子力学に関連して導入される．その量子力学的な側面は第3章で論ずることにするが，ここでは，統計集団による考え方を採用する場合には，古典力学でも演算子が出てくるということだけを強調しておけば十分である．実際，すでに式（2.13）でリウヴィル演算子という考えを導入した．

一般に，演算子は**固有関数**および**固有値**というものをもつ．固有関数のうちのひとつに演算子を作用させると，その結果は，もとと同じ関数に，その固有関数に対応した固有値を掛けたものになる．例えば，2階の微分演算

$$A \equiv \frac{d^2}{dx^2} \tag{2.15}$$

に対応する演算子 A を考えてみよう．それを任意の関数（例えば x^2）に作用させると，演算子はその関数を別のものに変えてしまう．しかし，特定の関数だと変化を受けずに残る．例えば《固有値問題》

$$\frac{d^2}{dx^2} u = \lambda u \tag{2.16}$$

を考えてみると，これは

$$u = \sin kx \tag{2.17}$$

という解をもち

$$\lambda = -k^2 \tag{2.18}$$

である．k は実数である．このように，各演算子には，それに属する固有関数と固有値が存在するのである．

固有値はとびとびのこともあるし，連続的なこともある．この違いを理解す

るために，固有値問題 (2.16) を考えてみよう．今までのところでは，境界条件というものは考慮に入れていなかったが，ここで固有関数にその定義域の両端 $x=0$ と $x=L$ でそれが0になる，という条件を課すことにしよう．これらの条件は量子力学では自然に出てくる境界条件である．その物理的な意味は，粒子が $0\leqq x\leqq L$ という範囲に閉じこめられている，ということである．この条件を満たすようにすることは容易である．実際

$$X=0, L \qquad \text{に対し} \qquad \sin kx=0 \tag{2.19}$$

とすると，n を整数として

$$kL=n\pi. \tag{2.20}$$

したがって

$$k^2=\frac{n^2\pi^2}{L^2} \tag{2.21}$$

となる．これから，許される2つの状態の間の固有値の間隔は，領域の広さに依存することがわかる．間隔は L^2 に反比例するから，系の大きさをきわめて大きくした極限では，有限な系のときに得られるとびとびのスペクトルではなくて，**連続スペクトル**と呼ばれるものが得られることになる．

もう少し意味深長な極限を考えなければいけないことがよくある．それは，系の体積 V と系に含まれる粒子の数 N の両方が無限大になるのだが，その比は有限な一定値に保たれる場合である．

$$N\to\infty, \quad V\to\infty, \quad \frac{N}{V}=\text{一定} \tag{2.22}$$

これは**熱力学的極限**と呼ばれ，多粒子系の熱力学的な振舞いを研究するときに重要な役割を果たす．

とびとびのスペクトルと連続スペクトルの違いは，位相空間内の分布密度 ρ の時間変化を記述するときにきわめて重要である．もし L がとびとびのスペクトルをもつと，リウヴィル方程式 (2.11′) から得られるのは周期的な運動になる．ところが，L が連続スペクトルをもつと，運動の性質はがらりと変わるのである．

この問題には，第3章で不安定な粒子の崩壊を扱う節で立ち戻るが，量子力学のときとは異なり**有限な古典的**系でも連続スペクトルをもつこともあるとい

うことを，ここでは注意しておかねばならない．

熱平衡の統計集団

第1章で示したように，熱平衡状態に近づく変化は，初期条件に対するアトラクターとなる最終状態へ向かう時間変化である．これが何を意味するかを，位相空間内のギブズの分布関数を使って推測するのは，そう困難ではない．統計集団のメンバーが全部同じエネルギーをもつ場合を考えよう．ギブズの密度関数 ρ は，

$$H(p, q)=E \tag{2.23}$$

という関係式で定まる等エネルギー面の上を除けば0である．

最初，この等エネルギー面上の任意の分布を考える．そうすると，この分布はリウヴィル方程式に従って時間変化をすることになる．熱力学的な平衡ということの意味を最も簡単にいうと，熱平衡においては分布 ρ が等エネルギー面上で一定になる，と仮定することである．これがギブズの基本的な考えであって，彼はこれに対応する分布のことを**ミクロカノニカル集団**（小正準集団）と名づけた (Gibbs 1920)．ギブズは，この仮定から熱平衡熱力学の諸法則を導けることを示すことができた（第4章をも参照）．ミクロカノニカル集団のほかに彼は，一様な温度 T をもった大きな熱浴に接触している系に対応するものとしての**カノニカル集団**（正準集団）などいくつかのものを導入した．このカノニカル集団もまた熱平衡熱力学の諸法則を導き出すことが可能であり，これによって熱平衡状態のエントロピーのような熱力学的な諸性質を分子論的に解釈することがきわめて簡単になる．しかし，それらをここで扱うことはやめにして，その代りに次の基礎的な問題に注意を喚起することにしよう．分布関数がミクロカノニカルあるいはカノニカル集団に近づいていくことを保証するためには，系の動力学にどんな種類の条件を課さねばならないのであろうか．

積分可能な系

19世紀の大部分で，**積分可能な系**という考えが古典動力学の発展を支配していた (Goldstein 1950 を参照)．この概念を調和振動子の場合に図解すると簡単である．正準変数 q と p の代りに，

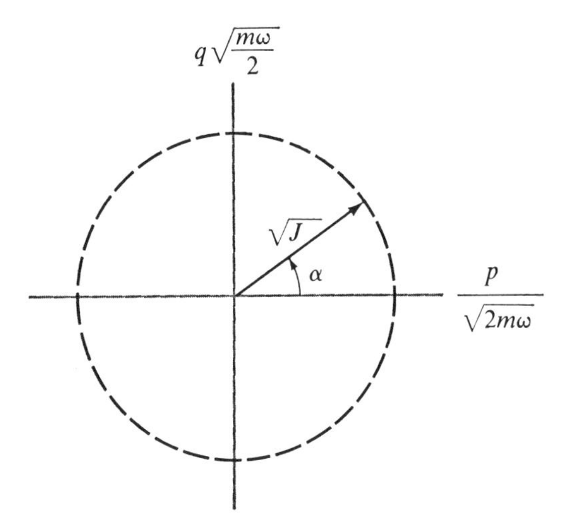

図 2.4 調和振動子の場合のデカルト座標（p と q）から作用変数と角変数（J と α）への変換.

$$q=\left(\frac{2J}{m\omega}\right)^{1/2}\sin\alpha,\qquad p=(2m\omega J)^{1/2}\cos\alpha \tag{2.24}$$

によって定義される新しい変数 J と α を導入する．この変換はデカルト座標から極座標への変換によく似ている．α は角変数と呼ばれ，それに対応する運動量（角運動量）の J は作用変数と呼ばれる（**図 2.4** を参照）．これらの変数を使うと，式（2.2）は

$$H=\omega J \tag{2.25}$$

という単純な形をとることになる．ここでわれわれは，(2.2) という形のハミルトニアンから別の形（2.25）への**正準変換**を行なったわけである．それで何が得られたことになるのであろうか．新しい形では，エネルギーはもはや運動エネルギーとポテンシャルエネルギーの和には分けられない．式（2.25）は直接に全エネルギーを与える．もっと複雑な問題に対してそのような変換が有用であることはすぐわかることである．ポテンシャルエネルギーがある限り，系を構成する各物体のエネルギーというものを指定することができない．エネルギーの一部はいろいろな物体の《間に》存在することになっているからである．

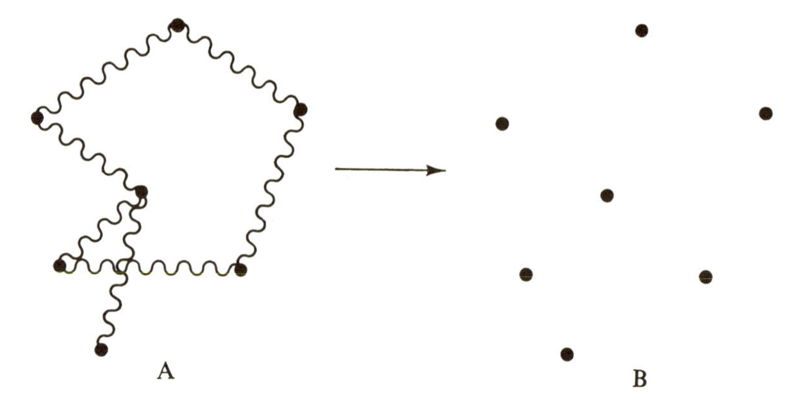

図 2.5 積分可能な系でポテンシャルエネルギー（Aの波線で表わされている）を消去する．

正準変換でポテンシャルエネルギーが消去されれば，物体とか粒子（のエネルギー）というものをはっきり定義できるような新しい表現が得られることになる．そうすると，作用変数だけを含む

$$H=H(J_1, \cdots, J_s) \tag{2.26}$$

という形のハミルトニアンが得られる．適当な変数変換で式（2.2）を式（2.25）に，式（2.1）を式（2.26）に変換できるような系のことを，積分可能な動力学系という．そのような系では，**図 2.5** に図式的に示されているように，ポテンシャルエネルギーを《変換して消す》ことができるのである．

素粒子が相互作用し合っている系として表わされている物理的世界というのは，積分可能な系に対応しているのであろうか．この基本的な問題については第3章で論じる．

作用および角変数への変換のもうひとつの著しい特徴は，式（2.25）のハミルトニアンの中に調和振動子の振動数 ω が直接的に出てきていることである（これは，運動方程式の積分によって導き出さねばならないものではない）．一般の場合には，同様にして，ハミルトニアンから

$$\omega_i=\frac{\partial H}{\partial J_i} \tag{2.27}$$

という関係で s 個の振動数 $\omega_1, \cdots, \omega_s$ が得られる．作用変数 $J_1, \cdots, J_s$ に共役なものとして定義されるのは角変数 $\alpha_1, \cdots, \alpha_s$ である．物理学的諸量はこれら

角変数の周期関数である.

作用変数を使って書いたハミルトニアン（式（2.26））の形から重要な結果が出てくる．この場合，正準方程式は（式（2.4）と（2.27）を参照）

$$\frac{d\alpha_i}{dt}=\frac{\partial H}{\partial J_i}, \qquad \frac{dJ_i}{dt}=0, \qquad \alpha_i=\omega_i t+\delta_i \tag{2.28}$$

となる．したがって，作用変数はどれも運動の間変化しない定数であり，角変数は時間の1次関数になっている.

19世紀を通じて，古典動力学の問題を扱っていた数学者や物理学者は積分可能な系を探求していた．式（2.26）の形のハミルトニアンに変換ができさえすれば，積分の問題（運動方程式の解を求めること）は何でもないものになる．そんなわけで，ハインリヒ・ブルンスが3体問題（例えば，太陽と地球と月とを含む系）は積分可能でないということを最初に証明したとき，科学界は衝撃を受けた（一般的な場合についてはポアンカレが証明した）(Poincaré 1889). 言いかえれば，ハミルトニアンを式（2.26）の形に変換する正準変換を見出すことができないのである．したがって，正準変換によって作用変数 J_i のような不変量を求めることはできない．これはある意味で古典動力学の発展の終点であった.

ポアンカレの基本定理は，この章のあとの方の「積分可能でもエルゴード的でもない力学系」と題する節で論ずることにするが，さしあたり，動力学と熱力学の関係を考えるときには，ポアンカレの定理が最も便利であるということを注意しておく必要がある．一般に，物理系が積分可能な系という分類に属するならば，そのような系は初期条件を忘れることができない．もし作用変数 $J_1, \cdots, J_s$ の値が最初に与えられると，それらはその値をずっと保持し続け，分布関数がエネルギーの与えられた値 E に対応するミクロカノニカル曲面上で一様になるということはけっしておこらない．明らかに，終わりの状態は系を最初にどう準備したかに大きく依存し，熱平衡へ近づくといったような考えは意味をもたないのである.

エルゴード系

熱平衡状態へ近づく力学系の振舞いに積分可能系を応用する際に生じる困難

から，マクスウェルとボルツマンは着眼点を別の型の動力学系へ変えた．彼等は，現在一般に**エルゴード仮説**として知られている考えを導入した．マクスウェルの言葉を借りると，《熱平衡の問題を直接証明するために必要な唯一の仮定は，そのままの運動を続けるように放置された系が，位相空間内でエネルギーの式に矛盾しない部分のすべてを，遅かれ早かれ必ず通過するということである》．数学者たちは，(位相空間内の）軌道が《1枚の曲面》を埋めつくすことはありえず，上の説明は修正して，系を表わす点はエネルギー面上のすべての点にいくらでも近づく，としなければいけないことを指摘した．これが準エルゴード仮説である（Farquhar 1964 を参照）．

われわれの扱っているのが動力学系の典型的な場合であることに注目するのは興味深い．これは，積分可能な系の研究でとられている立場とちょうど逆だからである．この典型的な場合には，本質的に言ってたった1本の軌道がエネルギー面を《覆う》のである．エルゴード系がもつのは，積分可能な系の場合の s 個の不変量 $J_1, J_2, \cdots, J_s$ ではなく，たった1個の不変量なのである．われわれが関心をもっているのは，一般に s がアボガドロ数 $\simeq 6\times10^{23}$ の程度であるような多体系であることを銘記しているなら，この違いはまさに驚くべきことである．

エルゴード的な動力学系の存在は，きわめて単純な形のものの場合でも，疑問の余地はない．エルゴード的な時間変化の一例は，方程式

$$\frac{dp}{dt}=\alpha \quad \text{および} \quad \frac{dq}{dt}=1 \tag{2.29}$$

に対応する2次元の単位長方形上の運動である．これらの方程式はすぐ解けて，周期的境界条件のもとで

$$\begin{aligned} p(t)&=p_0+\alpha t, \\ q(t)&=q_0+t \end{aligned} \quad (\mathrm{mod}\ 1) \tag{2.30}$$

を与える．したがって，位相空間内の軌道は

$$p=p_0+\alpha(q-q_0) \tag{2.31}$$

となる．

この軌道の基本的な特性は α の値によってきまる．2つの場合が区別される．もし α が有理数，例えば $\alpha=m/n$，ならば，軌道は周期的になり，1周

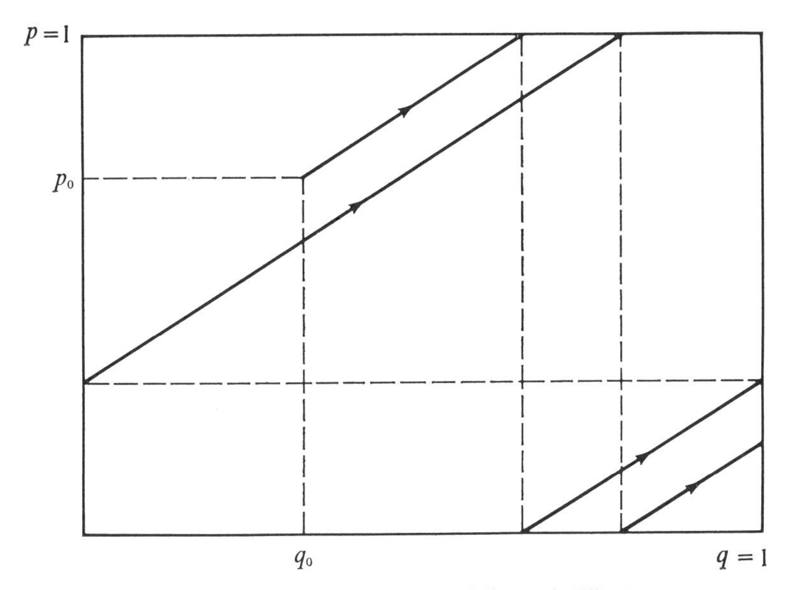

図 2.6 式 (2.31) が与える位相空間内の軌道. α が無理数であると，軌道はこの四角形内を稠密に覆う.

期 $T=n$ のあとではもとと同じことをくり返す. このときには系はエルゴード的では**ない**. これに反し，もし α が無理数ならば，軌道は準エルゴード仮説の条件を満たす. それは，長方形内のどの点を考えても，いくらでもその近くに来ることになる. それは長方形の面を《満たす》のである (**図 2.6**).

あとのために重要なので注意しておきたいのは，運動のエルゴード性にもかかわらず，位相空間内にとったどの小さい領域も，変形しない流体のように動くということである. 小さい長方形 $\Delta p\,\Delta q$ は単にその大きさを不変に保つだけでなく，その形をも一定に保つからである (式 (2.29) の結果として $d\,\Delta p/dt = d\,\Delta q/dt=0$ となるから). これは，他のタイプの運動 (第7章および付録 A を参照) と対照的な点であって，他の場合には位相流体は運動によって激しく乱される.

運動方程式 (2.29) では，α と 1 とが 2 つの固有振動数 (ω_1 と ω_2) となっている. 一方は p, 他方は q に関係している. この α と 1 を

$$\omega_1=\alpha,\quad \omega_2=1$$

とおくことができるが，調和振動子の振動数のように (式 (2.25) を参照)，

どちらも定数である.

動力学の問題に2つ以上の振動数が含まれる場合には，それら振動数の「1次独立性」が基本的な問題になる．もし α が有理数ならば，0でない整数 m_1 と m_2 で

$$m_1\omega_1+m_2\omega_2=0 \qquad (2.32)$$

となるものを見出すことができる．このときには振動数は1次**従属**である．これに対し，もし α が無理数ならば，0でない m_1 と m_2 で等式（2.32）を満たすことはできない．このとき振動数は1次**独立**である．

1930年頃，バーコフ（George Birkhoff），フォン・ノイマン（John von Neumann），ホップ（Heinz Hopf）その他の人びとによって，古典力学におけるエルゴードの問題にきちんとした数学的な形式が与えられた（文献としては，Farquhar 1964 および Balescu 1975 を参照）．しかしまだ多くの可能性が未知のまま残されている．エルゴード系では，位相流体はミクロカノニカル（エネルギー一定の）曲面上のすべての点を通るが，すでに見たように，流体が形を変えずにそれを行なうこともありうるのである．しかし，もっとずっと複雑な形の流れも可能である．位相流体が位相空間のある部分全体を通るだけでなく，それの最初の形が大きく変わってしまうこともある．最初の塊りがあらゆる方向にアミーバ状に手を伸ばし，その結果として，はじめの形いかんによらずに，長い時間の後には分布が一様になってしまうこともある．そのような**ミクシング系**（mixing system）を最初に研究したのはホップである．このような流れに対応する簡単な図を描くことは絶望的である．2つの点は，はじめにそれがどんなに近くにあっても，どんどん広がるからである．出発のときの分布が単純な形のものであっても，時間がたつとそれは，マンデルブロトがいみじくも呼んだように《化け物》になるのである（Mandelbrot 1977)．そのややこしさの度合いを示すには，多分，生物で類推したらよいであろう．例えば，肺の体積とそれに含まれる小嚢の階層構造，といったようなものである．

流れの中にはミクシング系の場合よりも強烈な性質のものもある。それを調べたのはコルモゴロフ（Kolmogoroff）とシナイ（Ya Sinai）である（Balescu 1975 を参照），とくに興味深いのはK-流（コルモゴロフ流れ（訳者））と呼ばれるもので，その性質はランダム系のそれに近い．実際，エルゴード的な流

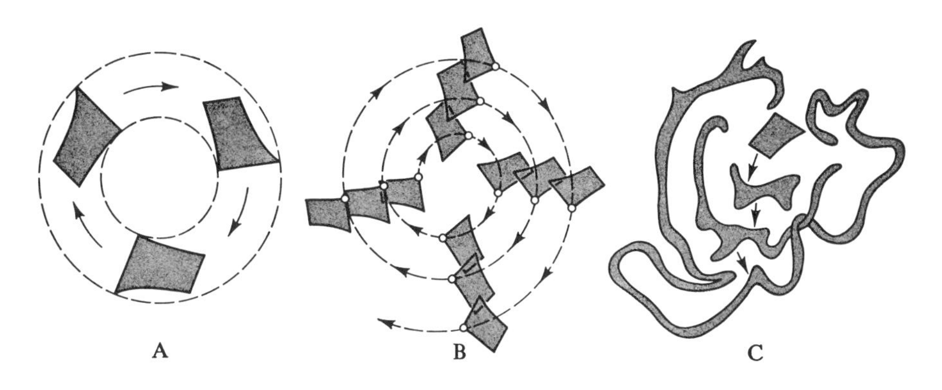

図 2.7 位相空間内におけるいろいろなタイプの流れ.（A）非エルゴード流,（B）エルゴード的であるがミクシングではない流れ,（C）ミクシング流.

肺の模型

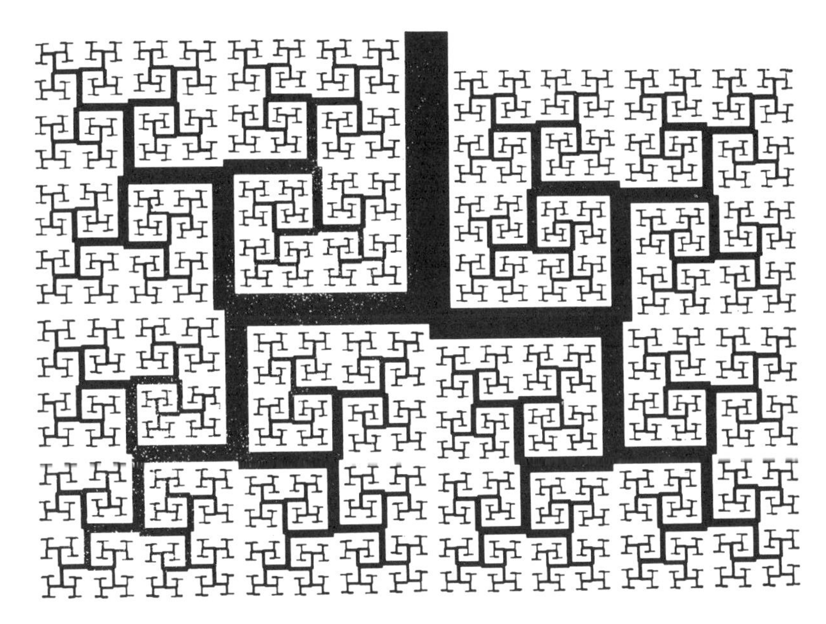

Benoit B. Mandelbrot: *Form, Chance, and Dimension* (W. H. Freeman and Co.) より転載.

れから，ミクシング系の流れ，さらに K- 流へと進むと，位相空間内での運動はますます予測不能になる．われわれは，こんなにも長い間，古典力学の特質と考えてきた決定論的な考えから，いよいよますます遠ざかってしまうのである（パイこね変換を使うひとつの例を付録 A に示す）．

L のスペクトルの性質を見れば，これら異なるタイプの流れの間の区別はきわめて簡単である．例えば，エルゴード系というのは

$$L\phi=0 \tag{2.33}$$

の唯一の解が

$$\phi=\phi(H) \tag{2.34}$$

となって，ミクロカノニカル曲面上の定数に対応するものである．

式（2.13）を参照すると，（2.34）が確かに式（2.33）の解になっていることはわかるが，エルゴード系の特徴は，それが**唯一の**解だという点にある．同様に（Lebowitz 1972 を参照），ミクシング系というのは，L が 0 以外の離散的な固有値をもたない，というもっと強い性質である．最後の K-流というのは，ミクシング系の性質のほかに，解の多重度（つまり，ひとつの固有値に属する解の数）が一定だということを含んでいる．

エルゴード理論から出た予期しなかったひとつの結果は，運動の《予測不可能性》ないし《不規則さ》がリウヴィル演算子 L のこのような単純な性質と関係している，ということであった．シナイは (Balescu 1975 を参照) 箱の中の 3 個以上の剛体球からなる系は K-流になる（したがって，ミクシング系でもありエルゴード的でもある）ことを証明できた．残念ながら，相互作用が剛体球よりも特異性の小さい場合にも，同じことが言えるかどうかはわかっていない．にもかかわらず，たいていの物理学者は，この困難は形式的なものにすぎず，物理系で観測される熱平衡へ向かう傾向の力学的基礎はエルゴード系の理論の中に見出される，という意見をもっている．

一般に動力学系はエルゴード的であるはずだという考え方にはじめて挑戦したのはコルモゴロフの論文（1954）である．彼は，相互作用している動力学系の多くの場合において，エルゴード曲面の部分空間（不変トーラス）内に閉じこめられた周期的軌道をつくることが可能であることを指摘した．その他の研究もまた，エルゴード系の普遍性に対するわれわれの信仰を弱めるのに役立っ

た．例えば，フェルミ（Enrico Fermi），パスタ（J. Pasta）およびウラム（S. Ulam）による重要な仕事（Balescu 1975 を参照）は，鎖状につながった非調和振動子の振舞いを数値的に調べたものである．彼等は，この系が急速に熱平衡に到達すると期待していた．ところが，その代りに，いろいろな基準振動のエネルギーの周期的振動が得られたのである．コルモゴロフの仕事はアーノルド（Arnol'd）とモーゼル（Moser）によって拡張され，いわゆる KAM 理論なるものが導かれた．多分，この新理論の最も面白い特徴は，エルゴード性とは**関係なし**に，動力学系はミクシング系や K-流でおきる運動と似たタイプの不規則（ランダム）な運動を行なうことがある，ということである．この重要な点をもっと詳しく考えることにしよう．

積分可能でもエルゴード的でもない力学系

力学系の振舞いを明白に把握するために最も役立つのは，数値計算にかけることである．この方向の仕事の先駆となったのは 1964 年のヘノンとハイレスの研究で（Henon and Heiles 1964）その後フォード（John Ford）とその協同研究者による仕事など，多くの進展がなされている（Balescu 1975 を参照）．一般に，そのような計算で用いられる系は自由度が 2 のもので，エネルギーの値を与えて計算を行なう．そうすると（エネルギーが既知というのは，2 つの運動量 p_1，p_2 と 2 つの座標 q_1，q_2 に対して 1 個の条件を課することになるから）3 個の独立変数が残ることになる．コンピューターのプログラムによって運動方程式を解き，軌跡と q_2，p_2 平面の交点をプロットさせる．ことをさらに簡単化するために，これらの交点のうちの半分――つまり軌跡が《上向き》のものだけをプロットする．$p_1>0$ の場合である（**図 2.8** を参照）．

系の動力学的性質は，この図からはっきりと読みとることができる．これはポアンカレがすでに用いていたものである．もし運動が周期的なら，交点はただひとつの点になる．もし軌跡が条件つき周期的なら――つまり，もし軌跡がトーラスに限られているなら――交点を順次に結んだものは q_2p_2 面上の閉曲線をつくる．ところが，位相空間の中を不規則に動きまわるという意味で軌跡が《ランダム》なら，交点もまた q_2p_2 面上のいたるところをふらふらと動きまわることになる．これら 3 つの可能性を示したのが **図 2.9** である．

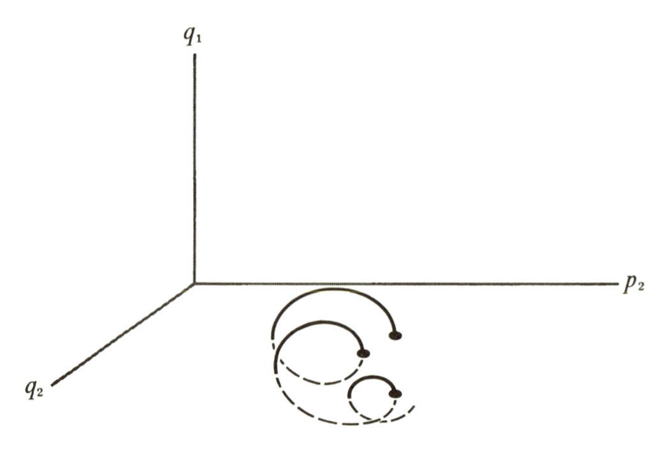

図 2.8　ヘノン－ハイレス系の 3 次元軌道.

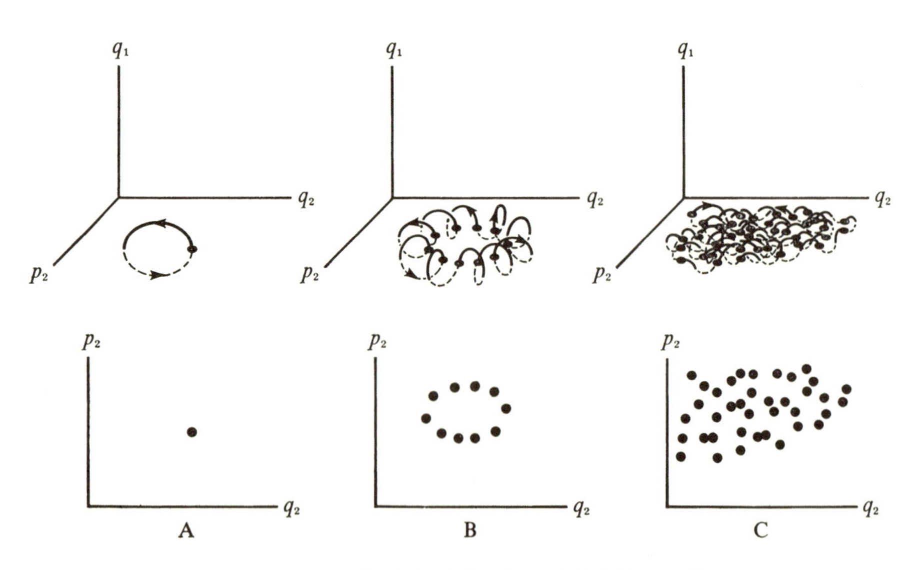

図 2.9　いろいろな型の軌道.（A）周期的,（B）条件つき周期的,（C）ランダム.

フォードらは面白いことを見出した．動力学系は，状況に応じて条件つき周期的から《ランダム》へと変わることがある，というのである．この発見を分析するために，正準運動量だけで表わされる非摂動ハミルトニアン H_0 と，正準運動量と座標の両方に依存する摂動の和で

$$H=H_0(J_1,J_2)+V(J_1, J_2, \alpha_1, \alpha_2) \tag{2.35}$$

のように与えられるハミルトニアンから出発してみよう．もし摂動がなければ，J_1 と J_2 はこの問題に対応する作用変数で，（式（2.27）が示すように）ハミルトニアン H_0 に関連して

$$\omega_1=\frac{\partial H_0}{\partial J_1}, \qquad \omega_2=\frac{\partial H_0}{\partial J_2} \tag{2.36}$$

で与えられる2つの非摂動振動数が存在することになるとしよう．この例と調和振動子との本質的な違いは，一般の場合には H_0 は J の1次関数ではなく，これら2つの振動数が J によって違ってくるという点である．

さて，ハミルトニアン（2.35）の中の V の影響を調べてみるとしよう．これは一般に角変数 α_1，α_2 の周期関数であるから，それをフーリエ級数で表わすことができる．そこで例えば

$$V=\sum_{n_1,n_2} V_{n_1n_2}(J_1, J_2)e^{i(n_1\alpha_1+n_2\alpha_2)} \tag{2.37}$$

という形の摂動を考えることにする．興味深い点は，摂動論を使って求めた運動方程式の解はつねに

$$\frac{V_{n_1n_2}}{n_1\omega_1+n_2\omega_2} \tag{2.38}$$

という項を含むことである．これは，ポテンシャルエネルギーを非摂動系の振動数の和で割った比に対応する．その結果，

$$n_1\omega_1+n_2\omega_2=0 \tag{2.39}$$

となるような**共鳴**のところでフーリエ係数の $V_{n_1n_2}$ が0になっていないと，妙な振舞いを導き出す《危険性》がある．このときには，(2.38）は定義ができず，異常な振舞いがおこりうるからである．

数値的にあたってみればわかるのは，共鳴がおこると周期的あるいは擬周期的な運動がランダムな運動になってしまうことである（**図 2.9** を参照)．共鳴

は運動の単純さを破壊する．共鳴とは多量のエネルギーや運動量をひとつの自由度から他の自由度へと転移させることである．数値計算ではふつう有限個――例えば2個――の共鳴を考慮することしかできない．しかし，もし共鳴の数が無限大になったら，つまり，どんなに小さいにしても，J_1J_2 面のあらゆる領域で共鳴が生じるとしたら，何がおきるだろうかを調べることは重要である．これが，すでに述べた，積分可能系が存在しないことに関するポアンカレの定理に対応する場合である．共鳴というのは，ハミルトニアン以外の運動の不変量はもはや作用変数の解析的な関数ではない，というような異常な運動をもたらすのである．これをわれわれは《ポアンカレのカタストロフィ》と呼ぶことにしよう．それは本書のあとのほうの章で重要な役割を演じる．ポアンカレのカタストロフィというのがどんなにありふれたものかは注目に値する．有名な3体問題をはじめとして，それは力学のたいていの問題に姿を現わすのである．

ポアンカレの基本的な定理の物理的意味を示すよい例が，ホイッテーカー（Edmund Whittaker）の《adelphic 積分》の理論（1937）の中で与えられている．**図 2.10** に示された作用変数 J_1J_2 の空間内の1点 A から出発する軌道を考えよう．この点における振動数を ω_1, ω_2 とする．ホイッテーカーは，べき級数展開を用いて広い範囲のハミルトニアンについて運動の問題を正式に解くことができた．しかし，べき級数のタイプは，振動数の比が有理数か否かによって決定的に異なった．ω_1, ω_2 は一般には作用変数の連続関数であるから，その比が m/n という形の有理数になれば（2. 39）が成り立ち，無理数になれ

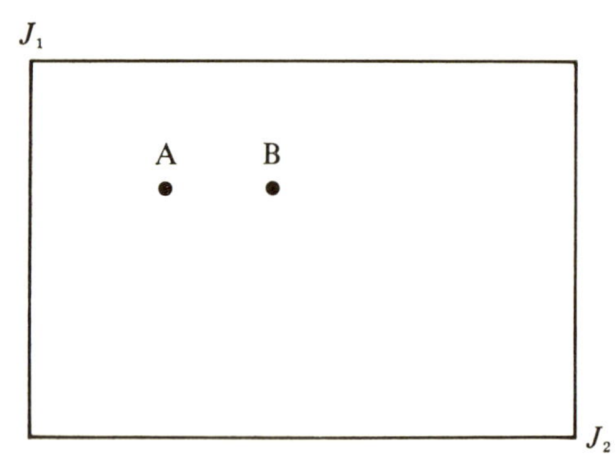

図 2.10 ホイッテーカーの理論（詳細は本文）．

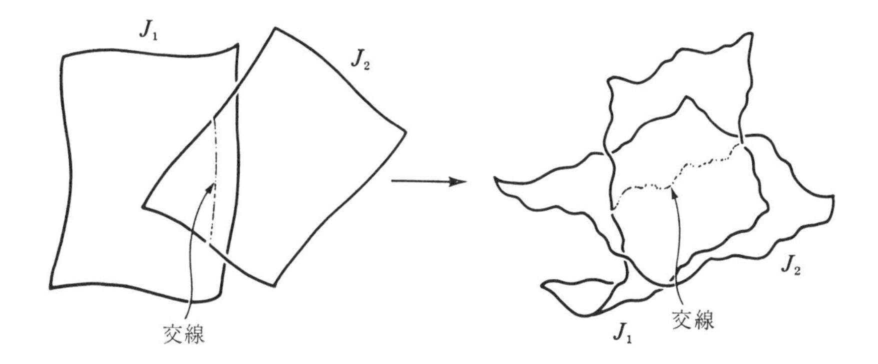

図 2.11　2 つの不変量の交線としての位相空間軌道.

ば (2.39) は満たされなくなる. したがって, 運動のタイプは 2 点 A と B とで, それらがどんなに近くても, 異なってくる. なぜなら, 有理数はすべて無理数の中に埋まっており, 逆に無理数も有理数の中に埋まっているからである. これが, すでに述べた弱い安定性という概念の基礎的な内容である. ポアンカレのカタストロフィが《ランダムな》運動のもとになりうることは明白である. 積分可能な系では, 軌道というのはいろいろな運動不変量 (に対応する位相空間内超曲面) の《交線》と見ることができる. 例えば自由度が 2 の場合には, 軌道というのは 2 枚の面 $J_1=\delta_1$, $J_2=\delta_2$ の交線に対応するはずである. ただし δ_1, δ_2 は与えられた定数である (式 (2.26) を参照). しかし, ひとたびポアンカレのカタストロフィがおきると, 運動の不変量は非解析的, 《病的》な関数となり, その交わりも同様になってしまうのである (**図 2.11**).

エルゴード系 (やミクシング系) の場合よりも, ポアンカレのカタストロフィがおきる積分不可能な系のほうが事情がいっそう複雑であることを注意しておく必要がある. 積分不可能な系の場合には, コルモゴロフ, モーゼル, アーノルドの理論の結果によって, 位相空間内のある部分に局限された周期運動と全位相空間を《覆う》ランダムな運動の両方が一般に存在することを知っている. どちらのタイプの運動も, 正の測度をもつはずである. これに対し, エルゴード (あるいはミクシング) 系では, 局限された運動は測度が 0 である. 次の節では，このことから何が出てくるかを分析する．

弱い安定性

すでに見たように，運動にランダムな要素が入ってくる状況には少なくとも2つのタイプがある．第1のものはミクシング流（あるいは，K-流のようにもっと強い条件を満たす流れ）に対応し，第2のものは，相互作用が入ってきたために非摂動系の不変量の《持続》が共鳴によって妨げられるという，ポアンカレのカタストロフィなるものに対応している．この2つの事態は全く異なっている．第1の場合には，力学系はちゃんとしたスペクトル性（例えば連続スペクトルといった）をもつリウヴィル演算子によって特徴づけられているが，第2の場合には H が H_0 と V という2つの部分に分けられる（式（2.35）を参照）ことが本質的である．しかし，どちらの場合にも，運動の特性は，出発点がどんなに近くてもそれにかかわりなく，2つの軌道が時間とともに大きく離れていってしまうことである．これが，しばしば**運動の不安定性**と呼ばれてきたことに対応し，力学系の長時間にわたる振舞いに対し明らかに重要性をもつのである．この振舞いと簡単な系の場合のそれとを比較するために，ハミルトニアンが

$$H=\frac{p^2}{2ml^2}-mgl\cos\theta \tag{2.40}$$

で与えられる単振り子を考えてみよう．右辺の第1項は運動エネルギー，第2

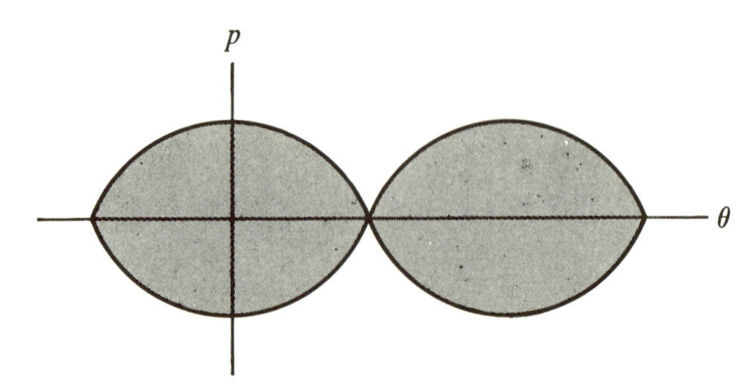

図 2.12　回転子の位相空間．影をつけた範囲が振動に，その外側が回転に対応する．

項は重力場内の位置エネルギーである．座標 q としてはふれの角 θ を用いている．

このような振り子の運動には 2 通りある．つり合いの位置のところで振動するか，支点のまわりで回転するか，のどちらかである．回転は振り子のエネルギーが十分大きいときにのみ可能である．それぞれの運動が可能な領域を位相空間内で示すと **図 2.12** のようになる．われわれにとって重要な点は，振動あるいは回転に対応する位相空間内の点の近くの点はやはり同じ振動あるいは回転の領域に属するということである．したがって，系の初期条件に関する情報に不確かなところがあっても，系が回転するか振動するかをきめることができる．

このような性質は，安定性が弱い系では失われる．そのような系では，ひとつのタイプの運動のすぐそばにもうひとつのタイプの運動の点が存在している（**図 2.13** を参照）．そのときにはわれわれの観測の精度を増しても意味がなくなる．位相空間の細かい構造は極端に複雑になっているのである．長時間にわたる予報にはすべて統計的な議論が入ってくる理由はここにある．

このようなときには統計集団というものを考えなければならなくなる．われわれは《混合物》を，単一の軌道（それは位相空間内の δ 関数で表わされる）に対応する《純粋》な場合に帰着させることはできない．この困難はそもそも

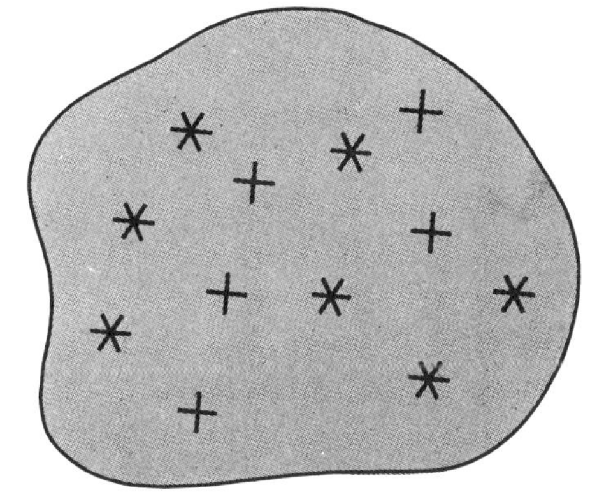

図 2.13 弱い安定性をもつ系では，ひとつのタイプの運動＊のすぐ近くに，もうひとつのタイプの運動＋が存在する．

実際的なものなのかそれとも**理論的**なものなのであろうか．この結果が理論上および概念上で重要な意義をもつという見解を，私は支持したい．なぜなら，それによってわれわれは純力学的な記述の限界を破らざるをえなくなるからである．同様な問いとして，信号の伝わる速さには光速という限界があるということは，**実際的**な問題なのか理論的な問題なのか，という疑問がある．その答えは相対論によって与えられ，この限界のために空間と時間に対するわれわれの考え方が変わらざるをえなかったのである．

物理的世界を記述するときには，あたかもわれわれがその一部分ではないかのように考えたくなるのが常である．もしそうならば，信号の速さはいくら大きくてもいいはずであるし，初期条件はいくらでも正確にきめられることになろう．しかし，世界を外側から眺めるのが物理学の目的ではない．むしろ，測定を通して物理的世界が，そこに属するわれわれに，どう見えるかを記述すべきである．相対論に始まり量子論に引き継がれた考え方では，測定過程によって導入される一般的な限界を明確にすることが，理論物理学の基本的な目的である．

しかし，弱い安定性というのは，時間と不可逆性を動力学の形式の中に取り入れることへの第一歩にすぎない．あとでわかるように，エントロピー，あるいはもっと一般にリアプーノフ関数の導入は，この形式全体を大きく変えることになる（第3章と第7章を参照）．これは最も予期しない発展であった．われわれは，素粒子分野における発見の結果として，あるいは宇宙の進化に関する新しい洞察の結果として，新しい理論体系ができるのを見る用意ができてはいるだろう．しかし，150年も前からあった熱力学上の不可逆性の概念が，新しい理論体系を考え出すきっかけになっていることこそ，最も驚くべきことである．

さらに強調すべきなのは，不可逆性の問題が動力学の歴史の中で果たした創造的な役割である．それは古典力学よりも量子力学においていっそう著しい（第3章を参照）．エルゴード理論や統計集団理論を生み出すもとになった熱力学の問題提起は，驚くべき進展の出発点となった．この存在の物理学と発展の物理学の間の生産的な対話は，第7章と第8章で見るように，現在もまだ続いているのである．

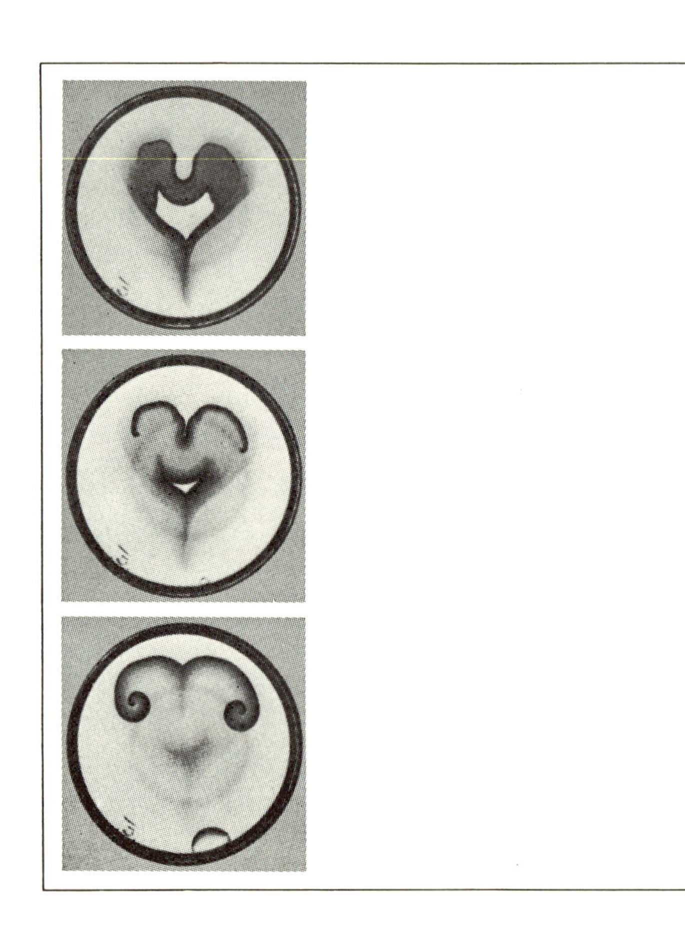

第3章

量子力学

はじめに

第2章で説明したように，動力学的な記述が，古典力学の枠の中でさえ複雑であることを理解するようになったのは，最近のことにすぎない．それでも古典力学は，記述のしかたとは無関係に内在する何らかの実在性を表現しようとしていたのである．物理学のこのガリレイ的基礎にショックを与えたのは量子力学であった．素朴な意味で物理学的記述は実在的であり，物理学の言葉は実験や測定の条件とは無関係な系の性質を表わしている，という確信を量子力学は打ち砕いてしまったのである．

量子力学は非常に興味深い歴史をもっている (Jammer 1966, Mehra 1976, 1979)．それは動力学と熱力学の第2法則とを調和させようというプランク (Planck) の試みから始まった．ボルツマン (Boltzmann) はこの問題を相互作用している粒子系に関して考えたが（これについては第7章で述べる），プランクは物質と放射の相互作用を調べるほうが容易であろうと考えた．彼はこの企てに失敗したが，その中で彼の名のついている有名な普遍定数 h を発見した．

しばらくの間，量子論は黒体放射や比熱の理論の中で熱力学との関係を保っていた．1908年にウィーンでハース (Arthur Haas) が学位論文の一部として，電子軌道に関するボーア (Niels Bohr) 理論の先駆ともいうべき考えを提出したとき，量子論は動力学とは何ら関係がないということを根拠にして，それは拒否された．

ボーアとゾンマーフェルト (Sommerfeld) の原子模型のすばらしい成功が，プランク定数を矛盾なく取り入れた新しい力学を建設する必要性を明らかにしたときに，事態は劇的に変化した．これはドゥ・ブロイ (Louis de Broglie)，ハイゼンベルク (Werner Heisenberg)，ボルン (Max Born)，ディラック (Paul A. M. Dirac) その他の人びとによって達成された．

本書では量子力学の詳しいことは扱わないつもりなので，以下の議論はわれわれにとって必要な概念，物理学における時間の役割と不可逆性，に焦点をしぼることにする．

1920年代なかばに形成された《古典的な》量子論は，第2章で概略を述べたハミルトニアン理論から導かれた．このハミルトニアン理論と同じように，回転子とか調和振動子とか水素原子のような単純な系に対して，量子論は驚くべき成功をおさめた．しかしながら，古典動力学の場合と同様に，もっと複雑な系を考えると問題が生じた．

量子力学というのは素粒子という概念とうまく調和しうるのか．それは崩壊過程を記述できるのか．こういった問題をここでは強調しておくことにする．これらの問題は，本書の第III部で，存在(ある)の物理学と発展(なる)の物理学の橋渡しを論じるときに，再び取り上げることになる．

本来，原子や分子の振舞いを記述する目的でつくられたという意味で，量子力学は微視的理論である．したがって，観測しようとする微視的世界と，われわれ自身やわれわれの測定装置が属している巨視的世界との間の関係が問題になってきたのは驚くべきことである．量子力学は，動力学的記述と測定過程の間の対立（それ以前には表に出ていなかった）をあばき出したのだと言うことができる (d'Espagnat 1976, Jammer 1974 を参照)．古典物理学では，理想的な測定の代表として剛体棒と時計がよく用いられる．これらはアインシュタインが彼の思考実験の中で使った主な道具であるが，測定にはそれを補う要素が存在することを強調したのはボーアである．測定とはすべて本質的に不可逆なものである．測定における記録と増幅は光の吸収や放出のような不可逆的な事象と結びついている (Rosenfeld 1965, George, Prigogine, and Rosenfeld 1973 を参照)．

方向性をもたないパラメタとしての時間を扱う動力学からどうやって測定と不可分の不可逆性を導き出せるのか．この問題は広く多大の注意をひいている．それはおそらく科学と哲学がはまりこんでいる現代の最もホットな問題のひとつである．われわれは微視的世界を《隔離》して理解しうるか，という問題である．事実，われわれが物質，とくにその微視的諸性質を知るのは，測定装置を通してだけであり，その装置自体は莫大な数の原子や分子からできている巨視的なものである．考え方によっては，われわれの感覚器官もそれに含ませられる．装置は，われわれが調べている世界とわれわれとの間の仲介者であると言うことができる．

量子力学系の状態は**波動関数**というもので規定されることがわかるが，この波動関数は，古典力学の運動方程式と同じように，時間について可逆的な動力学的方程式に従う．したがって，この方程式それ自体では，測定の不可逆性を記述することはできない．

量子力学の新しい特色は，可逆性と不可逆性の両方が必要だという点である．ある意味でこのことは古典物理学でもそうであった．両方のタイプの方程式が使われたのである．例えば時間について可逆なハミルトンの運動方程式と，不可逆過程を記述する熱流に関するフーリエの方程式などである．だがその場合には，熱流の方程式は基本的な意義を欠いた現象論の方程式であると規定することによって，問題を回避してしまうことができたのである．しかし，ほかならぬ物理的世界との大事な結び目である測定の問題を，どうして回避できるのであろうか．

演算子と相補性

光の吸収や放射のスペクトルに鋭い線が存在するという発見が，量子力学の形成で最も重要なことであった．可能な唯一の解釈は，原子とか分子のような系はとびとびの（離散的な）エネルギー準位を**もつ**ということであると思われる．これと古典的な考え方とを調和させるためには，きわめて重要な飛躍が必要であった．第2章で導入されたハミルトニアンは，それが含む変数である座標と運動量の値によって，連続的に変化する一連の値のどれをとることもできる．したがって，連続関数と見られるハミルトニアン H を，新しいもので置きかえることが必要と思われた．新しいものというのは演算子とみなされるハミルトニアンで，H_{op} と記すことにする．（量子力学への入門書としては，Landau and Lifschitz 1960 を参照．）

古典力学に関連した演算子の概念については第2章で簡単に論じた．しかし，量子力学では事情は全く異なってくる．古典力学で軌道を考えるときには，座標と運動量の関数としてのハミルトニアンだけを考えればよかった（式（2.4）を参照）．しかし量子力学では，水素原子の性質の説明のように最も簡単な場合でも，**ハミルトニアン演算子**が必要なのである．なぜなら，この演算子の**固有値**としてエネルギー準位を求めたいからである（式（2.16）を参照）．そこでわれわれは固有値問題

$$H_{\mathrm{op}} u_n = E_n u_n \tag{3.1}$$

を設定して解かねばならない．数 $E_1, E_2, \cdots, E_n, \cdots$ が系のエネルギー準位である．もちろん古典力学の変数を量子力学の演算子に変える規則が必要である．そのようなひとつの規則は

$$q \to q_{\mathrm{op}}, \qquad p \to p_{\mathrm{op}} = \frac{\hbar}{i} \frac{\partial}{\partial q} \tag{3.2}$$

であって，詳細に立ち入らずに言えば，《座標はそのままにしておいて，運動量はそれに共役な座標に関する微分演算子の $\hbar/i$ 倍で置きかえよ》ということである．

ある意味で，エネルギー準位の存在を明らかにした分光学の実験に強制されて，関数から演算子への飛躍が行なわれたのであり，それは自然なものであったと言えるが，それでも敢えてこの飛躍を行なったボルン，ヨルダン（Pascual Jordan），ハイゼンベルク，シュレーディンガー(Erwin Schrödinger)，ディラックといった人びとは敬服に値する．演算子の導入はわれわれの自然記述を根本的に変えた．したがって《量子革命》と呼ぶのは全く適切である．

新しい特徴の例を挙げるならば，導入した演算子は一般には可換（交換可能）ではない．これから次の結論が出てくる．ある演算子の固有関数は，この演算子が表現している物理量がきちんと定まった値（固有値）をもっているような状態を記述していると考えられる．したがって，非可換（交換不可能）ということを物理的に言うと，例えば座標 q と運動量 p が同時にちゃんと定まった値をもつような状態は存在しえない，という意味になる．これがよく知られたハイゼンベルクの不確定性関係の内容である．

量子力学のこの結論は，古典物理学の素朴な実在性を諦めねばならなくさせ

たので，全く意外であった．われわれは粒子の運動量や座標を測ることができる．われわれは粒子が座標と運動量の確定した値を同時に**もつ**と言うことはできない．この結論に50年前に到達したのはハイゼンベルクとボルンであった．それは当時そうであったように今でも革命的と言える．実際，不確定性関係の意味に関する議論は止むことがないのである．何か補助的な《隠れた》変数を導入することによって，物理学をまともなものに戻せないのだろうか．今までのところそれは，不可能ではないにしても，困難であることが証明されている．そして，たいていの物理学者はそんな試みを諦めている．この魅惑的な主題の経緯はここでは関係がないが，専門書の中で適切に扱われている（Jammer 1974 を参照）．

ボーアは非可換な演算子で表わされる物理量の存在をもとにして，**相補性**原理というものをつくった（Bohr 1928 を参照）．彼および私の友人故ローゼンフェルト（Leon Rosenfeld）が，私流の相補性原理の定義《世界はとても単一の言語では表現できないほど豊かである》を承認してくれることを期待したい．音楽はバッハからシェーンベルクまでつぎつぎと様式が変化したが，それでつくされたわけではない．それと同様に，われわれの経験のさまざまな局面を単一の表現の中に押しこめることはできない．われわれは多様な記述を動員しなければならない．それらのひとつを他に還元することはできないけれども，正しい翻訳の規則（専門語で変換という）によって互いに結びつけられている．

科学上の仕事というものは，与えられた事実の発見よりはむしろ選択的な探究によって成り立つ．それは提起しなければならない問題の選択からなっている．しかし，第9章で出される結論の一部を先取りするより，量子力学の議論に戻ることにしよう．

量子化の規則

固有関数というのは，ベクトル代数における基底ベクトルときわめてよく似た役割を演じる．初等数学で知られているように，任意のベクトル $\mathbf{r}$ は，基底ベクトル方向の成分に分解される（**図 3.1** を参照）．それと同様に，量子力学系の任意の状態 Ψ を適当な固有関数の重ね合わせとして

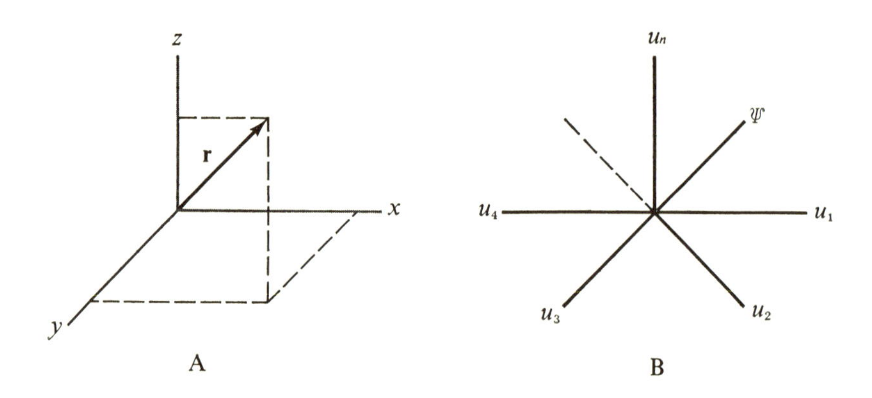

図 3.1 (A) ベクトル $\mathbf{r}$ の成分への分解. (B) 波動関数 Ψ を固有関数 $u_1, u_2, \cdots, u_n, \cdots$ に分解.

$$\Psi = \sum c_n u_n \tag{3.3}$$

のように表わすことができる. 次の節で明らかになる理由によって, Ψ も波動関数と呼ばれる. 固有関数の正規直交系をとるととくに便利である (これは, 長さが1で互いに直交する基底ベクトルをとることに対応する).

$$\langle u_i | u_j \rangle = \delta_{ij} = \begin{cases} 1, & i = j \text{ のとき} \\ 0, & i \neq j \text{ のとき} \end{cases} \tag{3.4}$$

記号 $\langle u_i | u_j \rangle$ はスカラー積

$$\langle u_i | u_j \rangle = \int u_i^\dagger u_j dx \tag{3.5}$$

を表わす。$u_i^\dagger$ は u_i の複素共役である. 式 (3.3) に $u_m^\dagger$ を掛けて積分し, 式 (3.4) に与えられている正規直交条件を使うと, ただちに

$$c_m = \langle u_m | \Psi \rangle \tag{3.6}$$

がわかる. 初等的なベクトル空間 (図 **3.1 A**) と量子力学で使われる空間 (図 **3.1 B**) の主な違いは, 次元の差であって, 前者では有限であるのに後者では無限大になる. この第2の場合を**ヒルベルト空間**と呼び, 関数 u_n あるいは Ψ をこの空間の元 (またはベクトル) という. それぞれの元は, スカラー積の左に現われるときと右に現われるときの2通りの現われ方をする (式 (3.5)). そこでディラックは洒落た記号を導入した (Dirac 1958). 元 u_n は**ブラ**ベクト

$$\langle u_n |$$

ルになるときと，**ケット**ベクトル

$$|u_n\rangle$$

になるときがある．そうして，スカラー積というのは**ブラ**と**ケット**の積である．

$$\langle u_n|u_m\rangle.$$

この記号を用いると，ヒルベルト空間の重要な諸性質をコンパクトに表現することができる．式 (3.3) の展開がすべての元について成り立つとする．ブラ-ケット記号と式 (3.6) を使うと，任意の元 Φ に対して

$$|\Phi\rangle=\sum_n c_n|u_n\rangle=\sum_n |u_n\rangle\langle u_n|\Phi\rangle$$

と書くことができる．この関係は任意の $|\Phi\rangle$ に対して正しいから，**完全性関係**

$$1=\sum_n |u_n\rangle\langle u_n| \qquad (3.7)$$

が得られる．これは今後くり返し使うことになる．形式論はこのくらいにして，物理に戻るとしよう．

式 (3.3) に現われた展開係数 c_n は重要な物理的意味をもつ．u_n が固有ベクトルになるような物理量（例えばエネルギー）を測ったとすると，u_n に対応する固有値（E_n とする）の得られる確率が $|c_n|^2$ になるのである．そこで量子状態を与える関数 Ψ は**確率振幅**（それの 2 乗が確率そのものを与える）と呼ばれる．Ψ のこの注目すべき物理的解釈はボルンによるものである (Jammer 1966 を参照).

すでに注意したように，量子力学では物理量は演算子で表わされる．しかし，これらの演算子は何でもよいわけではない．着目する演算子の特性は，各演算子 A とその**アジョイント** $A^\dagger$

$$\langle v|Au\rangle=\langle A^\dagger v|u\rangle \qquad (3.8)$$

に関連して定義される．量子力学で基本的な役割を果たすのはセルフ-アジョイント（あるいはエルミート）演算子，つまり

$$A=A^\dagger \qquad (3.9)$$

であるような演算子である．これが重要なのは，エルミート演算子の固有値が実数であるという事実に由来している．さらに，ひとつのエルミート演算子の固有関数は条件 (3.4) を満たす正規直交系をつくる．よく《**オブザーバブル**》

(観測可能量) は量子力学ではエルミート演算子で表わされる, と言われる. すべてのオブザーバブルはエルミート演算子なのであろうか. これはやっかいな問題であって, 第8章で扱う.

エルミート演算子のほかに座標軸の変換に関連した第2の種類の演算子が必要である. 初等幾何学からスカラー積の値は座標を変えても変わらないことがわかっている. そこでスカラー積 (式 (3.5)) を不変に保つような演算子 A を考えよう. それは

$$\langle Au|Av\rangle = \langle u|v\rangle \tag{3.10}$$

ということであって, その結果, 式 (3.8) を用いると

$$A^{\dagger}A = 1 \tag{3.11}$$

が得られる. 式 (3.11) を満たす演算子を**ユニタリ**演算子と定義する. A の逆演算子 A^{-1} は

$$AA^{-1} = A^{-1}A = 1 \tag{3.11$'$}$$

と定義されるから, ユニタリ演算子というのは逆がアジョイントに等しいという性質

$$A^{-1} = A^{\dagger} \tag{3.12}$$

で特徴づけられる.

初等幾何学におけると同様に, 演算子についても相似変換というものを行なう必要がしばしばある. 関係

$$\tilde{A} = S^{-1}AS \tag{3.13}$$

によって A から $\tilde{A}$ を導くのがそれである. そのような変換で重要なのは, すべての代数的性質が不変に保たれるという性質である. 例えば, もしも

$$C = AB \quad \text{ならば} \quad \tilde{C} = \tilde{A}\tilde{B} \tag{3.14}$$

である. なぜなら, (3.11′) を使うと

$$\tilde{C} = S^{-1}ABS = (S^{-1}AS)(S^{-1}BS)$$

となるからである. S がユニタリ演算子ならば, 相似変換 (3.13) は単なる座標変換と考えることができる. これで, ハミルトニアンが単純な対角形をとるような適当な座標系を見つける問題として, 量子化の問題を定式化する準備ができた. これがボルン-ハイゼンベルク-ヨルダンの量子化の規則である (Dirac 1958 を参照).

ハミルトニアンとして，式（2.1）のように運動エネルギー（非摂動項）H_0 とポテンシャルエネルギー（摂動項）V の和で表わされるものから出発する．それからそのハミルトニアンをユニタリ演算子 S を使った

$$\tilde{H}=S^{-1}HS \tag{3.15}$$

によって対角形にする相似変換を探す．これは式（3.1）の固有値問題を解くことと同等である．われわれは H を行列として表現することができるが，式（3.1）は，H の固有関数を用いた表現では，H が対角行列になるということを示しているのである．

$$\langle u_i|Hu_j\rangle=E_j\langle u_i|u_j\rangle=E_j\delta_{ij} \tag{3.16}$$

第2章の「積分可能な系」の節で調べた古典力学の変換問題との類似は印象的である．

ボルン－ハイゼンベルク－ヨルダンの量子化の規則については，第8章で不可逆過程を示す系がどのように量子化できるかを論じるときに立ち戻る．さしあたりは，古典変換理論のときのように，物理系の2つの可能な記述を積分可能な系に適用したのだ，としておけば十分である．事実，ハミルトニアンの対角化というのは，ハミルトニアンを作用変数の関数になおす古典力学の変換（式（2.26））ときわめてよく似ているのである．

この点を簡単に例示するには固体原子の調和振動を見ればよい．これは，原子あるいは分子の相対的な変位が小さいので，調和振動子の場合（式（2.2））と同様に，変位の2次式で与えられるポテンシャルエネルギーで記述できる相互作用系である．この系を記述するのに2通りの方法がある．第1のやり方は，固体中の隣り合う粒子の間の相互作用に対応し，この場合には運動エネルギーとポテンシャルエネルギーの両方を考えねばならない（図2.5Aを参照）．第2のやり方は，第2章の「積分可能な系」の節と同様に，ポテンシャルエネルギーを消去する正準変換を求める方法である．そうすると固体は互いに独立な振動子の集まりと考えられ，各振動子のエネルギー準位を計算すればよいことになる（図2.5Bを参照）．ここでもまた記述方法の選択が問題になる．一方の記述では（固体のエネルギーの一部が粒子と粒子の《中間》に存在するので）実体の定義があまり明確でないが，もう一方の記述では実体――固体の《基準振動》――は独立である．われわれはこの問題にももう一度立ち戻る．わ

れわれの物理的世界は，これら2つの高度に理想化された記述に属するのであろうか．それとも第3の記述法が必要なのであろうか．この問題については，本章の「量子力学における統計集団の理論」の節でさらに取り扱うことにする．

量子力学における時間変化

前節では，状態ベクトル Ψ で記述されるような量子力学系の状態という概念を導入した．今度はその時間変化を記述する方程式が必要である．この方程式は，古典力学でハミルトンの方程式（2.4）が果たしたのと同じ役を，量子力学で演じなければならない．シュレーディンガーを導いてこの方程式をつくらせることになったのは，古典的な光学との類似性であった．固有値は波動現象に結びついた固有振動数に対応する．シュレーディンガー方程式は，基本的な力学量であるハミルトニアンを含む**波動**方程式であって，その形は

$$i\hbar\frac{\partial\Psi}{\partial t}=H_{\mathrm{op}}\,\Psi \qquad (3.17)$$

である．i は $\sqrt{-1}$，$\hbar$ はプランク定数を 2π で割ったものである（記号を節約するために $\hbar$ を1とおくことがしばしばある）．この方程式は量子力学の中で導出されるのではなく，仮定されるものであることに注意してほしい．これの正しさは実験との比較によってのみ証明されるのである．

ハミルトンの方程式（2.4）と異なり，シュレーディンガー方程式は，座標に関する微分が H_{op} に現われるために，**偏**微分方程式になっている（次の節を参照）．しかしこれらは共通点ももっている．ハミルトンの方程式もシュレーディンガー方程式もどちらも時間に関して1階である．任意の時刻 t_0 における Ψ がわかれば（無限遠で $\Psi\to 0$ というような適当な境界条件とともに），未来と過去の両方について任意の時間における Ψ を計算することができるのである．この意味でわれわれは，古典力学の決定論的な観点を復活するのであるが，それが適用されるのは波動関数に対してであって，古典力学の場合のように軌道に対してではない．

リウヴィル方程式に関する第2章の議論は，ここで直接に適用できる．（式(2.12)で ρ が確率を表わすように）Ψ が確率振幅を表わすことは事実であるが，その時間発展は厳密に動力学的な性格のものである．リウヴィル方程式

のときと同様に，ここでもブラウン運動のような確率過程とは簡単な関連をもたないのである．

時間変化はハミルトニアンによってきめられる．したがって，量子力学ではハミルトニアン（もっと正確にはハミルトニアン演算子）は**2重の**役をすることになる．一方でそれは式（3.1）によってエネルギー準位をきめる．他方ではそれは系の時間発展を決定するのである．

もうひとつ重要なのはシュレーディンガー方程式が線形だということに注意することである．もし与えられた瞬間 t に

$$\Psi(t)=a_1\Psi_1(t)+a_2\Psi_2(t) \tag{3.18}$$

であったとすると，別の任意の時刻 t' にも

$$\Psi(t')=a_1\Psi_1(t')+a_2\Psi_2(t') \tag{3.19}$$

が成り立つ．t' は t より前でも後でもよい．Ψ は実験で出てくる結果の確率をきめるものであり，確率振幅と呼ばれていることを見た．それはまた波動関数とも呼ばれる．なぜなら方程式（3.17）は古典物理学の波動方程式と強い形式的類似性をもっているからである．

シュレーディンガー方程式（3.17）の形式的な解を

$$\Psi(t)=e^{-iHt}\Psi(0) \tag{3.20}$$

のように与えることは容易である*．微分してみれば正しいことはすぐわかる．

この形は，リウヴィル演算子 L がハミルトニアン H に置きかわっていることを除けば，式（2.12′）とそっくりである．e^{-iHt}（あるいは e^{-iLt}）はユニタリ演算子，つまり式（3.12）を

$$(e^{-iHt})^{\dagger}=e^{iHt}=(e^{-iHt})^{-1}$$

のように満たすことに注意しよう．これは H がエルミートであることから出てくる．したがって，古典力学でも量子力学でも，時間発展はユニタリ変換によって与えられる．時間発展というのは座標変換に対応するにすぎない！

もし Ψ をハミルトニアンの固有関数で展開する式（3.3）を用いると，式（3.20）から

$$\Psi(t)=\sum_k e^{-iE_kt}c_k u_k \tag{3.21}$$

---

* $\hbar=1$ と置いてある（訳者）．

というわかりやすい関係が得られる．われわれの規則に従うと，系を状態 u_k に見出す確率は

$$|e^{-iE_kt}c_k|^2=|c_k|^2 \tag{3.22}$$

で与えられる．重要なのは，この確率が時間によらないということである．エネルギーを対角行列で表わす表示では，実際には何事も《おこる》ことがない．波動関数はヒルベルト空間で単に《回って》いるだけであり，確率は時間的に一定である．

量子力学は多粒子系にも適用できる．そのとき粒子の区別不可能性がきわめて重要な役を演じる．例えば N 電子系を考えよう．Ψ はこの場合 N 個の電子すべてに関係する．例えば電子1と2の交換をしても，物理的な事情は何ら変化しない．したがって（Ψ は確率振幅であって，確率は $|\Psi|^2$ で与えられることを思い出してほしい），

$$|\Psi(1,2)|^2=|\Psi(2,1)|^2 \tag{3.23}$$

でなくてはならない．この条件を満たすのは

$$\Psi(1,2)=+\Psi(2,1) \tag{3.24}$$

または

$$\Psi(1,2)=-\Psi(2,1) \tag{3.24'}$$

の2通りの場合だけである．この2通りは，2つの基本的な**量子統計**に対応している．2つの粒子の交換で波動関数が変わらないのがボース (Bose) 統計，変わるのがフェルミ (Fermi) 統計である．これら統計のタイプは物質の全く基本的な性質のように思われる．既知の素粒子はすべてこれらのうちのどちらかに従うからである．陽子，電子などは**フェルミオン**，光子と中間子のように不安定ないくつかの粒子は**ボソン**である．量子力学が達成した偉業のひとつは，フェルミオンとボソンのこの区別の発見であって，これは物質構造のあらゆるレベルで明らかになっている．例えば，金属の振舞いを理解するには電子に適用されるフェルミ統計が不可欠であり，液体ヘリウムの振舞いはボース統計のみごとな例示である．量子状態の崩壊に関連したボースあるいはフェルミ統計の問題については，次の節で論じることにする．

量子力学における統計集団の理論

量子力学の形式を用いて，力学量 A の平均値 $\langle A\rangle$ を計算することができる．A の固有値を $a_1, a_2, \cdots$ とする．定義によれば，平均値というのは，変数がとることのできる値 $a_1, a_2, \cdots$ すべてに，対応するそれの確率をかけた和である．式 (3.6) を使うと

$$\langle A\rangle=\sum_n a_n|c_n|^2=\sum_n a_n\langle\Psi|u_n\rangle\langle u_n|\Psi\rangle \tag{3.25}$$

である．固有関数 u_n の定義

$$Au_n=a_n u_n$$

を用いると，これは

$$\langle A\rangle=\langle\Psi|A\Psi\rangle \tag{3.26}$$

とも書かれる．重要なのは，平均値 $\langle A\rangle$ が確率振幅に関して 2 次の式になるということである．これは式 (2.14) が，ギブズの分布関数 ρ について**線形**なのと対照的な点である．また，ある意味で，きちんと定義された波動関数 Ψ で特徴づけられる系でさえ，ひとつの統計集団に対応するようになっていることに注意する必要がある．

実際，もし Ψ を例えばハミルトニアンの固有関数で展開したとして（式 (3.3) を参照)．エネルギーの測定をしたとすると，確率 $|c_1|^2, |c_2|^2, \cdots$ で値 $E_1, E_2, \cdots$ を見出す．これはボルンによる量子力学の統計的解釈の結論として不可避のことのように思われる．その結果として，量子力学にできるのは，多数の実験を《くり返した》場合についての予言だけである．この意味で，事情はギブズの統計集団によって記述される古典的な力学系の集団の場合と似ている．

けれども，量子力学の場合には，**純粋な場合**と**混合状態**というはっきり相違した場合が存在する（第 2 章のうちの「ハミルトンの運動方程式と統計集団理論」の節を参照)．この違いを定式化するには，量子力学でギブズの分布関数 ρ に対応するものを導入すると便利である．そのためには，式 (3.4) と (3.7) と同様な完全正規直交関数系 $|n\rangle$ をまず導入しなければならない．

$$\langle n|m\rangle=\delta_{nm}, \quad \sum_n |n\rangle\langle n|=1. \tag{3.27}$$

そうしてから Ψ を $|n\rangle$ で展開し，式（3.6）を用いると

$$\langle A\rangle=\langle\Psi|A\Psi\rangle=\sum_n\langle\Psi|n\rangle\langle n|A\Psi\rangle=\sum_n\langle n|A\Psi\rangle\langle\Psi|n\rangle \qquad (3.28)$$

が得られる．古典力学では，平均操作には位相空間での積分が含まれている（式(2.14）を参照)．そこで今度は，量子力学で同様な役をする**対角和の操作**

$$\mathrm{tr}\,O=\sum_n\langle n|O\,n\rangle \qquad (3.29)$$

および密度演算子

$$\rho=|\Psi\rangle\langle\Psi| \qquad (3.30)$$

を導入する．ここでも，ディラックの《ブラ - ケット》記号を用いて定義を行なった（式（3.7）を参照)．演算子はヒルベルト空間の元に対して作用する．例えば $|\Phi\rangle$ に作用する ρ というのは，定義（3.30）によって

$$\rho|\Phi\rangle=|\Psi\rangle\langle\Psi|\Phi\rangle=\langle\Psi|\Phi\rangle|\Psi\rangle$$

で与えられる．式（3.30）で定義をする理由は，そうすれば式（3.28）で与えられる平均 $\langle A\rangle$ に対して，

$$\begin{aligned}\langle A\rangle&=\mathrm{tr}(|A\Psi\rangle\langle\Psi|)\\&=\mathrm{tr}\,A\rho\end{aligned} \qquad (3.31)$$

というコンパクトな表式が得られるからである．これはまさに古典的な形（2.14）に対応し，位相空間における積分が対角和の操作に置きかえられている．

もうひとつのやり方として，式（3.31）を

$$\langle A\rangle=\sum_{nn'}\langle n|A|n'\rangle\langle n'|\rho|n\rangle \qquad (3.31')$$

と書くこともできる．ただし，ここで

$$\langle n|A|n'\rangle\equiv\langle n|An'\rangle$$

という記号を用いた．もしオブザーバブル A が対角的である（つまり $A|n\rangle=a_n|n\rangle$）なら，式（3.31′）は簡単な形

$$\begin{aligned}\langle A\rangle&=\sum_n\langle n|A|n\rangle\langle n|\rho|n\rangle\\&=\sum_n a_n\langle n|\rho|n\rangle\end{aligned} \qquad (3.31'')$$

に帰着する．したがって，ρ の対角要素は，オブザーバブルの値として a_n を

見出す**確率**と見ることができる．

$$\mathrm{tr}\,\rho=\sum_n \langle n|\Psi\rangle\langle\Psi|n\rangle$$

$$=\sum_n \langle\Psi|n\rangle\langle n|\Psi\rangle=\langle\Psi|\Psi\rangle=1 \qquad (3.31''')$$

であるから，ρ の対角和は 1 であることに留意してほしい（式（3.27)（3.30）を参照)．この式は，式（2.9）を量子力学の場合になおしたものである．

古典力学のときと同様に，統計集団の方法で面白いのは，もっと一般的な場合，例えばいろいろな波動関数の状態に重みをつけて重ねたものに対応するような場合，を考えることができる点にある．このときには式（3.30）は

$$\rho=\sum_k p_k|\Psi_k\rangle\langle\Psi_k|, \qquad (3.32)$$

ただし

$$0\leqq p_k\leqq 1, \qquad \sum_k p_k=1 \qquad (3.33)$$

となる．ここで，p_k はいろいろな波動関数 Ψ_k に対応する重みを表わす．

密度演算子 ρ の形から，単一の波動関数に対応する純粋状態と混合状態との間のはっきりした区別をつけることが可能になる．純粋状態では，ρ は式（3.30）で表わされ，混合状態では ρ は式（3.32）で与えられる．これから簡単で形式的な区別が導かれる．純粋な場合には

$$\rho^2=|\Psi\rangle\langle\Psi|\Psi\rangle\langle\Psi|=|\Psi\rangle\langle\Psi|=\rho$$

となり ρ はべき乗によらない（巾等）演算子となる．混合状態ではそうはならない．

純粋な場合と混合状態の区別は「観測の問題」と題するあとの節で見るように，観測の問題を定式化するときに必要になってくる．

シュレーディンガー表示とハイゼンベルク表示

シュレーディンガー方程式の解を求めて波動関数の時間変化（式（3.20））を知れば，（式（3.30）から）ただちに密度 ρ の時間変化を

$$\rho(t)=e^{-iHt}\rho(0)e^{iHt} \qquad (3.34)$$

のように求めることができる．これを t で微分すれば

$$i\frac{\partial \rho}{\partial t}=H\rho-\rho H \qquad (3.35)$$

が得られる．この方程式は純粋状態にも混合の場合にも使うことができる．古典力学で求めたもの（公式（2.11′））と全く同じタイプの式が求まったのである．唯一の違いは，ポアッソン括弧式の代りに H と ρ の**交換子**が入ってきたことである．

これら2つの場合の類似性を強調するために，時間変化の方程式（3.35）とそれの形式的な解とをリウヴィル演算子を含む形で

$$i\frac{\partial \rho}{\partial t}=L\rho, \qquad \rho(t)=e^{-iLt}\rho(0) \qquad (3.36)$$

のように書いてみればよい．L は新しい意味をもつことになる．こうすれば，古典力学系と量子力学系とを同じ方法で扱えるようになる（第7章）．

力学的な量の平均値とその時間変化を，別の観点から見てみよう．式(3.31)と（3.34）を用いると

$$\begin{aligned}\langle A(t)\rangle &= \mathrm{tr}\, A\rho(t)=\mathrm{tr}\, Ae^{-iHt}\rho e^{iHt}\\ &= \mathrm{tr}(e^{iHt}Ae^{-iHt})\rho\\ &= \mathrm{tr}\, A(t)\rho \end{aligned} \qquad (3.37)$$

が得られる．対角和の定義（3.20）から

$$\mathrm{tr}\, AB=\mathrm{tr}\, BA \qquad (3.38)$$

がわかるからである（式（3.31′）を参照）．演算子は一般には可換では**ない**けれども（この章のはじめの「演算子と相補性」の節を参照），対角和の中に含まれたときには順序をかえてもよいのである．また，$\rho(0)$ を単に ρ と記した．こうして平均値 $\langle A(t)\rangle$ を2つの等価な方法で求めることができる．第1の方法では，密度は時間とともに変わるが A は一定に保たれる．けれども，第2のやり方だと，密度は一定に保たれるのだが力学的な量 A が式（3.37）に示されているように

$$A(t)=e^{iHt}Ae^{-iHt} \qquad (3.39)$$

に従って時間変化すると考えるのである．この第2の記述法を**ハイゼンベルク表示**という．それと**シュレーディンガー表示**との違いは，A のような力学変数が時間と無関係と考える代りに，波動関数 Ψ あるいは ρ が時間とは無関係と考

えるのである．式（3. 39）を時間で微分すれば（式（3. 35）と（3. 36）を参照）

$$i\frac{\partial A}{\partial t}=AH-HA$$
$$=-LA \qquad (3.40)$$

が得られる．これは L が $-L$ に置きかわっていることを除くと，リウヴィル方程式（3. 36）と同じ形である．この式は第7章で使われる．

同様な区別は古典動力学にも存在する．式（2. 5）はハイゼンベルク方程式に対応し，式（2. 12）はシュレーディンガー方程式に対応する．これら2つの方程式では，式（2. 13）で定義されるポアッソン括弧式演算子の符号が異なるのである．

熱平衡統計集団

第2章で古典力学系に対して導入された熱平衡統計集団の考え方は，量子力学系にも容易に拡張できる．しかし，古典力学系と量子力学系の間には興味深い差違が存在する．例えば，量子力学的なエルゴード系というときには，**系は縮退していない**（エネルギー固有値のそれぞれにはただひとつの固有関数しか対応しない）ということが必然的に含まれることが示される．この結果はノイマン（von Neumann）が確立したものであるが（Farquhar 1964 を参照），エルゴード的な方法の重要さを大きく制限することになる．なぜなら，たいていの興味ある量子力学系は縮退しているからである．例えば，多粒子系では与えられたエネルギーはいろいろなしかたで可能な励起に分配される．このため，ノイマン自身をはじめとする多くの物理学者が，運動の**近似的**記述を与え，熱平衡状態への接近を含むような**巨視的オブザーバブル**を定義しようと試みた．ここでわれわれが再び出くわすのは，熱平衡状態への接近，およびもっと一般的には不可逆性の概念が動力学の**近似**に対応するという考えである．第7章では，この問題を全く異なった見方で考えることが可能なことが示される．それは，不可逆性というのはまさに動力学の拡張に対応する，ということであって，それは（古典動力学における弱い安定性のような）補足的な条件が満たされるときに可能になるのである．

観測の問題

量子力学の理論体系そのものに関して多くの概念的な問題が出されている．例えば，古典物理学の因果性から離れてしまうことは本当に不可避なのか，量子力学の体系をもっと古典力学に近いものにするために，補助となる《隠れた》変数を導入することはできないものなのか．これらの疑問はデスパーニアの本 (Bernard d'Espagnat 1976) の中でみごとにまとめられている．これらの問題を解くために払われた多くの努力にもかかわらず，今までのところ何ら著しい成功は達成されていない．われわれはこれらとは違う態度をとる．われわれは量子力学の理論体系を受け入れるが，著しく改変することなしにどこまでそれを拡張できるかを問おうというのである．

本章のはじめのほうで述べた観測の問題を考察すれば，この疑問は当然生じてくるのである．いま，波動関数 Ψ と，式 (3.30) で与えられる密度 ρ から出発するものとしよう．

$$\Psi=\sum_n c_n u_n,$$
$$\rho=|\Psi\rangle\langle\Psi|=\sum_{nm} c_n c^*{}_m |u_n\rangle\langle u_m|. \qquad (3.41)$$

動力学的な量（例えばエネルギー）の固有関数を u_n とし，それを測ると確率 $|c_1|^2, |c_2|^2, \cdots$ で固有値 $E_1, E_2, \cdots$ が得られるわけであるが，一度ある固有値 E_i を得たとすると，系は必然的に状態 u_i にあると知ることになる．観測の終わったとき，われわれは

$$\Psi \longrightarrow \begin{matrix} u_1 \\ u_2 \\ \vdots \\ u_k \\ \vdots \end{matrix}$$

という**混合状態**を確率 $|c_1|^2, |c_2|^2, \cdots, |c_k|^2, \cdots$ で得るのである．式 (3.32) によって，これに対応する密度行列は

$$\rho=\sum_n |c_n|^2 |u_n\rangle\langle u_n| \qquad (3.42)$$

となっており，これは (3.41) とは全く違ったものである．

式 (3.41) から (3.42) への変化はしばしば**波束の収縮**と呼ばれており，シュレーディンガー方程式の解で記述されるユニタリ変換（式 (3.20)）とは異

なるタイプに属する．ノイマン（von Neumann 1955）は，純粋状態から混合状態へ移るときに増加する《エントロピー》が定義できることを示すことによって，この差を非常に簡潔に表現した．このようにして，不可逆性の問題は物理学の核心のところに現われてきたのである．

だが，この問題はどのように処理できるのであろうか．シュレーディンガー方程式は線形であることをすでに見た（式（3.18）参照）．したがって，純粋状態は純粋状態のままでいなければならない．もし本当に《基本的なレベル》の記述がシュレーディンガー方程式なのだとしたら，出口を見つけることは容易ではない．デスパーニアの本にはいろいろな提案が示されているが，これでいいというものはひとつもない．

ノイマン自身が提示し，ウィグナー（Eugene Wigner）を含むその他の人びとが唱道している解は，物理学の場を離れて観測者の積極的な役割を取り入れるべきだ，というものである．これは，不可逆性というのは自然の中にあるのでは**なく**われわれの中にあるのだ，というすでに述べた一般的な哲学の線に沿う考えである．いまの場合には，純粋状態と混合状態の間の遷移がおこったときめるのは，観測行動に結びついた**知覚主体**である．このような見方を批判するのはやさしいが，それならどうやって《可逆的な》世界に不可逆性をもちこんだらよいのか．

もっと先へ進んだ人もいる．観測のような相互作用の結果として宇宙は絶えず途方もなく多数の枝に分岐するという代償を払うことによって波束の収縮などというものはなくせる，と彼等は主張する．このように極端な意見についてここで論じるつもりはないが，そういう考え方があるということ自体，物理学者は実証主義者ではないことの証明であることに注意すべきである．彼等は単に《うまく使える》規則を与えるだけでは満足しないのである．

この問題には第8章で立ち戻る．ここでは，量子力学で形式的には非常に明確な，純粋状態と混合状態の間の区別が，実際はどんなによくても有限な測定の精度を超えたところにあることを注意しておくにとどめよう．例えば，図**3.2**に示されているような2つの極小をもつ対称的なポテンシャルを考えてみればよい．

$|u_1\rangle$ は領域 a に中心をもつ波動関数，$|u_2\rangle$ は領域 b に中心をもつ波動関

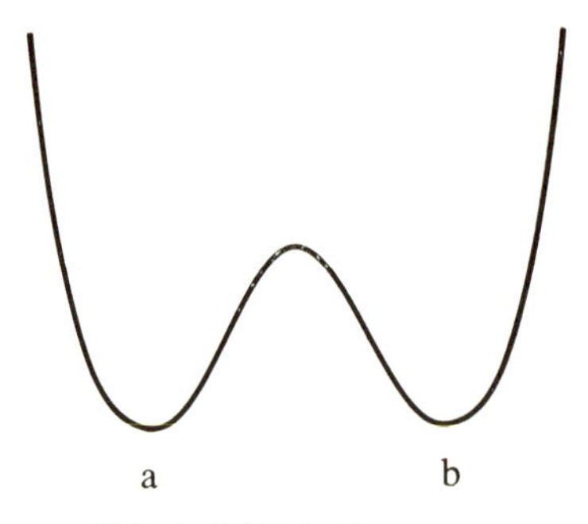

図 3.2 対称的なポテンシャル.

数だとしよう．純粋状態と混合状態の違いは，積 $|u_1\rangle\langle u_2|$ を含む項のところだけである．しかし，もしポテンシャルの山が巨視的な大きさであればこの積は極端に小さくなりうる．言いかえると，第2章で考えた弱い安定性を含む問題の軌道などと同様に，波動関数は《非オブザーバブル》になってしまう．この注意は，第7章と第9章で扱う量子不可逆過程の理論で重要な役を演じる．

不安定粒子の崩壊

不安定粒子の崩壊を論じる前に，《小さい系》と《大きい系》の区別を明らかにしておかねばならない．とびとびのスペクトルから連続スペクトルへの移り変わりについては，第2章の「演算子」の節で扱った．量子力学の一般的定理によると，**有限な**体積内に局限された量子力学系はとびとびのスペクトルをもつ．したがって，連続スペクトルを得るためには無限に大きい系という極限をとらねばならない．これが古典力学系と異なる点で，第2章で注意したように，古典系では**有限な系**でもリウヴィル演算子は連続スペクトルをもつことができるのである．この違いは，古典的なリウヴィル演算子は連続変数である速度（あるいは運動量）を含む位相空間で作用するものであるのに，ハミルトニアン演算子は座標空間（あるいは運動量空間，両方ではない．式（3.1）（3.2）を参照）で作用する，ということからくる．

H のスペクトルがとびとびであるということは運動が周期的であることを示す．スペクトルが連続になれば，そうではなくなる．そこで，連続スペクトルに移ると時間変化がどのように変わるかを見てみよう．式（3.21）の和の代

りに，そのときには積分を考えなくてはいけない．エネルギー固有値を独立変数にすると，積分は

$$\Psi(t)=\int_0^\infty e^{-i\varepsilon t}f(\varepsilon)d\varepsilon \tag{3.43}$$

という形に書ける．重要なのは，これが有限値（いまは0にとってある）から無限大までとる積分だということである．実際，もしハミルトニアンがいくらでも大きい負の値をとりうるとしたら，系は不安定になってしまう．したがって下限が存在しなければならない．

式（3.21）で表わされる周期的な変化の代りに，今度はフーリエ**積分**が出てきた．それはもっと広い範囲の時間変化を表わすことができる．原則として，これは喜ばしいことである．例えば，この公式を不安定粒子の崩壊や，原子が励起状態からもとへ戻るような過程に適用することができる．そういうときには，適当な初期条件を導入することによって，確率の指数関数的減少を

$$|\Psi(t)|^2\sim e^{-t/\tau} \tag{3.44}$$

のように求めたいわけである．ここで τ は寿命である．これは大体そのようになるが，正確にそうだというのではない．実際のところ，（3.44）のような指数関数公式はけっして正確ではありえないのである．有名なペイリイ－ウィーナーの定理（Paley and Wiener 1934）から得られる結果として，有限値から無限大まで積分する（3.43）の形のフーリエ積分は，時間を長くした極限ではつねに指数関数よりゆっくりと減少する．さらに式（3.43）は，時間の短いところでも指数法則からはずれる．

確かに，指数関数からのはずれは現在のところ小さすぎて測定できないということを，たくさんの理論的研究が示している．実験と理論の両面からの研究を続けることは重要である．指数関数的な崩壊の法則からのはずれが存在するという事実から，区別不可能性の意味について深刻な疑問が出てくる．例えば中間子のような不安定な粒子のビームを用意してそれを崩壊させたとし，そのあとで別の中間子群をつくったとしよう．厳密に言うと，2つの異なる時刻につくったこれら2群の中間子は異なる崩壊法則に従い，ちょうど老婦人と若い女性を区別できるのと同様に，これら2つの群を区別できるであろう．これは少し奇妙なことのように思われる．どちらかを選ばねばならないというのなら，

われわれは区別不可能性を基本原理として残すべきだと私は信じる．

もちろん，例えばウィグナーがいろいろな折に示唆したように，素粒子という概念を安定な粒子だけに限定するならば，こんな疑問は生じない．しかし，現在の素粒子の分類表を安定なものだけに限るのは困難のように思われる．不安定な粒子をも取り入れられるように量子力学を一般化することがますます必要であると，科学者たちは感じ始めている，と言うのが適切であろう．実際，困難はもっと大きいとすら言えるのである．素粒子は**相互作用し合っているにもかかわらず，**それぞれにはっきりきまった性質を付与したいとわれわれは考えている．具体的な場合として，物質と光，電子と光子の相互作用を考えてみよう．対応するハミルトニアンを対角化できるものとしよう．固体の基準振動と同じような何らかの《単位》が得られるであろう．定義により，それはもはや相互作用しない．確かにこれらの単位は，われわれが周囲に見る物理的な電子や光子ではありえない．これらのものは相互作用を行ない，われわれがそれらを調べることができるのは，まさにその相互作用があるからである．しかし，相互作用はしているが性質のはっきりした物など，どうやってハミルトニアンによる記述に取り入れることができるのであろうか．すでに述べたように，ハミルトニアンが対角化される表現では，対象は明確に定義されているが，しかし相互作用は存在しない．別の表現では，対象は明確に定義されない．

解決の道は，適当な変換によって消去すべきものと残すべきものとを，もっとよく考察すること以外にないと感じられる．第8章でわかるように，この問題は，可逆過程と不可逆過程の間の基本的な区別と密接に関連しているのである．

量子力学は完成されているか？

今まで述べた議論から考えて，この問いに対する答えは《ノー》であるとしたほうが無難であると私は信じている．量子力学は直接的には原子スペクトルに促されてできたものである．原子核のまわりの電子の回転の周期は 10^{-16} 秒の程度，（励起状態の）寿命の代表的な値は 10^{-9} 秒の程度である．したがって，励起された電子が基底状態に落ちるまでに，約 10,000,000 回まわることになる．ボーアとハイゼンベルクがよく理解していたように，量子力学がこれほど成功したのはこういった幸運な事情があったからなのである．しかし今日では，時間変化の非周期的部分を小さくて些細な摂動として扱う近似法にはもはや満足していられない．観測の問題と同様に，ここでもやはりわれわれは不可逆性という概念に直面してしまう．すばらしい物理学的洞察力によってアインシュタイン（Einstein 1917）は，当時使われていた量子化の形式（ボーアーゾンマーフェルトの理論のこと）は準周期的な運動（古典力学で言えば積分可能な系）にしか使えないことを注意した．確かにその後，根本的な進歩が実現された．しかし問題は残されたのである．

われわれが直面しているのは，物理学における理想化の意味そのものである．**有限体積**の（したがってとびとびのエネルギースペクトルをもった）系の量子力学が量子力学の基本的な形であると考えるべきなのであろうか．そうすると，崩壊とか寿命などといった問題は，連続スペクトルを得るために無限に大きい系の極限をとることを含めた，補完的な《近似》に関連している，と考えねばならない．あるいはそれと逆に，励起準位へ上げられたときにもとへ戻らない原子など，未だかつて誰も見たことがない，と主張すべきなのではなかろうか．そうなると，物理的な《現実》は連続スペクトルをもった系に対応しており，それなのに通常の量子力学は単に役に立つ理想化，単純化した極限の場合だけを扱っていることになる．これは，素粒子は基本的な場（例えば光子なら電磁場）で表わされ，場というものは空間と時間の巨視的な範囲にわたって広がっているから本質的に非局所的である，という見解と一致する考え方である．

最後に興味深いのは，量子力学は物理学の基本的な記述のところに統計的な特徴を導入したということである．これを最も明らかに表現しているのはハイゼンベルクの不確定性関係である．時間とエネルギー（つまりハミルトニアン演算子）に関しては同様の不確定性関係が存在しないことに注意するのは重要なことである．時間変化を H_{op} と結びつけるシュレーディンガー方程式の結果として，そのような不確定性は**時間**と**変化**（change）の間，存在（ある）と発展（なる）の間の相補性と解釈される．しかし量子力学において時間は（演算子でなく）単なる数である点で，古典力学と同じなのである．

あとでわかるように，古典力学においてもリウヴィル演算子と時間の間に同様な不確定性を補うべきかもしれないような事情がある．連続スペクトルへの極限操作もその中に含まれる．もしそうならば，時間には新しい意味が付加され，それは演算子と結びつけられるようになる．この魅力的な問題を再び取り上げる前に，物理学の中の《相補的》な部分，つまり**発展**(なる)の物理学を考えることにしよう．

第II部

発展の物理学

細胞性粘菌の変形体における波形構造の発生

発育した粘菌の変形体が餌を食べつくして飢餓状態になると，環式アデニル酸 AMP というものを分泌する．これは変形体の集合をひきおこす誘引剤である．この誘引剤は短い脈動状に分泌されるが，それを最初に出すのは少数の変形体であって，それらはその後ほかの変形体を吸収する中心になる．脈動の頻度は最初は5分に1回くらいで，集合が進んでくるにつれて増して2分に1回くらいになる．ここに示した9個は10分ごとの間隔でとった写真である．最初の信号は，数秒以内に消えてなくなるが，近くの変形体に伝わり，そこからさらに遠くの変形体に伝えられ，というように順次伝達される．この信号の波は3分間に約1ミリメートルの割合で，各中心から外向きに伝送される．信号中継のほかに，変形体は信号を受けとるたびに発信の中心側へ短距離だけ動くという反応を示すのである．これらの写真では巧妙な光学的仕掛けを使ってこの不連続的な運動が目に見えるようになっている．動いている変形体（長く伸びている）は明るい帯，動いていない変形体（丸まっている）は暗い帯になって写っているのである．波は，周期が音頭とりの変形体によって統制されているときには同心円状になっており，周期性が無反応時間――変形体が1回反応したあと刺激に応答しなくなっている長さ――によってきまるときにはらせん状になっている．示されている大きめの円の直径が約1センチメートルである．

[P. C. Newell, F. M. Ross, F. C. Caddick による未発表の写真．信号の詳細については，J. L. Reissig 編，*Microbial Interactions, Receptors and Recognition*, Series B (Chapman & Hall, 1977) の1～57ページに収録されている P. C. Newell の論文 “Aggregation and Cell Surface Receptors in Cellular Slime Molds” を参照].

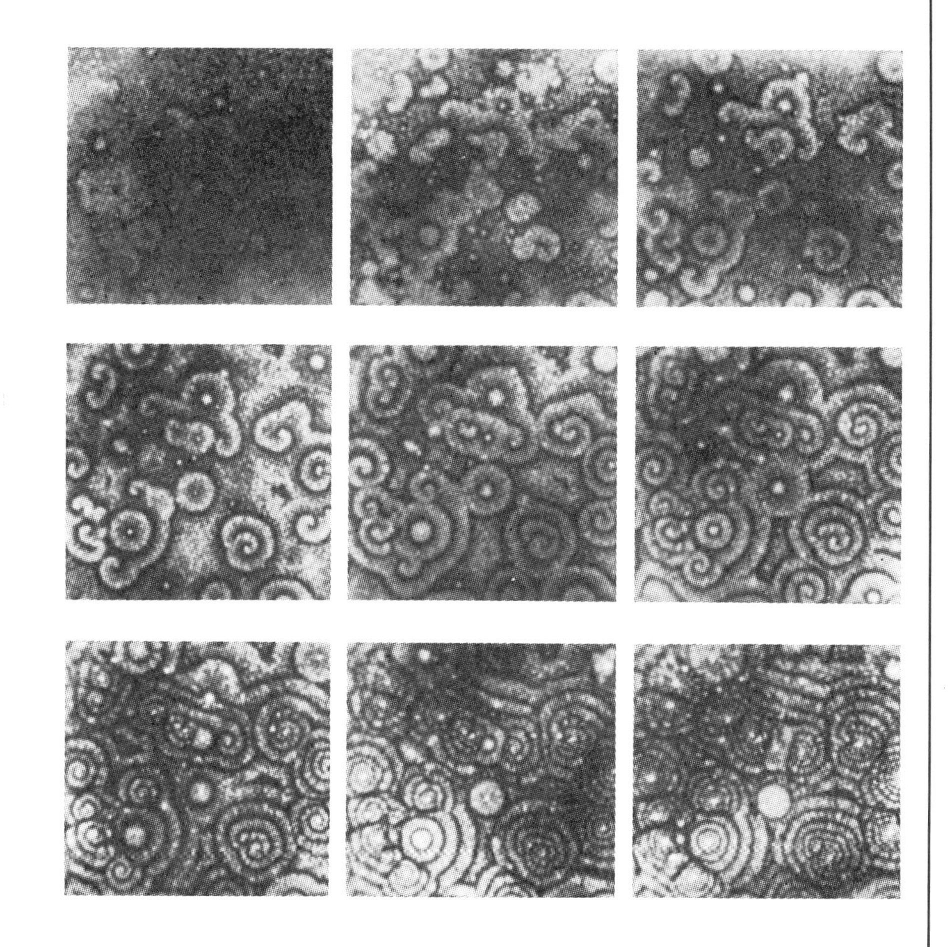

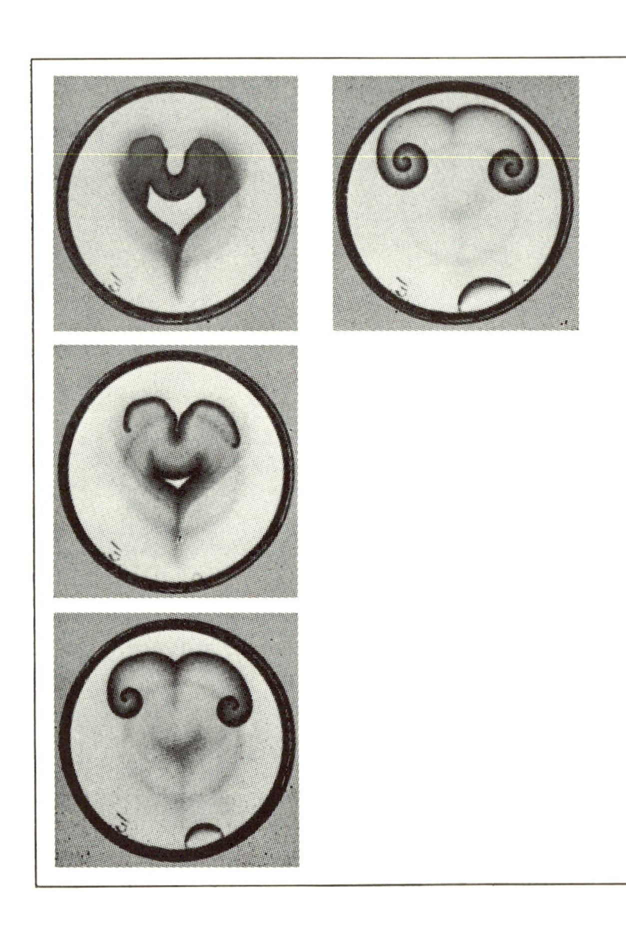

第4章

熱　力　学

エントロピーとボルツマンの秩序原理

本書の第2章と第3章では時間について可逆的な現象に対応する物理学を扱った．ハミルトンの方程式もシュレーディンガーの方程式も $t \to -t$ という置きかえに関して不変だからである．そのような状況は，私が**存在の物理学**と名づけたものに対応している．今度は**発展の物理学**，とくに熱力学の第2法則で記述される不可逆過程に目を転じることにしよう．この章と次の2つの章では，観点は全く現象論的である．動力学との関係は調べないことになるであろう．しかし，熱伝導のような単純な不可逆過程から自己秩序形成のような複雑な過程までを含む広い範囲の一方通行的現象をうまく記述する方法の概略を述べることにする．

熱力学の第2法則は，その定式化以来，不可逆過程の独特な役割について強く訴え続けてきた．第2法則の一般的定式化をはじめて提示した論文に対してウィリアム・トムソン（ケルビン卿）がつけた表題は《力学的エネルギーの散逸へと向かう自然の普遍的傾向について》というものであった（Thomson 1852）．クラウジウスもまた宇宙論的な言葉を使って《宇宙のエントロピーは最大値へ向け増大している》と述べた（Clausius 1865）．しかし，今日のわれわれにとって第2法則の定式化は明確な命題というよりはむしろひとつのプログラムのようなものだということを認めねばならない．なぜなら，観測可能な量を使ってエントロピーの変化を表現する処方箋は，トムソンによってもクラウジウスによっても定式化されていないからである．このように定式化が明白でないことが，熱力学の適用を変化の終状態である熱平衡状態に制限することになってしまった理由のひとつであろう．例えば，熱力学の歴史の中であれほど影響力のあったギブズの古典的な仕事が，非平衡過程の領域へ立ち入ることをいっさい注意深く避けている（Gibbs 1875）．もうひとつの理由はおそらく，多くの問題で不可逆過程というのは邪魔物であり，熱機関の効率を最大限にするための障害物であるということであろう．したがって，熱機関をつくる技術者の目的は，不可逆過程による損失を最小にすることであった．

展望が完全に変わって，物理的世界における不可逆過程の**建設的な**役割をわれわれが理解しはじめたのは，最近のことにすぎない．もちろん，熱平衡に対応する事態は依然として一番簡単である．そのときにエントロピーは最も少数の変数によってきまる．いくつかの古典的な議論を手短かに調べてみよう．

外界とエネルギーのやりとりはあるが，物質のやりとりはないような系を考えよう．そのような系は，外界とエネルギーも物質もやりとりしている開いた系に対し，閉じた系と呼ばれている．この閉じた系が熱平衡にあるとしよう．そのときエントロピーの生成はやんでいる．他方，このときの巨視的エントロピー変化というのは，外界から入ってくる熱量によって定義される．

$$d_eS=\frac{dQ}{T},\qquad d_iS=0 \tag{4.1}$$

ここで T は**絶対温度**と呼ばれる正の量である．

この関係を，このような簡単な系について成り立つ，熱力学の第1法則

$$dE=dQ-p\,dV \tag{4.2}$$

と結びつけてみよう（詳しいことは Prigogine 1967 を参照）．E はエネルギー，p は圧力，V は体積である．この公式は，短い時間 dt の間に系が外界と交換するエネルギーが系の受けとる熱と，系の表面でなされる力学的な仕事との和であることを表わしている．式（4.1）と（4.2）を結びつけると，エントロピーの全微分を変数 E と V で書いた

$$dS=\frac{dE}{T}+p\frac{dV}{T} \tag{4.3}$$

が得られる．ギブズはこの式を一般化して，成分の変化を含む形にした．いろいろな成分のモル数を $n_1, n_2, n_3,\cdots$ としよう．そうすると

$$dS=\left(\frac{\partial S}{\partial E}\right)dE+\left(\frac{\partial S}{\partial V}\right)dV+\sum_{\gamma}\left(\frac{\partial S}{\partial n_\gamma}\right)dn_\gamma$$

$$=\frac{dE}{T}+\frac{p}{T}dV-\sum\frac{\mu_\gamma}{T}dn_\gamma \qquad (4.3')$$

と書くことができる.

量 μ_γ はギブズの導入した**化学ポテンシャル**であり，式 (4.3′) はエントロピーに対するギブズの公式と呼ばれる．化学ポテンシャルはそれ自体が，温度，圧力，濃度といった熱力学的変数の関数である．それは理想的な系* に対してはとくに簡単な形をとり，モル分率 $N_\gamma=n_\gamma/\sum n_\gamma$ の対数を使って

$$\mu_\gamma=\zeta_\gamma(p,T)+RT\log N_\gamma \qquad (4.4)$$

と表わされる．R は気体定数(ボルツマン定数とアボガドロ数の積)，$\zeta_\gamma(p,T)$ は圧力と温度のある関数である.

エントロピーの代りに，他の熱力学的ポテンシャルが導入されることも多い．例えば

$$F=E-TS \qquad (4.5)$$

で定義されるヘルムホルツの自由エネルギーがある．そうすると，孤立系で成り立つエントロピー増大の法則が，与えられた温度に等温に保たれる系に対しては自由エネルギー**減少**の法則で置きかえられることが，容易に示される.

式 (4.5) の構造は，エネルギー E とエントロピー S の間の競争を反映している．低温では第 2 項は無視できて，F の最小値というのは，エネルギーが最小で一般にエントロピーも低いような状態になる．ところが，温度が上がると，系の構造はどんどんエントロピーの高い状態へと移っていく.

経験事実は上記の考察を裏づけてくれる．低温では低エントロピーの秩序状態で特徴づけられる固体状態が実現するが，高温ではエントロピーの高い気体状態が見出されるからである．物理学で，ある種の秩序のある構造が形成されるということは，熱平衡になっている閉じた系に熱力学を適用した結果である.

第 1 章では，ボルツマンが与えた複合の数によるエントロピーの簡単な説明について述べた．この公式を，エネルギー準位が E_1, E_2, E_3 で与えられるような系に適用してみよう．全エネルギーと粒子数の与えられた値に対して，複合の数 (式 (1.9)) を最大にするような占有数を求めることにより，エネルギ

---

* 希薄溶液と理想気体がその例である.

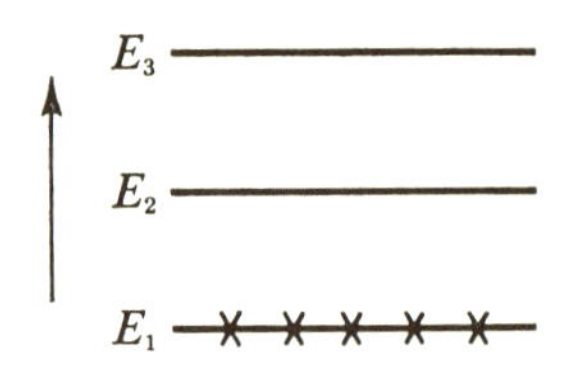

図 4.1 低温の分布．最低エネルギー状態だけに分子が分布している．

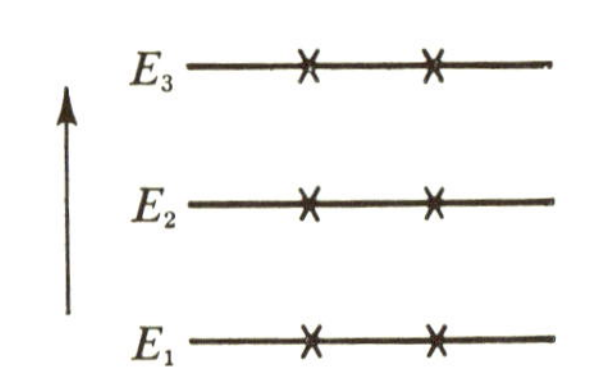

図 4.2 高温の分布．励起状態にも基底状態にも同じように分布している．

ー準位 E_i を占める確率に対するボルツマンの基本公式

$$P_i=e^{-E_i/kT} \tag{4.6}$$

が得られる．k はボルツマン定数，T は温度，E_i は着目する準位のエネルギーである．エネルギー準位が3つしかない簡単な系を考えているものとしよう．そうすると，ボルツマンの公式 (4.6) は熱平衡状態で3つの状態のおのおのに分子を見出す確率を与えてくれる．非常に低い温度 $T \to 0$ では，有限な確率をもつのは最低エネルギー準位だけであって，**図 4.1** に示されているような配置になる．なぜなら

$$e^{-E_1/kT} \gg e^{-E_2/kT},\ e^{-E_3/kT} \tag{4.7}$$

なので，実質的にすべての分子が最低エネルギー状態に入ってしまうからである．

しかしながら高温では，3つの確率はほぼ等しくなる．

$$e^{-E_1/kT} \simeq e^{-E_2/kT} \simeq e^{-E_3/kT}. \tag{4.8}$$

したがって3つの状態をとる分子の数は大体等しくなる（図 **4.2**）.

ボルツマンの確率分布 (4.6) は，熱平衡状態の構造を支配する基本原理を与えてくれる．これを**ボルツマンの秩序原理**と呼ぶのは適当であろう．それは，雪の結晶（図 **4.3**）のように複雑でデリケートな美しさをもつものまで含む，実にさまざまな構造を説明することができるという点で最高の重要さをもつものである．

ボルツマンの秩序原理は熱平衡構造の存在を説明する．しかし，疑問がありうる．それはわれわれが身のまわりに見る唯一の構造なのか，という疑問である．古典物理学においてさえ，非平衡なのに秩序を生じる現象がたくさん存在する．2種の異なる気体の混合物に温度こう配を与えると，熱い壁のところで

図 4.3 典型的な雪の結晶．（撮影は W. A. Bentley. National Oceanic and Atmospheric Administration の好意による．）

は一方の成分が増し，冷たい壁のところではもう一方の成分が多くなっているのが見られる．19世紀にすでに観測されていたこの現象は，熱拡散と呼ばれる．この規則的な状態では，エントロピーは全体が一様なときよりも一般には低いのであるから，非平衡が秩序の源になっていることを示している．こうした発見がブリュッセル学派の創始した考え方の端緒になったのである（歴史的な概観については，Prigogine and Glansdorff 1971 を参照）．

生物や社会現象になると，不可逆過程の役割はもっとずっと顕著になる．最も簡単な細胞においてさえ，代謝の機能はからみ合った何千もの化学反応を含んでおり，その結果として，それの調整や規制にはデリケートな機構が必要となる．言いかえると，極度に複雑化した**機能上**の組織化が要求されるのである．さらに，代謝の反応には特定の触媒，つまり酵素が必要で，それは空間的に広がりのある組織をもつ大きな分子であり，生物有機体はこれらの物質を合成することができなくてはならない．触媒というのはある種の化学反応を促進するがそれ自身は反応の中で消費されない物質である．酵素や触媒のそれぞれは，ひとつの特定の役をする．もし細胞が一連の複雑な働きを遂行するしかたを見れば，それは全く現代工業の流れ作業と同じように組織化されていることがわかるであろう（図 **4.4** を参照）（Welch 1977 を参照）．

全体としての化学的な変化は，特定の酵素が触媒として作用する要素的な反応の継起に分解される．図では最初の化合物を S_1 と名づけてある．各隔膜の

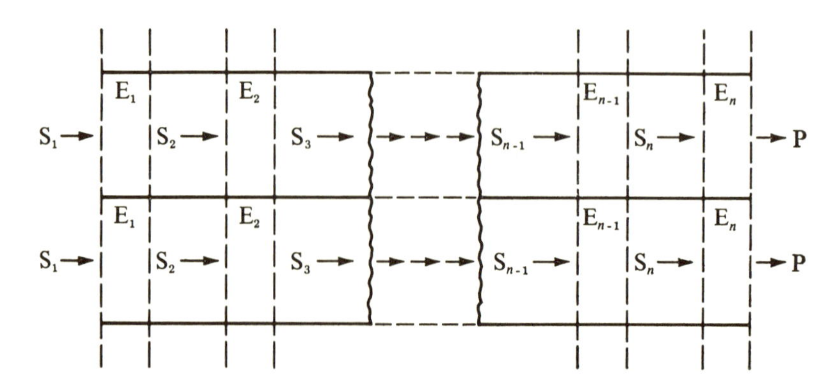

図 4.4 多酵素反応のモザイク模型．基質 S_1 は《専属の》酵素 E_1～E_n の働きによってつぎつぎと加工されて生産物 P に変えられる．

ところで，《専属の》酵素が物質に所定の操作を施し，それからそれを次の段階へ送りこむ．このような組織立ては明らかに分子的無秩序へ向かう変化とは異なっている！　生物学的な秩序というのは芸術的であってしかも機能的である．それはさらに，細胞レベルあるいはそれを超えたレベルで，次第に複雑さと階層性を増していく一連の構造と，互いにからみ合った機能という形で現われる．これは，複合の数が最大で，したがって《無秩序の》状態へ向かうだけであるという，孤立系の熱力学で記述される時間変化の考えとは反するものである．それでは，ケイロア (Roger Caillois 1976) がやったように，《クラウジウスかダーウィンのどちらかが間違っている》と結論してしまわねばならないのであろうか．それとも，スペンサー (Herbert Spencer 1870) にならって，《一様なものの不安定性》とか《組織を創造する分化力》といったような自然の新原理を何か導入せねばならないのであろうか．

新しい意外な特徴は，この章のあとのほうでわかるように，非平衡は新しいタイプの構造を生じるということである．この**散逸**構造というのは，われわれの住む非平衡の世界における調和と組織化を理解するのには本質的なのである．

線形非平衡熱力学

平衡から非平衡へ移るためには，エントロピー生成を直接に計算しなくてはならない．エントロピー生成と明確な物理的過程とを結びつけようというのであるから，もはや単なる不等式では満足できないわけである．平衡でないときのエントロピーも平衡のときと同じ変数 E, V, n_γ によってきまると**仮定**すれば，エントロピー生成を簡単に計算することが可能になる（一様でない系では，エントロピー密度がエネルギー密度と局所的な濃度によってきまる，と仮定しなければならない）．一例として，孤立系の化学変化のときに生成されるエントロピーを計算してみよう．いま

$$\mathrm{X}+\mathrm{Y}\rightarrow\mathrm{A}+\mathrm{B} \tag{4.9}$$

という反応を考える．この反応で時間 dt におこる成分 X のモル数の変化は Y のそれに等しく，それは A あるいは B のモル数の変化の符号を逆にしたものであるから

$$dn_{\mathrm{X}}=dn_{\mathrm{Y}}=-dn_{\mathrm{A}}=-dn_{\mathrm{B}}=d\xi. \tag{4.10}$$

一般に化学者は，成分 γ の化学量数と呼ばれる整数 ν_γ（正または負）を化学反応に導入する．そのときには，ξ を化学反応の進行の度合いを表わす量と定義し，

$$dn_\gamma=\nu_\gamma d\xi \tag{4.11}$$

と書く．反応速度は

$$v=\frac{d\xi}{dt} \tag{4.12}$$

である．この式とギブズの公式（4.3′）とを考慮に入れると，ただちに

$$dS=\frac{dQ}{T}+\frac{Ad\xi}{T} \tag{4.13}$$

が得られる．A は化学反応の**親和力**と呼ばれ，ド・ドンデがはじめて導入した量であって (De Donder 1936)，化学ポテンシャル μ_γ と

$$A=-\sum\nu_\gamma\mu_\gamma \tag{4.14}$$

のように結びついている．式(4.13)の第1項はエントロピーの流れ（式(4.1)を参照)，第2項はエントロピー生成

$$d_iS=A\frac{d\xi}{T}\geqq 0 \tag{4.15}$$

に対応する．定義（4.12）を使うと，単位時間あたりのエントロピー生成は

$$\frac{d_iS}{dt}=\frac{A}{T}v\geqq 0 \tag{4.16}$$

という注目すべき形になる．これは，不可逆過程（ここでは化学反応）の速度 v と，それに対応する力（ここでは A/T)）のどちらにも線形である．このタイプの計算は一般化が可能である．ギブズの公式（4.3′）から出発して

$$\frac{d_iS}{dt}=\sum_j X_jJ_j\geqq 0 \tag{4.17}$$

を得るが，ここで J_j はいろいろな不可逆過程（化学反応，熱流，拡散など）のおこる速度，X_j はそれに対応する一般的な力（親和力，温度こう配，化学ポテンシャルのこう配など）である．これが不可逆過程の巨視的熱力学の基本公式である．

エントロピー生成に対する式（4.17）を導くときには補助的な仮定を使った

ことを忘れてはならない．ギブズの公式（4. 3′）の正しさは，熱平衡の近くでしか確かめられてはいない．近くというのは《局所》平衡の範囲ということである．

熱平衡状態では，すべての不可逆過程に対して

$$J_j=0, \qquad X_i=0 \tag{4.18}$$

が同時に成り立っている．そこで，少なくとも熱平衡に近いという条件下では，流れと力の間に線形同次性を仮定するのは全く自然である．そのようにすれば，熱流が温度こう配に比例するというフーリエの法則や，拡散の流れが濃度のこう配に比例するというフィックの法則が，自動的に含まれることになる．このようにして，関係

$$J_i=\sum_j L_{ij}X_j \tag{4.19}$$

によって特徴づけられる不可逆過程の線形熱力学が得られる．

不可逆過程の線形熱力学は 2 つの重要な結果に支配されている．第 1 はオンサーガー (Onsager 1931) の相反定理

$$L_{ij}=L_{ji} \tag{4.20}$$

である．不可逆過程 i に対応する流れ J_i が不可逆過程 j の力 X_j に影響されるときには，流れ J_j もまた力 X_i によって**同じ**係数 L_{ij} で影響される．

オンサーガーの関係式の重要性はその一般性にある．それは多くの実験によってテストされた．それが正しいことから，平衡状態の熱力学と同様に非平衡熱力学も，**特定の分子的モデルによらない一般的な結果**を導くことが，はじめて示された．相反関係の発見は，熱力学の歴史におけるひとつの転換点であったと考えることができる．

結晶中の熱伝導は，オンサーガーの定理の簡単な応用例を与えてくれる．相反定理を使うと，結晶の対称性がどうであっても，熱伝導率テンソルは対称テンソルになるはずである．実際この著しい性質はすでに 19 世紀にフォークト (Woldemaz Voigt) によって実験的に確認されていたもので，オンサーガーの関係の特別な場合に対応する．

オンサーガーの関係の証明は教科書に書かれている (Prigogine 1967 を参照)．われわれにとって重要な点は，それが分子的モデルとは無関係な一般的性質に

対応するということである．これが，オンサーガーの定理を熱力学的な結果たらしめる特徴である．

オンサーガーの定理が適用されるもうひとつの例は，毛細管あるいは薄膜で隔てられた2つの容器からできている系である． 2つの容器の間には温度差が保たれている．この系には，2つの容器の間の温度差と化学ポテンシャルの差に対応する2つの力が働いている．それを X_k, X_m とし，対応する流れを J_k, J_m とする．それは，物質の流れは止むが，異なる温度の2相間のエネルギーの移動は続いている，という状態に達する．これが**非平衡定常状態**である．このような状態と，エントロピー生成のないことで特徴づけられる平衡状態とを混同してはならない．

式（4.17）によると，エントロピー生成は

$$\frac{d_iS}{dt}=J_kX_k+J_mX_m \tag{4.21}$$

で与えられ，現象論的な線形法則

$$\begin{aligned} J_k&=L_{11}X_k+L_{12}X_m, \\ J_m&=L_{21}X_k+L_{22}X_m \end{aligned} \tag{4.22}$$

が成り立つ（式（4.19）を参照）．定常状態では，物質の流れはないから

$$J_m=L_{21}X_k+L_{22}X_m=0 \tag{4.23}$$

が成り立っている。

係数 L_{11}, L_{12}, L_{21}, L_{22} はすべて測定可能であり，それによって

$$L_{12}=L_{21} \tag{4.24}$$

を証明できる．この例を使って，線形非平衡系の第2の重要な性質を説明することができる．それは，エントロピー生成最小の定理である (Prigogine 1945, Glansdorff and Prigogine 1971)．式（4.23）に（4.24）を使うと，与えられた一定の X_k に対してエントロピーの生成（式（4.21））が最小という条件と同じになることが，容易にわかる．式（4.21),（4.22）と（4.24）から

$$\frac{1}{2}\frac{\partial}{\partial X_m}\left(\frac{d_iS}{dt}\right)=(L_{12}X_k+L_{22}X_m)=J_m \tag{4.25}$$

が得られるから，物質流が0というのは（式（4.23)），極値の条件

$$\frac{\partial}{\partial X_m}\left(\frac{d_i S}{dt}\right)=0 \tag{4.26}$$

と同じである．

エントロピー生成最小の定理は，非平衡系が一種の《慣性》をもつことを表わしている．与えられた境界条件が熱平衡状態（つまりエントロピーの生成ゼロ）への到達を妨げる場合には，系は《最小散逸》の状態に落ち着く．

この定理が定式化されたとき，その適用が平衡状態に近いところだけに強く限定されていることは明らかであった．そして，何年にもわたってこの定理を平衡よりさらに離れた系に拡張しようということに多大の努力が払われた．平衡からずっと離れた系では熱力学的振舞いは全く違ったものになりうることが示されたとき，それは大きな驚きであった．実際，エントロピー生成最小の定理が予言するのとは**逆方向**の場合さえあるのである．

この意外な振舞いが，古典流体力学で研究されていた普通の現象中にすでに発見されていたということは，注目に値する．この観点からはじめて分析された例は**ベナールの不安定性**と呼ばれるものである（これら流体力学的不安定性の詳細については Chandrasekhar 1961 を参照)．

一様な重力中に水平におかれた 2 枚の無限に広い平板の間にある流体の層を考える．下側の板を温度 T_1，上側の板を温度 $T_2(T_1>T_2)$ に保つとしよう．$(T_1-T_2)/(T_1+T_2)$ の値が十分に大きいと，静止状態は不安定になって対流が生じる．そうすると，エントロピーの生成は増加する．対流は熱の移動の新しい機構だからである（**図 4.5** を参照)．さらに，対流が確立されてから後に現われる流れの運動は，静止状態における微視的な運動よりはずっと高度に組織化されている．実際，莫大な数の分子が十分長い時間，観測できるほどの距離にわたって歩みのそろった（コヒーレントな）運動を行ない，そこにそれとわかるような流れの模様ができるのである．

これは，非平衡が秩序の源になりうることを示すよい実例である．この章のあとのほうの「化学反応への応用」と題する節で見るように，流体力学的な系だけでなく，運動学上の法則に課せられた明確な条件が満たされていれば，化学的な系でも同じことが生じる．

ボルツマンの秩序原理によるならばベナール対流のおこる確率はほとんどゼ

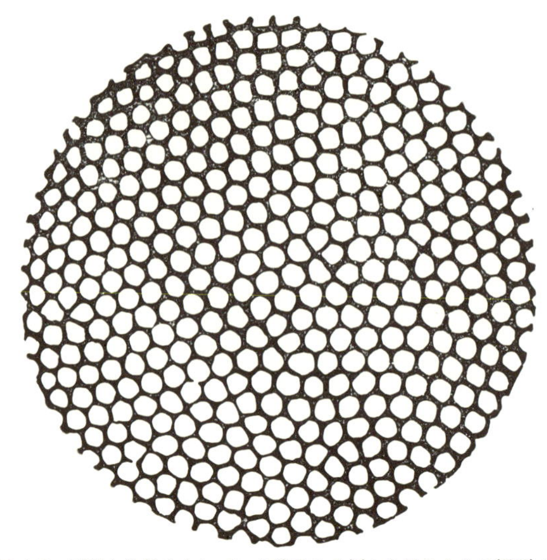

図 4.5 下側から熱せられている液体を上側から見たときに観測される細胞状対流のパターン.

ロであることに注意するのは興味深い. 平衡とは程遠いところで新しいコヒーレントな状態がおこったときにはいつでも, 複合の数を数えるような確率理論の適用は破綻する. ベナール対流については, 平均の状態からのゆらぎとして現われる小さな対流はつねに存在するが, 温度こう配がある臨界値より小さいときには, これらのゆらぎは減衰し, 消滅するのだと想像される. しかし, この臨界値より上では, いくつかのゆらぎは増幅されて巨視的な流れになる. 外界とのエネルギーのやりとりで安定化された巨大なゆらぎに対応する新しい分子的秩序が出現する. これが, 《散逸構造》と呼ばれるものの発生で特徴づけられる秩序である.

散逸構造の可能性をさらに論じる前に, 熱力学的安定性の理論のいくつかの側面を簡単に概観してみることにしよう. 散逸構造がおこるための条件について, 面白い情報が得られるのである.

熱力学的安定性の理論

熱力学的平衡に対応する状態, あるいは線形非平衡熱力学でエントロピー生成最小に対応する定常状態は, 自然に安定な状態である. リアプーノフ関数という概念については第1章で導入した．線形非平衡熱力学の範囲でのエントロピー生成はちょうどそういう関数になっている．系が乱されると，エントロピー生成は増加するであろうが，系はそのエントロピー生成を最低にするような状態に戻るということで，それに反応する．平衡から遠く離れた系を論じるには，もっと別のリアプーノフ関数を導入すると便利である．すでに見たように，孤立系の平衡状態はエントロピーが最大のときに安定である．平衡状態値 S_e の近くで系を乱すと

$$S=S_e+\delta S+\frac{1}{2}\delta^2 S \tag{4. 27}$$

が得られる．ところが，S は S_e で最大値になるのであるから，1次の項は消え，安定性は2次の項 $\delta^2 S$ の符号できまる．

初等熱力学によってこの重要な式を直接に計算することができる．まず，式(4. 3′)で1個の独立な変数であるエネルギー E だけに変化を与えたとすると，

$$\delta S=\frac{\delta E}{T}$$

および（物質1モルあたりについて（訳者））

$$\delta^2 S=\frac{\partial^2 S}{\partial E^2}(\delta E)^2=\frac{\partial \frac{1}{T}}{\partial E}(\delta E)^2$$

$$=-C_v\frac{(\delta T)^2}{T^2}<0 \tag{4. 28}$$

が得られる．ここで定積モル比熱は

$$C_v=\left(\frac{dE}{dT}\right)_v \tag{4. 29}$$

のように定義され，正の量であることを使った．もっと一般的に(4. 3′)のすべての変数を少しずつ変えたとすると，2次形式が得られることになる．その結果は（物質1モルあたりについて（訳者））次のようになる（計算については，例えば Glansdorff and Prigogine 1971 を参照）

$$T\delta^2 S=-\left[\frac{C_v}{T}(\delta T)^2+\frac{\rho}{\chi}(\delta v)^2_{N_j}+\sum_{jj'}\mu_{jj'}\delta N_j\delta N_{j'}\right]<0, \tag{4. 30}$$

ここで ρ は密度（モル濃度），$v=1/\rho$ は比体積（モル体積）（添字 N_j は v を

変えるときに成分比は一定に保つことを意味する)，χ は等温圧縮率，N_j は成分 j のモル分率，$\mu_{jj'}$ は微分係数

$$\mu_{jj'}=\left(\frac{\partial\mu_j}{\partial N_{j'}}\right)_{p,T} \tag{4.31}$$

を表わす．古典熱力学の基本的安定条件は

$$C_v>0,\ (\text{熱的安定性}) \tag{4.32}$$

$$\chi>0,\ (\text{力学的安定性}) \tag{4.33}$$

$$\sum_{jj'}\mu_{jj'}\,\delta N_j\,\delta N_{j'}>0.\ (\text{拡散に関する安定性}) \tag{4.34}$$

これらの条件はそれぞれ簡単な物理的意味をもつ．例えば，もし条件 (4.32) が成り立たないと，温度の小さなゆらぎが減衰せず，フーリエの法則によって増幅されてしまうはずである．

これらの条件が満たされるときには，$\delta^2 S$ は負値2次形式になる．さらに，$\delta^2 S$ を時間で微分したものはエントロピー生成 P と

$$\frac{1}{2}\frac{\partial}{\partial t}\delta^2 S=\sum_\rho J_\rho X_\rho=P\geqq 0 \tag{4.35}$$

のように関係づけられる．ただし P は

$$P\equiv\frac{d_i S}{dt}\geqq 0 \tag{4.36}$$

で定義される．

不等式 (4.30) と (4.35) の結果として，$\delta^2 S$ はリアプーノフ関数になり，それの存在はすべてのゆらぎの減衰を保証してくれることになる．これが，平衡に近い大きな系に対して巨視的な記述が十分な理由である．ゆらぎはほんの付随的な役しか演じない．ゆらぎは大きな系の法則に対して無視できる程度の補正として現われるにすぎない．

この安定性はもっと平衡から離れた系にまで外挿することが可能であろうか．平衡から大きくはずれてはいるが巨視的記述の枠の範囲内にあるときに，$\delta^2 S$ はリアプーノフ関数の役を果たすだろうか．これらの疑問に答えるには，**非平衡状態**にある系に対して変化 $\delta^2 S$ を計算しなくてはならない．不等式 (4.30) は巨視的記述の範囲内で成り立っている．しかし，$\delta^2 S$ の時間微分係数はもはや式 (4.35) のようにはエントロピー生成と結びつかず，乱れに起因するエン

トロピー生成を表わすことになってしまう．言いかえると，私とグランスドルフ（Glansdorff）が示したように（1971），

$$\frac{1}{2}\frac{\partial}{\partial t}\delta^2 S=\sum_{\rho}\delta J_{\rho}\,\delta X_{\rho} \tag{4.37}$$

ということになるのである．右辺は，過剰エントロピー生成とでも言うべきものである．δJ_{ρ} と δX_{ρ} とは，定常的な状態における値 J_{ρ} や X_{ρ} からのずれであることを，再び強調せねばならない．J_{ρ} や X_{ρ} の安定性を，乱れを与えることによってわれわれはテストしているのである．平衡またはそれに近いときの系におこることとは違って，過剰エントロピー生成に対応する（4.37）の右辺は，一般にはちゃんときまった符号をとらない．乱れを与えはじめる時刻を t_0 として，この一定値 t_0 よりも大きい t のすべてに対して

$$\sum_{\rho}\delta J_{\rho}\,\delta X_{\rho}\geqq 0 \tag{4.38}$$

であるなら，$\delta^2 S$ はリアプーノフ関数となり，安定性は保証される．線形性が成り立つ範囲では，過剰エントロピー生成は，エントロピー生成それ自体と同じ符号をもち，エントロピー生成最小の定理から得られるのと同じ結果が得られるはずであることに注意する必要がある．しかしながら，平衡から遠いときには事情は変化する．そこでは反応速度論が本質的な役をする．

反応速度論の諸例については次の節で示す．ある種の反応では系は不安定になることがある．このことは，平衡系の従う法則と平衡と程遠い系のそれとの間には本質的な差があることを示している．熱平衡の諸法則は**普遍的**である．しかし，平衡から遠く離れたとき，振舞いはきわめて**特異的**になる．これは歓迎すべきことである．というのは，平衡状態の世界では理解できない物理系ごとの振舞いの違いに，区別となる特性を持ちこむことが可能になるからである．

次のタイプの化学反応を考えてみよう．

$$\{A\}\to\{X\}\to\{F\} \tag{4.39}$$

{A} は最初に存在した物質の一群，{X} は中間生成物，{F} は最終生成物の集まりである．化学反応の方程式は一般に非線形である．その結果，中間の濃度に関しては多くの解を得ることになろう（図 **4.6** を参照）．これらの解のうち，**ひとつ**が熱平衡に対応し，非平衡の領域へつなげることが可能である．そ

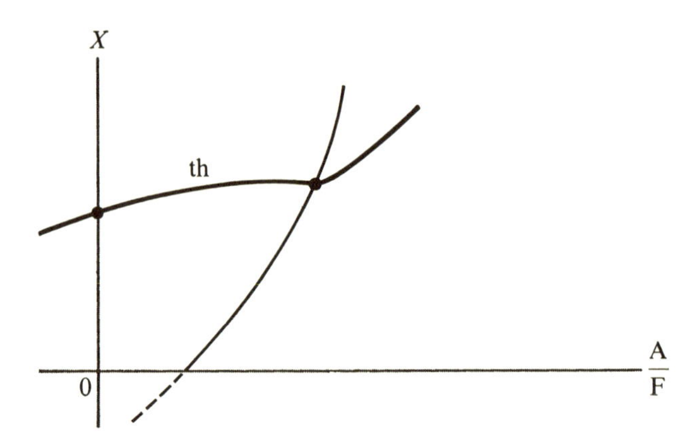

図 4.6 反応（4.39）に対応するさまざまな定常状態の解．0は熱平衡に対応し，th は熱力学的分枝を示す．

れを**熱力学的分枝**と呼ぶことにする．新しい重要な特質は，この熱力学的分枝は，平衡からある臨界値だけ離れると不安定になりうる，ということである．

化学反応への応用

以上の方式を化学反応に適用してみよう．このとき，リアプーノフ関数が存在するための条件（4.38）は

$$\sum_{\rho}\delta v_{\rho}\,\delta A_{\rho}\geqq 0 \tag{4.40}$$

となる．δv_{ρ} は反応速度に与えた微小な変化，δA_{ρ} は式（4.14）で定義された化学親和力に与えた微小変化である．化学反応

$$\mathrm{X}+\mathrm{Y}\rightarrow\mathrm{C}+\mathrm{D} \tag{4.41}$$

を考えよう．われわれは主として平衡から程遠い状態に関心をもっているから，逆反応は無視し，反応速度を

$$v=XY \tag{4.42}$$

と書く*．式（4.4）と（4.14）によれば，理想系の親和力は濃度の対数である．したがって，

* 簡単化のため，すべての輸送係数，平衡定数および RT を1と置いてしまう．また，X の濃度 C_{X} のことを単に X と記すことにする．

$$A=\log\frac{XY}{CD} \tag{4.43}$$

である．濃度 X の定常値のまわりのゆらぎは過剰エントロピー生成

$$\delta v\cdot\delta A=(Y\delta X)\cdot\left(\frac{\delta X}{X}\right)=\frac{Y}{X}(\delta X)^2>0 \tag{4.44}$$

をひきおこす．したがって，このようなゆらぎは安定条件（4.40）を脅かさない．

次に，（反応（4.41）の代りに）自己触媒反応

$$\mathrm{X}+\mathrm{Y}\rightarrow 2\mathrm{X} \tag{4.45}$$

を考える．反応速度はやはり式（4.42）で与えられると仮定するが，親和力は今度は

$$A=\log\frac{XY}{X^2}=\log\frac{Y}{X} \tag{4.46}$$

となる．そうすると過剰エントロピー生成には《危険な》寄与

$$\delta v\cdot\delta A=(Y\delta X)\left(-\frac{\delta X}{X}\right)=-\frac{Y}{X}(\delta X)^2<0 \tag{4.47}$$

が出てくる．負号は，乱された定常状態が必然的に不安定になることを意味するわけではなく，そうなる可能性があることを示す（正符号は安定のための十分条件だが必要条件ではない）．しかしながら，熱力学的分枝の不安定性が必然的に自己触媒反応を含むというのは，一般的な結果である．

すぐに思い出すのは，たいていの生物学的反応はフィードバック機構に依存しているということである．例えば第5章で見るように，高エネルギー分子であるアデノシン三リン酸（ATP）は，生体の代謝に不可欠のものであるが，解糖サイクルでつぎつぎとおこる反応を通して生成される．このサイクルの出発時の物質中には ATP が含まれており，ATP をつくるためには ATP が必要なのである．もうひとつの例は細胞の生成である．細胞は細胞からつくられる．

そういうわけで，生体系でよく目につくような構造と，熱力学的分枝の安定性の破綻とを結びつけることは，非常に魅惑的である．構造と機能とは密接に関連してくるのである．この重要な点を明快に把握するために，触媒反応の簡単な場合を考察しよう．例えば

$$A+X \xrightarrow{k_1} 2X,$$

$$X+Y \xrightarrow{k_2} 2Y,$$

$$Y \xrightarrow{k_3} E. \tag{4.48}$$

出発点になる物質 A と最終生成物の E は時間的に変化しないように保たれ，2つの独立変数として X と Y だけが残されているものとする．簡単化のため，逆反応は無視する．これは自己触媒反応のひとつで，X の濃度の増大が X の濃度に依存している．Y についても同じことになっている．

これは生態学（エコロジー）のモデルとして広く使われているもので，例えば X は A を餌とする草食動物，Y は X を餌として繁殖する肉食動物を表わすなどとするのである．このモデルは，ロトカとボルテラ (Lotka and Volterra) の名とともに文献に出ている (May 1974 を参照)．

上に対応する反応の式を立ててみよう．

$$\frac{dX}{dt}=k_1AX-k_2XY, \tag{4.49}$$

$$\frac{dY}{dt}=k_2XY-k_3Y. \tag{4.50}$$

可能な唯一の定常解として

$$X_0=\frac{k_3}{k_2}, \qquad Y_0=\frac{k_1}{k_2}A \tag{4.51}$$

が存在する．この定常状態がこの場合の熱力学に対応するが，その安定性を調べるために基準モード解析を用いるとしよう．

$$X(t)=X_0+xe^{\omega t}, \qquad Y(t)=Y_0+ye^{\omega t} \tag{4.52}$$

と置くのである．ただし

$$\left|\frac{x}{X_0}\right|\ll 1, \qquad \left|\frac{y}{Y_0}\right|\ll 1 \tag{4.53}$$

とする．式 (4.52) を (4.49) と (4.50) に代入し，x と y に関する高次の項を省略する．そうすると ω に関する分散の方程式が得られる（線形同次方程式が成り立つためには係数の行列式が0でなければならないという式）．われわれは2つの成分 X と Y を扱っているので，分散の方程式は2次方程式になり，その形は

$$\omega^2+k_1k_3A=0 \tag{4.54}$$

である．

明らかに安定性というのは分散方程式の根の実数部分の符号に関係している．もし分散方程式のどの根に対しても

$$\mathrm{Re}\,\omega<0 \tag{4.55}$$

であれば，最初の状態は安定である．ロトカ－ボルテラの場合には実数部分は0で

$$\mathrm{Re}\,\omega_n=0, \qquad \mathrm{Im}\,\omega_n=\pm(k_1k_3A)^{1/2} \tag{4.56}$$

となる．これは安定がいわばぎりぎりのところであることを意味している．系は定常状態（4.51）のまわりをぐるぐる回っている．回転の振動数（4.56）は，乱れが小さい極限に対応している．振動数は振幅によって違い，定常状態のまわりには無数の周期的な軌道が存在する（図 **4.7** を参照）．

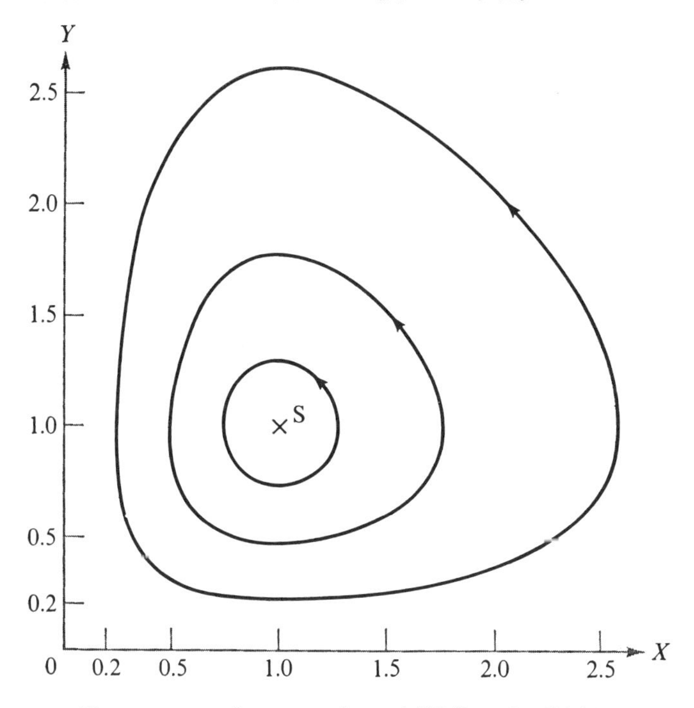

図 4.7 ロトカ－ボルテラのモデルで，初期条件をいろいろ違えたときに得られる周期解．

もうひとつの例を考えよう．これは広い範囲の巨視的振舞いのモデル化を可能にする注目すべき性質をもっているので，最近広く使われているものである．それは**ブリュッセレーター**（ブリュッセル学派模型（訳者））と呼ばれ，次のような化学反応に対応する（詳しくは，Nicolis and Prigogine 1977 を参照）．

$$
\begin{aligned}
&\mathrm{A} \rightarrow \mathrm{X}, && \text{(a)}\\
&2\mathrm{X}+\mathrm{Y} \rightarrow 3\mathrm{X}, && \text{(b)}\\
&\mathrm{B}+\mathrm{X} \rightarrow \mathrm{Y}+\mathrm{D}, && \text{(c)}\\
&\mathrm{X} \rightarrow \mathrm{E}. && \text{(d)}
\end{aligned}
\tag{4.57}
$$

はじめと終わりにある A, B, D, E は一定に保たれるものとし，2 つの中間生成物 X と Y の濃度だけが変化すると考える．反応定数を 1 として，連立方程式

$$\frac{dX}{dt}=A+X^2Y-BX-X, \tag{4.58}$$

$$\frac{dY}{dt}=BX-X^2Y \tag{4.59}$$

が得られるが，定常解として許されるのは

$$X_0=A, \qquad Y_0=\frac{B}{A} \tag{4.60}$$

である．ロトカ－ボルテラの例と同様に基準モード解析を適用すると，

$$\omega^2+(A^2-B+1)\omega+A^2=0 \tag{4.61}$$

が得られる．これは式（4.54）と比較されるべき方程式である．

すぐにわかるように

$$B>1+A^2 \tag{4.62}$$

ならば 2 つの根のうちの一方の実数部分は正になる．したがって，ロトカ－ボルテラのときと違い，これは本当の不安定性を示す．臨界値より大きい B の値に対して，数値計算や解析的な方法が適用され，**図 4·8** に示されたような振舞いが導かれた．今度の例では**リミットサイクル**というものが得られる．つまり，XY 空間のどこから出発しても，時間がたつと同じ周期軌道に近づいていくのである．この結果は全く予期しがたい性質のものであることに注意するのは重要なことである．ロトカ－ボルテラの場合には振動数は（振幅によって違うので）本質的には任意であるのに対し，この場合の振動数は系の物理・化学的状態によってはっきりきまったものになるのである．

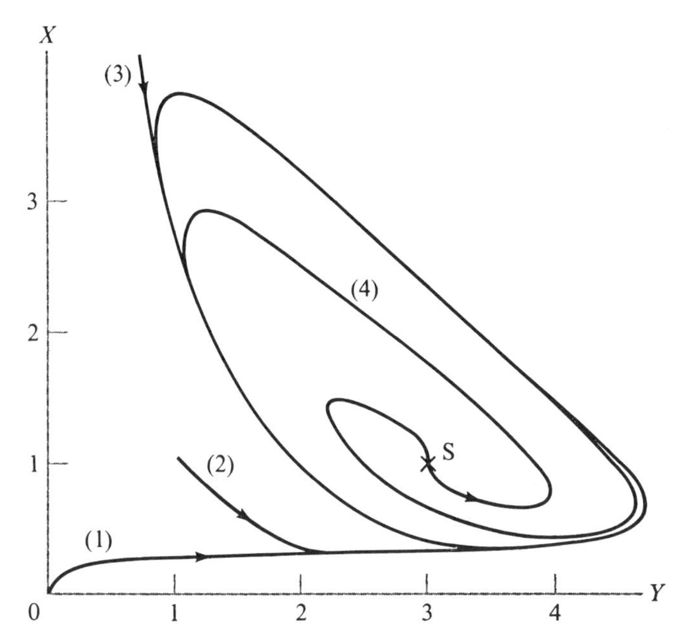

図 4.8　ブリュッセレーターのリミットサイクル的振舞い．初期条件が異なっても同じ周期的軌道が得られる．文字 S は，不安定な定常状態を示す．

現在，振動系として多くの例が知られている．とくに生物系で多く，その重要な特色は，系の状態が与えられると，その振動数が確定することである．このことは，これらの系は熱力学的分枝の安定性を超えたものであることを示している．このタイプの化学振動は，**超臨界**現象である．その分子的な機構は魅力的で困難な問題をもたらすが，それについては第 6 章で立ち戻ることにする．

リミットサイクルだけが超臨界的な振舞いの唯一の可能なタイプではない．2 つの箱（箱 1，箱 2 とする）の間での物質の交換を考えてみよう．(4.58) と (4.59) を得る代りに，今度は

$$\frac{dX_1}{dt}=A+X_1^2Y_1-BX_1-X_1+D_X(X_2-X_1),$$

$$\frac{dY_1}{dt}=BX_1-X_1^2Y_1+D_Y(Y_2-Y_1),$$

$$\frac{dX_2}{dt}=A+X_2{}^2Y_2-BX_2-X_2+D_X(X_1-X_2),$$

$$\frac{dY_2}{dt}=BX_2-X_2{}^2Y_2+D_Y(Y_1-Y_2) \tag{4.63}$$

が得られる．はじめの 2 式は箱 1，あとの 2 式は箱 2 に関するものである．数値計算によると，臨界値以上の適当な条件のもとでは，2 つの箱での X と Y が等しいような，つまり

$$X_i=A, \quad Y_i=\frac{A}{B} \quad (i=1, 2) \tag{4.64}$$

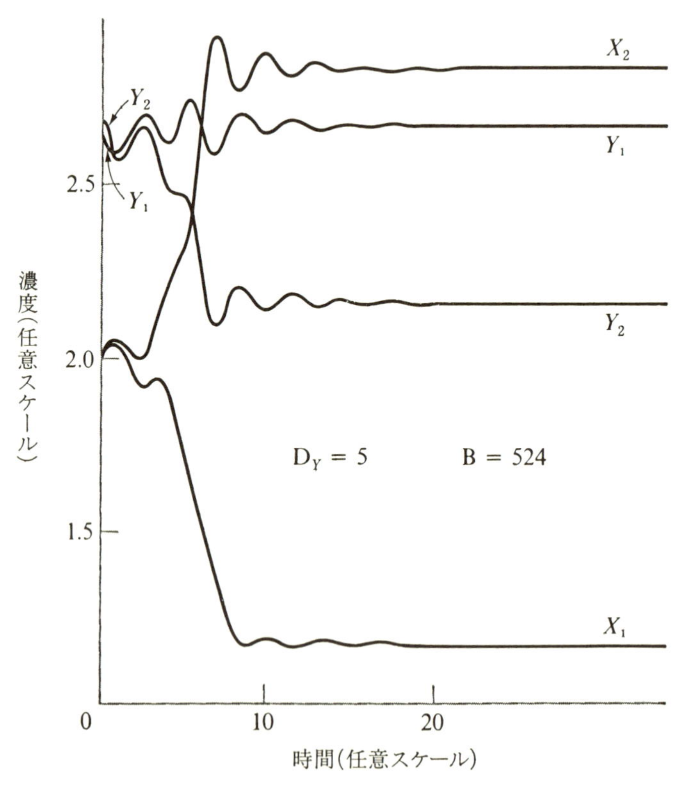

図 4.9 一様な状態（4.64）から出発し，箱 2 の中の Y の値 Y_2 に小さな変化を与えると，自己触媒によってその箱の中の X の値 X_2 の生成速度が増す．この効果は，空間的な対称性の破れに対応する新しい状態に到達するまで，増し続ける．

のような熱力学的な状態は不安定になることが示される．コンピューターが記録したこのような振舞いの例を**図 4.9** に示す．

ここに，**対称性の破れ**た散逸構造の一例が得られたことになる．もし $X_1>X_2$ であるような定常状態が可能なら，それと対称的な $X_2>X_1$ に対応するものも可能である．どちらの状態が結果として出てくるかを示してくれるものは，巨視的な方程式の中には何も含まれていない．

小さなゆらぎでは，もはやこの配置を逆転することができない点に注意するのは重要なことである．ひとたび確立されると，この対称性の破れた系は安定になるのである．これらの注目すべき現象の数学的理論は第 5 章で論じる．本章を終わるにあたって，散逸構造の中でいつも関連している **3 つの特徴**を強調しておきたい．それは，化学方程式に表わされているような**機能**，不安定性から出てくる**空間・時間的な構造**，不安定性のひき金になる**ゆらぎ**，の 3 つである．

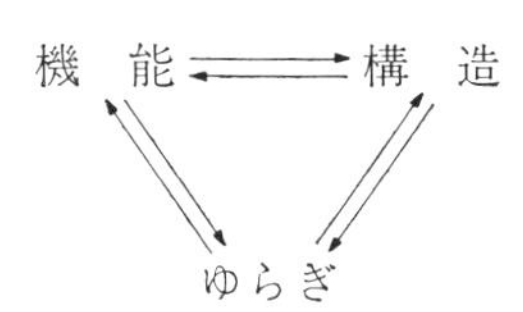

これらの相互影響から最も思いがけない現象が出てくる．その中に以下の 2 つの章で分析する**ゆらぎを通しての秩序**がある．

第5章

自己秩序形成

安定性，分岐およびカタストロフィ

前の章で示したように，熱力学的記述は平衡からの距離によってさまざまな形をとる．われわれにとってとくに重要なのは，平衡から程遠いときには，触媒作用を含むような化学反応系が散逸構造を生じることがある，という事実である．あとで示すように，これらの構造は系の大きさとか形，その表面に課せられた境界条件などのような全体的な特徴にきわめて敏感である．これらの特徴はすべて，散逸構造を導くような不安定さのタイプに決定的に影響する．場合によっては，外的条件の影響のほうが強いことさえある．例えば，巨視的なゆらぎが新しいタイプの不安定性をもたらしたりする．

したがって，平衡から遠いときには，反応速度と反応系の空間・時間的構造の間に思いがけない関連が存在する．該当する反応係数や輸送係数の値をきめる相互作用が，短距離の力（例えば原子価力，水素結合，ファン・デル・ワールス力）に由来していることは事実である．しかし，対応する方程式の解は，**そのほかに**全体としての特徴にも左右される．この依存性は（熱力学的分枝上の平衡近傍ではどちらかと言えばありふれたものになるが），平衡から程遠い条件下で生じている化学反応では決定的なものである．例えば，散逸構造が出現するためには，一般には系の大きさがある臨界値を超えていることが必要である．その臨界値は反応－拡散過程を記述するパラメタの複雑な関数である．したがって，化学的な不安定性は，それを通して系が**全体として**作用している**長距離秩序**と関連をもっている．

この全体的な振舞いは，空間と時間の意味そのものを大きく修正する．幾何学とか物理学の大きな部分は，一般にはユークリッドやガリレオと結びついた簡単な空間・時間の概念に基づいている．この見方では，時間は一様に流れている．時間の原点をずらせても物理的事象に何の影響もない．同様に，空間も一様で等方的である．やはり座標の原点をずらせたり，それを回転しても物理的世界の記述には変わりがない．空間・時間のこの簡単な考え方が，散逸構造の出現で破られる，ということは全く注目すべきことである．散逸構造が形成されると，時間ならびに空間の一様性は破られてしまう．われわれは，まえがきで簡単に述べたアリストテレスの《生物学的》空間・時間観にずっと近づくことになるのである．

これらの問題を数学的に定式化するためには，拡散を考慮に入れるなら，偏微分方程式を調べることが必要になる．そうすると，成分 X_i の時間変化は

$$\frac{\partial X_i}{\partial t}=v(X_1,X_2,\ \cdots)+D_i\frac{\partial^2 X_i}{\partial r^2} \tag{5.1}$$

という形の方程式で与えられる．ここで右辺の第1項は化学反応からくるもので，一般に簡単な多項式の形をもつが（第4章の「化学反応への応用」の節を参照），第2項は座標 r 方向の拡散を表わす．簡単化のためにひとつの座標 r だけを使っておいたが，一般には拡散は3次元の幾何学的空間でおきる．これらの方程式にはさらに境界条件（一般に濃度もしくは流れが境界のところで与えられた値をとる）が課される．

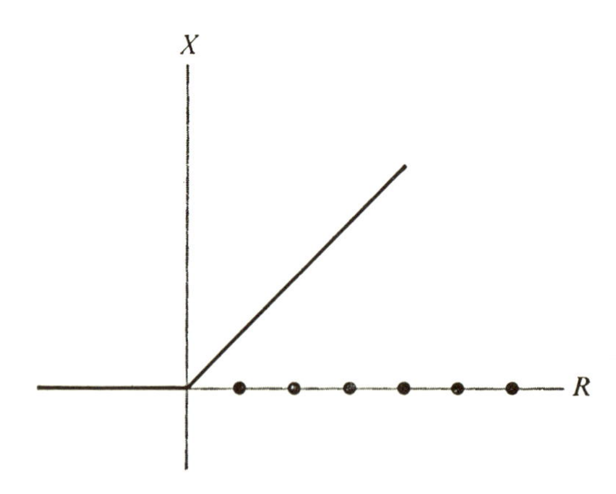

図 5.1 式（5.2）に対する分岐図．実線と黒丸は，それぞれ安定および不安定な分枝を表わす．

この種の反応-拡散方程式で記述される現象の多様性は驚くべきものである。これが《基本解》を熱力学的分枝に対応する解であると考える理由である．そうすると，その他の解は，平衡からの距離が増すときにおきる不安定性の連鎖として与えられる．こういうタイプの**不安定性**は，**分岐理論**（Nicolis and Prigogine 1977）によって調べることができる．原理的には，分岐というのは，単にどこかある臨界値のところで方程式に新しい解が出現することである．例えば，方程式（McNeil and Walls 1974 を参照）

$$\frac{dX}{dt}=\alpha X(X-R) \tag{5.2}$$

に対応する化学反応があるとしよう．明らかに $R<0$ に対しては時間に依存しない解は $X=0$ だけである．$R=0$ の点に新しい解 $X=R$ が出現する分岐がある（**図 5.1** を参照）．そして，第4章の「化学反応への応用」の節で説明した線形安定性の方法によって，それから先では $X=0$ は不安定になり，$X=R$ という解が安定になることが証明される．一般には，（ブリュッセレーターの B のような）何かある特徴的なパラメタ p の値を増していくと，このような分岐がつぎつぎとおこる．**図 5.2** は，値 p_1 では解が1個，値 p_2 では解が複数個ある場合を示す．

ある意味で分岐というのは，以前は生物や社会や文化的な現象を扱う科学だ

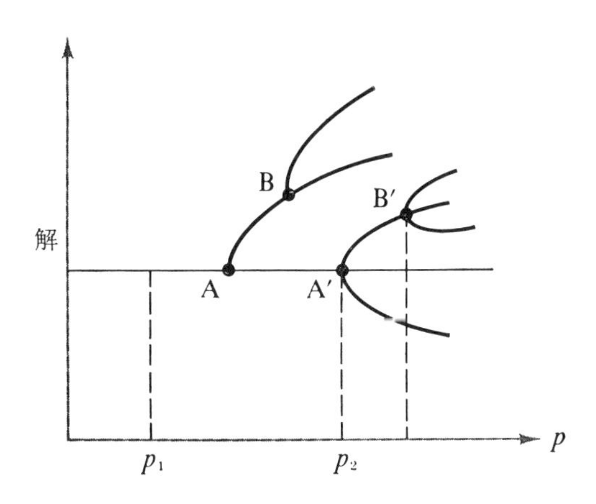

図 5.2　分岐がつぎつぎとおこる場合．A と A′ は熱力学的分枝からの1次的分岐点，B と B′ は2次的分岐点を示す．

けに限られていると見られていた**歴史**という要素を，物理学と化学にもちこむ，という点で興味深い．分岐が図 5.2 で表わされるような系が，p の値を増したために状態 C になっていることを観測したとする．状態 C を説明するには分岐点 A と B を通ってきた系の歴史を知っていることが前提となる．

分岐をもつ系の記述はすべて，決定論と確率の 2 つの要素を前提にすることとなるであろう．第 6 章で詳細に調べるように，系は 2 つの分岐点の間では反応速度論の法則のような決定論的な法則に従うが，分岐点の近くではゆらぎが本質的な役割を演じ，系がたどるべき《分枝》を決定してしまう．分岐の数学的理論は一般には非常に複雑である．それは膨大な手間を要することが多いが，正確な解の知られている場合もいくつかある．非常に簡単な場合がルネ・トムのカタストロフィの理論（René Thom 1975）で与えられている．それは式 (5.1) で拡散を無視でき，方程式がポテンシャルから導ける場合に適用できる．つまり方程式が

$$\frac{dX_i}{dt}=-\frac{\partial V}{\partial X_i} \tag{5.3}$$

という形をとるときである．V は一種の《ポテンシャル関数》である．これはどちらかというと例外的な場合である．しかし，これが満たされる場合には，方程式 (5.3) の解の一般的な分類は，定常状態の安定性が変化する点を探すことで実行できる．これらはトムが《カタストロフィの集合》と呼んだ点である．

分岐の厳密な理論が可能な他のタイプの系については，この章のあとのほうの「解くことのできる分岐のモデル」と題する節で述べることにする．

最後に，自己秩序形成の理論で重要な働きをする一般的な概念として，**構造安定性**がある．それは，捕食者と被食者の競争に対応するロトカ－ボルテラ方程式の単純形

$$\frac{dx}{dt}=by, \qquad \frac{dy}{dt}=-bx \tag{5.4}$$

を使って説明できる．(x, y) 空間で，原点を囲む無数の円の一組がこれの解である（**図 5.3**）．

式 (5.4) の解と，方程式

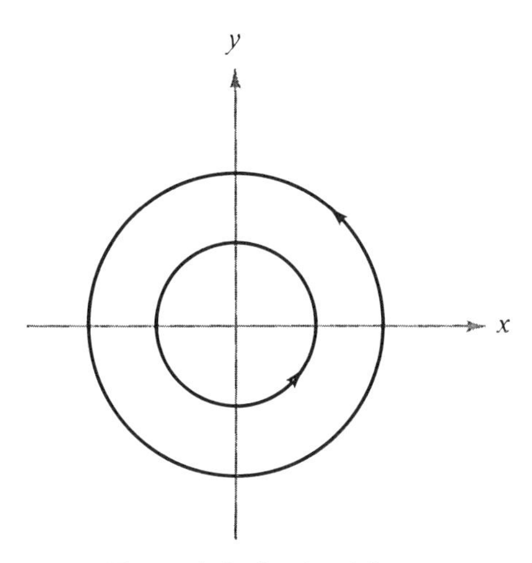

図 5.3　式 (5.4) の解の軌道.

$$\frac{dx}{dt}=by+ax, \qquad \frac{dy}{dt}=-bx+ay \tag{5.5}$$

の解とを比較すると，後者の場合には，パラメタ $a(a<0)$ の値がどんなに小さくても，原点 $x=0, y=0$ は漸近的に安定で，**図 5.4** に示されているように，この (x, y) 空間内のすべての軌道がそこへ向かって収束してくる終点になっている．式 (5.4) は，x と y の間の相互作用をほんの少し変え，どんなに小さくてもいいから式 (5.5) のようなタイプの項をもちこむような《ゆらぎ》

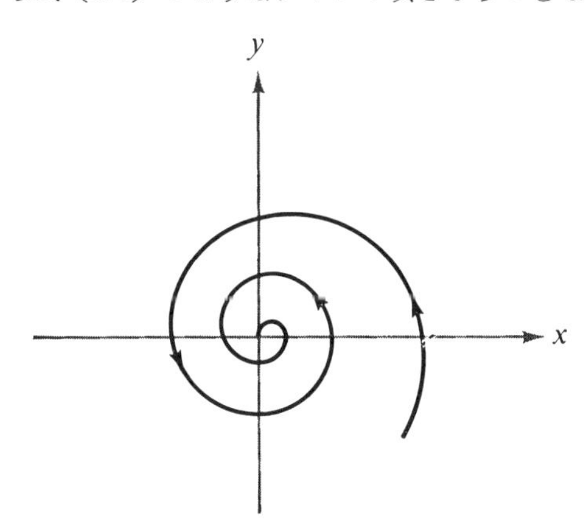

図 5.4　式 (5.5) の解の軌道.

に関して《構造的に不安定》であると呼ばれる.

この例は少しわざとらしく見えるかもしれない. しかし, 系の中へ送りこまれてくる分子 A と B から高分子がつくられる重合を記述する場合を考えてみよう. 高分子が

ABABAB…

という配置をもっていたとする. この高分子をつくる反応は自己触媒的であるとすると, もし間違って

ABAABBABA…

という高分子ができたなら, 自己触媒の結果, 系の中では間違いが増殖する. アイゲン (Manfred Eigen) はそのような可能性を含む面白いモデルを提出し, 理想的な場合について, 高分子の複製における誤りの発生に関する最高の安定性へ向かって系が時間変化していくことを示した (Eigen and Winkler 1975 を参照). 彼のモデルの基礎には《交差触媒》という考えがある. ヌクレオチドはタンパク質をつくり, それがまた逆にヌクレオチドをつくる.

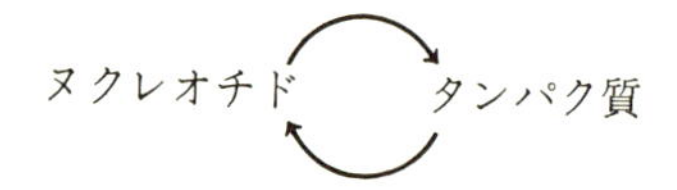

これは超サイクルと呼ばれる循環的な反応の回路網をつくり上げる. そのような回路網が互いに競争をすると, 変異と複製を通して非常に複雑なものへと進化する可能性が出現する. 最近の仕事の中でアイゲンとシュスター (Manfred Eigen and Peter Schuster 1978) は, 原始的な複製と翻訳装置の分子的構成に関連した《現実的な超サイクル》のモデルを提出した.

構造安定性の概念は, 最も手短かに言うと, **改変のアイディア**を表わしているように思われる. 系の中に最初にはなかった新しいメカニズムや新しい種の出現ということである. 簡単な例を本章の「生態学」の節で示すことにする.

分岐: ブリュッセレーター

ブリュッセレーターというモデルは第4章で導入された. それが興味深いのは, 平衡から十分に隔たった通常の系で観測されるものと全く同じタイプのさまざまな解 (リミットサイクル, 一様でない定常状態, 化学反応の波) を提示

するからである．拡散を含ませると，ブリュッセレーターの反応-拡散方程式は次の形をとる（式（4. 58)，（4. 59）を参照．詳しいことは Nicolis and Prigogine 1977).

$$\frac{\partial X}{\partial t}=A+X^2Y-BX-X+D_X\frac{\partial^2 X}{\partial r^2},$$

$$\frac{\partial Y}{\partial t}=BX-X^2Y+D_Y\frac{\partial^2 Y}{\partial r^2}. \tag{5.6}$$

境界のところで濃度の値を与えるものとすると，次の形の解を探す問題になる（式（4. 60）を参照).

$$X=A+X_0(t)\sin\frac{n\pi r}{L},$$

$$Y=\frac{B}{A}+Y_0(t)\sin\frac{n\pi r}{L}. \tag{5.7}$$

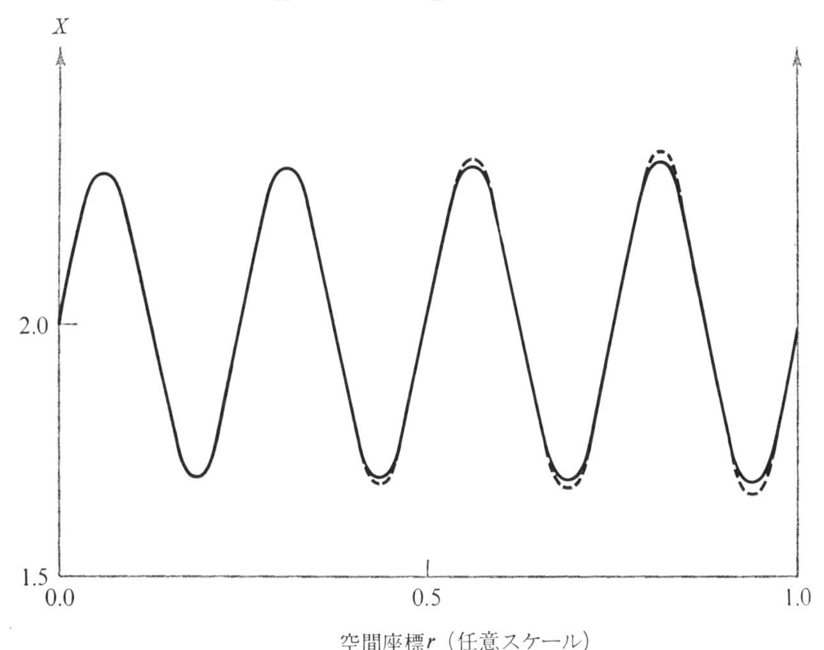

図 5.5 定常的な散逸構造．実線は計算で得られた結果を示し，破線はパラメタ $D_X=1.6\times10^{-3}$，$D_Y=8\times10^{-3}$，$A=2$，$B=4.17$ を用いたコンピューターシミュレーションの結果を示す．

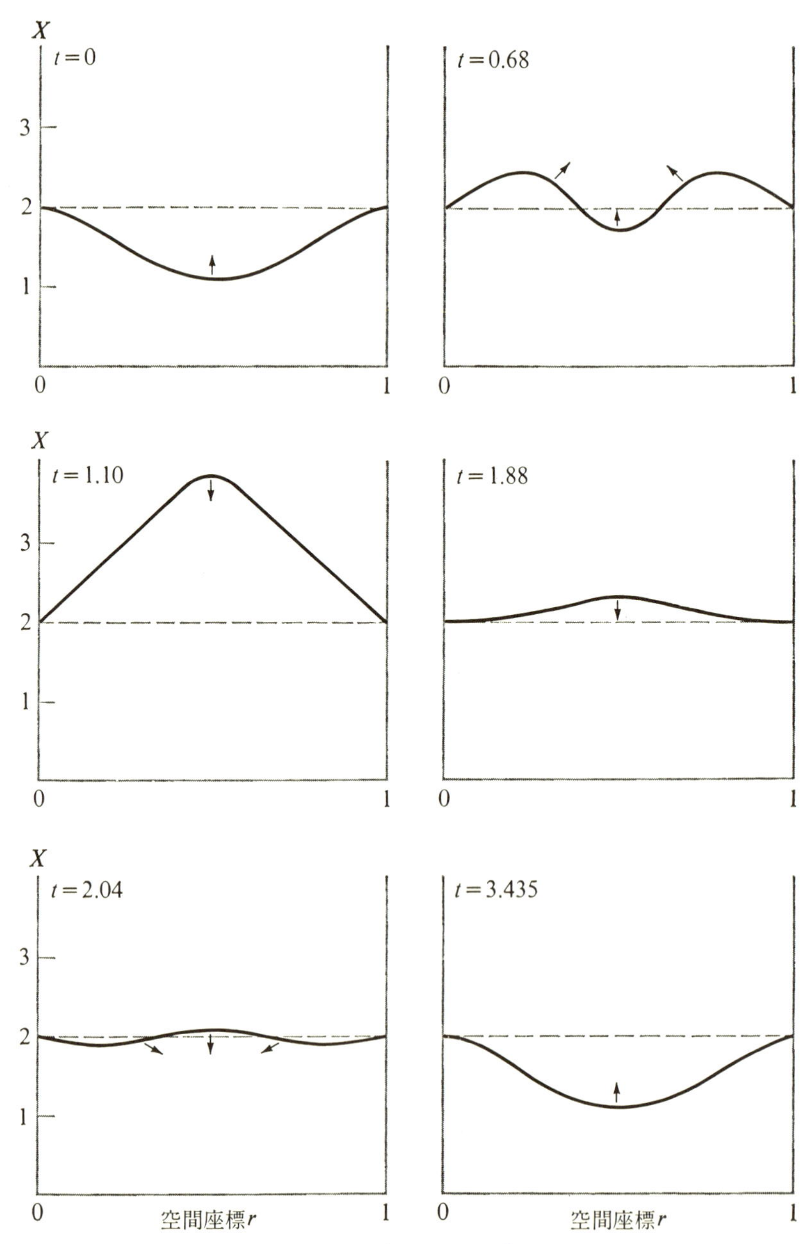

図 5.6 パラメタ，$D_X=8\times10^{-3}$，$D_Y=4\times10^{-3}$，$A=2$，$B=5.45$ を用いてコンピューターでシミュレートした化学反応波.

n は整数，X_0 と Y_0 は時間の関数である．これらの解は $r=0$ と $r=L$ で $X=A$，$Y=B/A$ という境界条件を満たす．ここで線形安定性解析を適用すると，ω と式（5.7）の整数 n で与えられる空間変化とを結びつける分散の式が得られる．

結果は次のようになる．不安定性の現われ方にはいろいろある．2つの分散方程式は互いに複素共役な2根をもつことがあり，あるところでその実数部分が0になる．これは，第4章で調べたリミットサイクルが出現する状態である．文献ではよくこれを**ホップ分岐**（Hopf bifurcation）と呼んでいる．第2の可能性は2つの実根がある場合で，そのうちの一方はどこか臨界の点で正になる．これは，空間的に一様でない定常状態をもたらす場合である．これを**テューリング分岐**と呼ぶことにしよう．形態形成に関する古典的論文の中で化学反応におけるそのような分岐の可能性をはじめて注意したのがテューリングだからである（Alan Turing 1952）．

現象の多様性はさらに大きい．リミットサイクルは場所にも依存し，化学反応の波を生じるからである．**図 5.5** はテューリング分岐に対応する一様でない化学的定常状態を示し，**図 5.6** は化学反応波のシミュレーションを示している．これらのうちのどちらが実現するかは，拡散係数 D，あるいはもっと正しく言えば比 D/L^2 によってきまる．このパラメタが0になると，リミットサイクルである《化学時計》が得られるが，一様でない定常状態が出現しうるのは，D/L^2 が十分に大きいときだけである．

この同じ式（5.6）に従う反応から，最初に存在する物質 A と B（式（4.57）を参照）が系内に拡散することを考慮に入れると，局所的な構造も出てくる．

2次元や3次元の系を考えると，散逸構造の多様さはさらにずっと豊かになる．例えば，いままで一様であった系に極性が出てくる．**図 5.7** と **5.8** は，拡散係数の値が異なる2次元の円形系における第1の分岐を示す．図 5.7 では，濃度はどの半径方向にも等方的のままであるが，図 5.8 になると特定の方向への偏りが見られる．これは形態学への応用上で興味深い．その最初の段階のひとつで，最初は球対称的であった状態の系にこう配が出現するはずだからである．

つぎつぎとおこる分岐もまた興味深い．例を**図 5.9** に示す．B_0 より前では

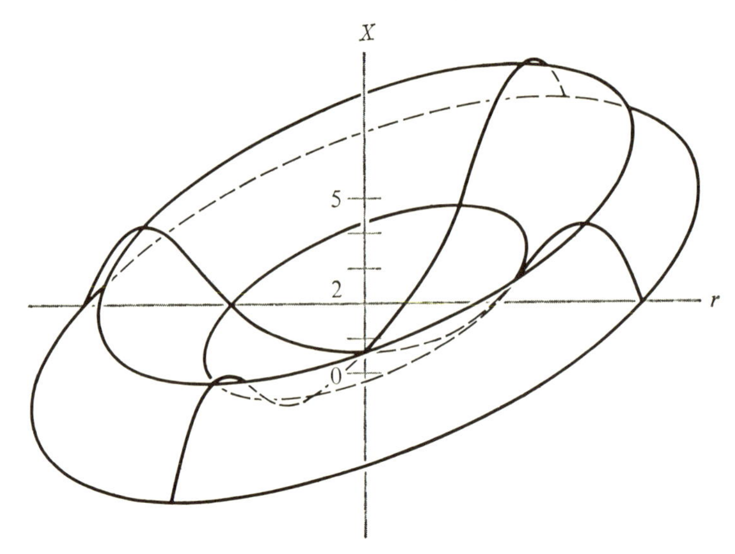

図 5.7 パラメタに $D_X=1.6\times10^{-3}$, $D_Y=5\times10^{-3}$, $A=2$, $D=4.6$, 円の半径 $R=0.2$ を用いてコンピューターシミュレーションをした 2 次元の円柱対称的な定常的散逸構造.

熱力学的分枝になっているが，B_0 でリミットサイクルの振舞いが始まる．熱力学的分枝は不安定となって残るが点 B_1 で 2 つの新しい解が分岐して出てくる．これらも不安定であるが，点 B_{1a}^*, B_{1b}^*で安定になる．これら 2 つの新しい解は化学反応波に対応する．

波のうちのひとつのタイプは平面対称性をもつが (**図 5.10**)，もうひとつは回転する波に対応する (**図 5.11**)．こういったタイプの状況が化学反応で実験的に観測されていることは注目に値する（ひとつおいて次の節を参照).

解くことのできる分岐のモデル

分岐のあとで一様でない安定な解が出現することはきわめて思いがけないことなので，正確に解けるモデルでそのでき方を調べる価値がある (Lefever, Herschkowitz-Kaufman, and Turner 1977)．反応式

$$\frac{\partial X}{\partial t}=v(X,\ Y)+D_X\frac{\partial^2 X}{\partial r^2},$$

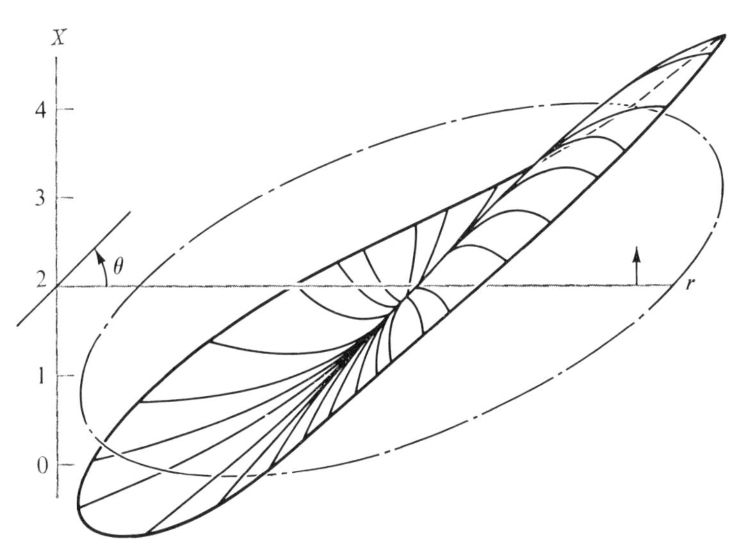

図 5.8 パラメタに $D_X=3.25\times10^{-3}$, $D_Y=1.62\times10^{-2}$, $A=2$, $B=4.6$, $R=0.1$ を用いてコンピューターシミュレーションをした2次元定常散逸構造の極性.

$$\frac{\partial Y}{\partial t}=-v(X,\ Y)+D_Y\frac{\partial^2 Y}{\partial r^2} \tag{5.8}$$

で記述される化学系を考える．例えば

$$v(X,\ Y)=X^2Y-BX \tag{5.9}$$

としてよいであろう．これは式（4.57）で反応 $A\to X$ を省略した簡単な形の

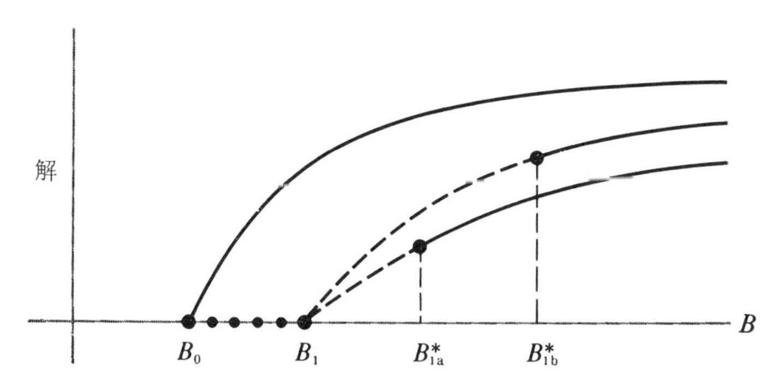

図 5.9 分岐がつぎつぎとおきていろいろなタイプの波を生じる.

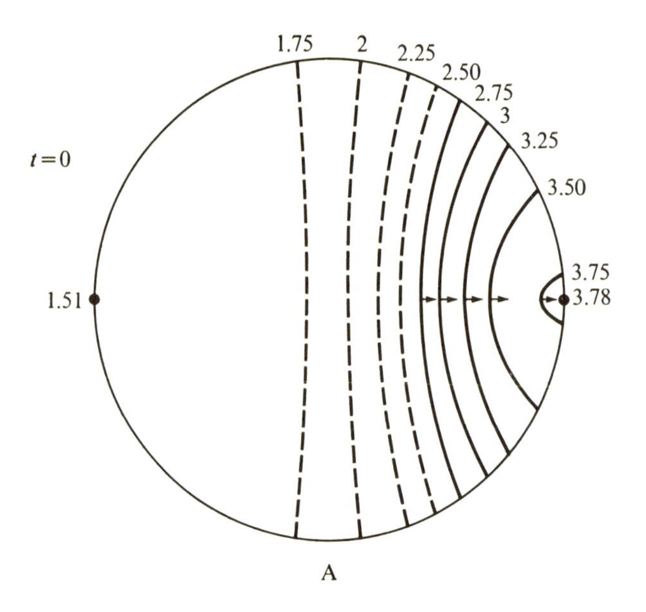

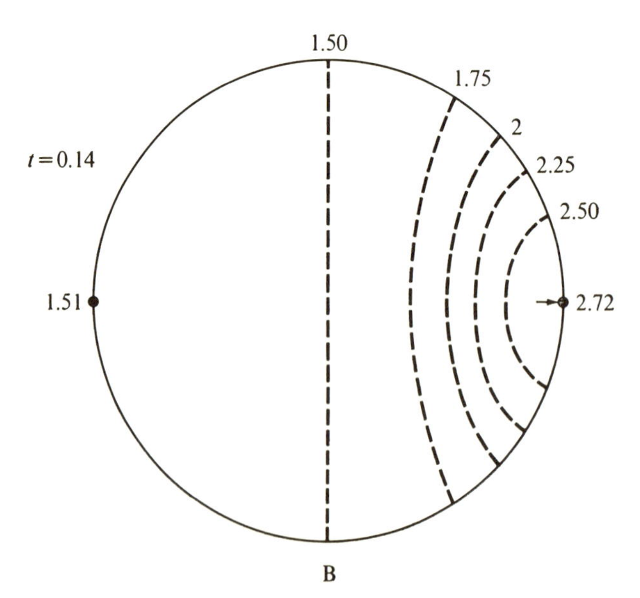

図 5.10　3分子モデルにおける X の等濃度曲線. 円の半径を $R=0.5861$, 境界で流束0としたとき. 実線と破線はそれぞれ(不安定)定常状態の値よりも濃度が大きいときと小さいときを表わす. $X_0=2$, $A=2$, $D_1=8\times10^{-3}$, $D_2=4\times10^{-3}$, $B=5.4$. 2つの図に示された濃度のパターンは, 周期的な解における異なる段階の値を示す.

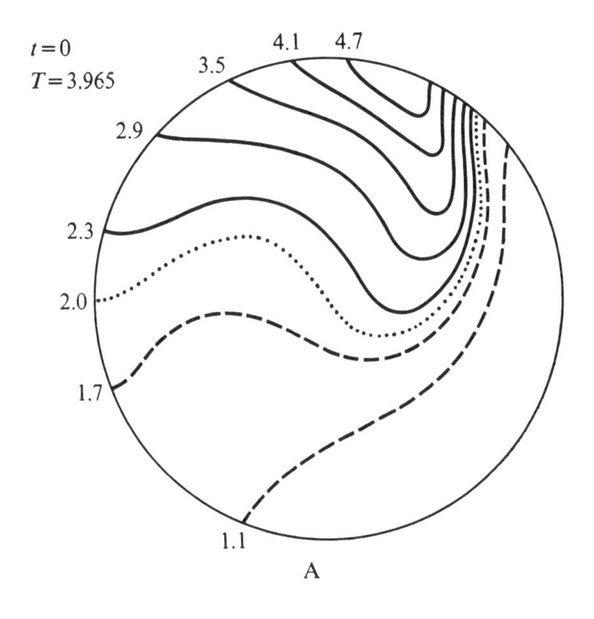

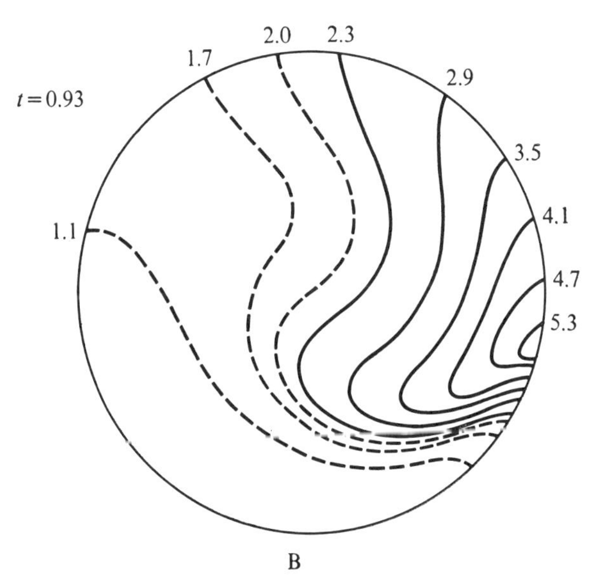

図 5.11　3 分子モデルで図 5.10 のときと同じ条件で，分岐パラメタの値をさらに大きく $B=5.8$ とした場合の回転解.

ブリュッセレーターである．このようなものは，膜に酵素が固定されていて，そこに成分 X が，《源泉》A からではなく，拡散によってやってくるようになっている場合の反応に対する散逸構造の計算で出てくる．

境界条件を

$$X(0)=X(L)=\xi,$$
$$Y(0)=Y(L)=\frac{B}{\xi} \tag{5.10}$$

のように固定しよう．この場合に特有な簡単化は，(5.8) の 2 式を加えてみればわかるように，《保存される量》の存在である．変数の一方を消去し，積分を行なえば，定常状態に対する方程式として

$$\left(\frac{dw}{dr}\right)^2=K-\Phi(w) \tag{5.11}$$

が得られる．K は積分定数，w は

$$w=X-\xi \tag{5.12}$$

$\Phi(w)$ は w の多項式であるが，その具体的な形はここではどうでもよい．$w=0$ で $\Phi(0)=0$ ということだけ注意しておこう．この公式と式 (2.1) あるいは (2.2) で表わされているハミルトニアンとを比較するのは非常に面白い．ここではそれを

$$\frac{m}{2}\left(\frac{dq}{dt}\right)^2=H-V(q) \tag{5.13}$$

と書けばよい．ハミルトニアン (5.13) を式 (5.11) に変えるには，座標 q を濃度に，時間 t を座標 r に置きかえればよいことがわかる．$w=0$ というのは系の境界であることに注意しよう．

図 5.12 と **5.13** に示されている系を考える．図 5.12 の場合には $\Phi(w)$ は $w=0$ に極大をもち，熱力学的分枝だけが安定である．$w=0$ から出発して右へ行くとしてみよう．$\Phi(w)$ は負になるが，式 (5.11) により，このことはこう配 $(dw/dr)^2$ が境界から遠ざかるにつれてだんだん増加することを意味している．したがって，第 2 の境界条件を満たすことは不可能である．

$w=0$ で $\Phi(w)$ が極小をもつ場合を考えると事情は一変する．このときは，右へ行くと水平線 K との交点に達するから，それを w_m とすると，そこで (dw/dr) は 0 になる．それからは，原点 $w=0$ へ戻ることによって第 2 の境

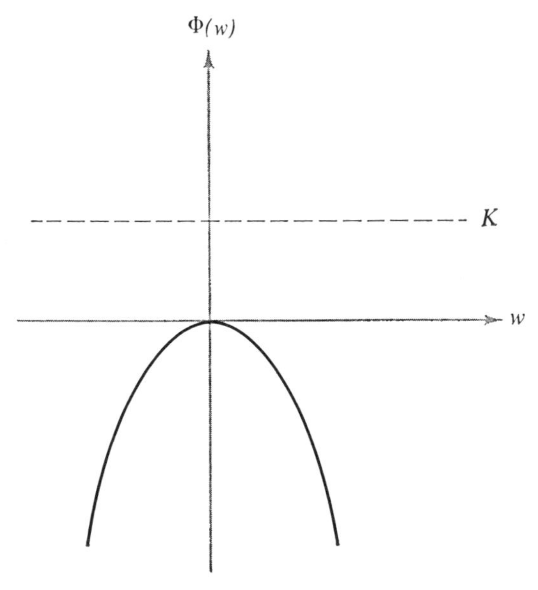

図 5.12　分岐がない場合.

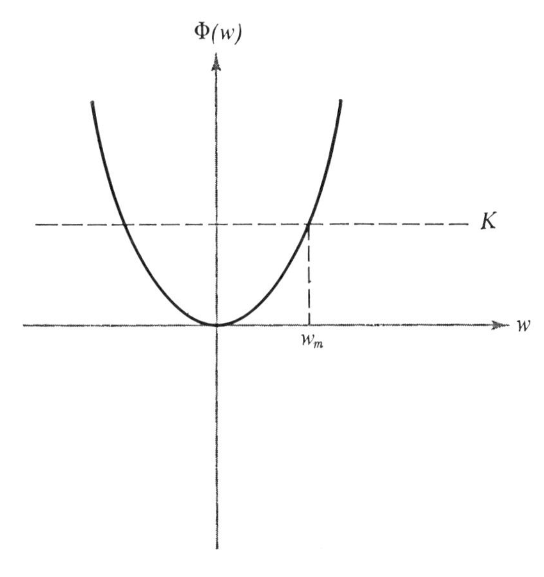

図 5.13　分岐がおこる場合.

界に達することになる．このようにしてわれわれは，単一の極値をもつ分岐を得ることになる．

同じようにして，他のもっと複雑な解をつくることも確かに可能であるが，これで，反応-拡散系における分岐解の最も簡単で有効なものをつくりえたと思う．古典的な振り子の問題の時間的周期性から，分岐解の空間的周期性が導けることは，興味深いことである．

時間の周期性と時間には無関係であるが空間的に一様でない非線形系の解との間の類似でさらに魅力的なのは，分岐のパラメタとして反応空間の長さ L を選んだ場合に出てくる．L が十分小さいと，空間的に一様な状態だけが存在し，自然な境界条件下では安定であることがわかる．ところが，臨界値 L_{c1} を越すと，図 5.8 に示されているような種類の安定で単調なこう配が生じ，第2の臨界値 L'_{c1} に達するまで存続する．それを越すとこのパターンは消える (Babloyantz and Hiernaux 1975)．空間的な自己秩序形成に対するこの**有限の**長さ L_{c1} の存在は，極限サイクルのような時間的に周期的な解の分岐に出てくる**有限な**振動数の発生と比較すべきものである．

L をさらに増すと，ある値 L_{c2} ($L_{c2}>L_{c1}$，しかし $L_{c2}<L'_{c1}$ はおこりうる) で，第2のパターンとして，単調でない濃度分布を与えるものが生じる．さらに進めば，もっと複雑な濃度のパターンを示すであろう．これらの相対的安定性は2次あるいはそれ以上の分岐によってきまる．

このモデルで成長と形態構造とが絡み合っているという事実は，発生初期における形態形成のいくつかの特徴を思いおこさせる．例えば，多産な**ショウジョウバエ**の幼虫の初期における《成虫の形をした盤状組織》はどちらも成長して，どちらかと言えばくっきりとした境で分けられた室にわかれる．この問題は最近カウフマンとその協力者 (Kauffmann et al. 1978) により，上で論じたような，かなりの長さの分岐の連鎖として分析された．

反応速度的な分岐パラメタ p (図 5.2 を参照) あるいは B (図 5.9 を参照) はたいていの系にあるが，このほかに第2のパラメタ L が存在するということは，予備的なものにもせよ，空間的に一様でない散逸構造のいくらかでも系統的な分類を可能にする．分岐構造が単一のパラメタで与えられている**図 5.14** のようなグラフでは，1次的な分岐分枝だけが表わされている．分岐点の近く

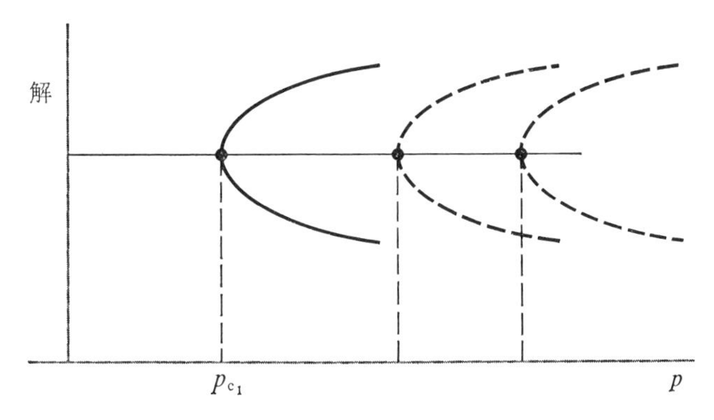

図 5.14 熱力学的分枝からつぎつぎと生じる1次分岐．実線は安定な分枝，破線は不安定な分枝を示す．

では，その振舞いは知られている．とくに，(超臨界つまり $p>p_{c1}$ のときなら) 第1の分枝は安定であるが，他は不安定である．高次の分岐分枝は，分岐点から有限距離のところに生じるものなので，示されていない．

分岐が p と L の両方がつくる空間でおこると，事情は変わってくる．p と L のある組み合わせに対して，線形化された演算子の2重の固有値のところで**重なった分岐**の生じることがありうる．そんな場合には分岐分枝は癒着してしまう．それとは逆に，この縮退した状態から少し変化すると，分岐分枝は分かれて，2次や高次の分岐を生じたりする (Erneux and Hiernaux 印刷中，Golubitsky and Schaeffer 1979)．縮退した分岐の近くを考える限り，これらすべての可能性は**完全に**分類されている．一般にはポテンシャルから導かれる系を扱っているのではないのだけれども，事情はカタストロフィ理論に似てきているのである．

化学と生物学におけるコヒーレントな構造

1958年にベルーソフは，4価と3価のセリウムイオン対 (Ce^{4+}/Ce^{3+}) を触媒とした臭化カリウムによるクエン酸の酸化に対応した振動的な化学変化について報告した．ジャボチンスキーがこの研究を継続した (Noyes and Field 1974 および Nicolis and Prigogine 1977 を参照)．通常ベルーソフ－ジャボチンスキー反応では約 25°C の反応混合物がつくられる．その中には，臭化カリウム，マロン酸またはブロムマロン酸，および硫酸第2セリウムまたはそれに対応する化合物がクエン酸に溶けたものからできている．この反応は多くの人びとによって実験と理論の両面から調べられた．実験では，それは理論におけるブリュッセレーターと同じ役割をしている．状況に応じて，広い範囲の現象が観測された．例えば，一様な混合物中での分（ふん）の程度の周期をもった振動や波動状の活動状態などである．この反応のメカニズムの解明はノイズとその協力者たちに負うところが非常に大きい (Noyes and Field 1974)．3つの鍵となる物質の濃度を

$$
\begin{aligned}
X &= [HBrO_2], \\
Y &= [Br^-], \\
Z &= 2[Ce^{4+}]
\end{aligned}
\tag{5.14}
$$

とし，さらに

$$
\begin{aligned}
A = B &= [BrO_3{}^-], \\
P,\ Q &= \text{廃棄物の濃度}
\end{aligned}
\tag{5.15}
$$

とする．そうすると，ノイズのメカニズムは次の諸段階で表わされる．

$$
\begin{aligned}
A+Y &\xrightarrow{k_1} X, \\
X+Y &\xrightarrow{k_2} P, \\
B+X &\xrightarrow{k_{3,4}} 2X+Z, \\
2X &\xrightarrow{k_5} Q, \\
Z &\xrightarrow{k_6} fY.
\end{aligned}
\tag{5.16}
$$

これはしばしば**オレゴネーター**（オレゴン学派模型（訳者））と呼ばれる．重要な点は，ブリュッセレーターと同じように，Y が X をつくり，X が Z をつくり，Z が再び Y をつくる，という交差触媒メカニズムの存在である．

同じタイプの振動的な反応が他にも調べられた．初期の例は，ヨウ素酸と酸化ヨウ素の対による過酸化水素の触媒分解である (Bray 1921 および Sharma and Noyes 1976)．もっと最近には，ブリッグスら (Thomas Briggs and Warren Rausher 1973) は，過酸化水素，マロン酸，ヨウ素酸カリウム，硫酸マンガン (II)，および過塩素酸を含む反応で振動がおこることを報告している．これはベルーソフ－ジャボチンスキーとブレイの反応物の《混合物》と見ること

ができよう．この反応はパコールとその協力者によって開放系という条件下で系統的に研究された (Pacault, de Kepper, and Hanusse 1975). またケレス (Endre Körös 1978) は，単純な芳香族化合物（石炭酸，アニリンおよびそれらの誘導体）の一族全体が，臭素酸と反応するときには，セリウムとかマンガンのような金属イオンの触媒作用なしで，振動を生じうることを報告している．これらの金属イオンは，ベルーソフ－ジャボチンスキー反応では重要な役をすることが知られているのである．無機化学の分野では振動的な反応はどちらかと言えば例外的なものであるけれども，生物体の組織では，分子レベルから細胞以上のレベルまで，あらゆるレベルで観測されている．

最も顕著な生物学的振動の中には，代謝における酵素の働きと関連したものがあり，分程度の周期をもつ．また，後成的な分化に関連したものは，1時間の程度の周期をもっている．代謝の振動で一番よくわかっている例は解糖サイクル中でおこるもので，生物細胞のエネルギー論で最も重要性の大きなものである (Goldbeter and Caplan 1976). それはブドウ糖1分子の解体と全体で2分子の ATP の生成とを，酵素を触媒とした反応の連鎖によって行なうものである．振動をひきおこす触媒効果をもたらすのは，酵素の働きに含まれる協同的な効果である．この連鎖のすべての代謝産物の濃度における振動が，解糖基質をある速さで注入したときに観測されるということは，きわめて注目に値する．さらに注目すべきことは，すべての解糖中間生成物が，同じ周期で，しかし異なる位相で振動するという事実である．この反応における酵素は，光学実験におけるニコルのプリズムのような役をしている．酵素は，化学的な振動に位相のずれをひきおこす．化学反応の振動的な面は解糖サイクルではとくに劇的である．なぜなら，振動の周期や位相に及ぼすさまざまな要因の影響を，実験的に追うことが可能だからである．

後成的分化の場合の振動的な反応もまたよく知られている．それらは細胞レベルにおける調整過程の結果としておこる．タンパク質は一般に安定な分子であるのに，触媒作用は非常に速い過程である．したがって，細胞内でタンパク質のレベルが高すぎないのは異常ではない．高すぎる場合には，他の肉体構成物質が巨大分子の合成を抑制するように働く．そのようなフィードバックは振動を生じるが，大腸菌におけるラクトース・オペロンの規制の場合などで，詳しく調べられている．振動をつくり出すフィードバック機構の他の例は，変形菌の集合過程に見られる．これは膜に結合した酵素を含む反応である．そのほかにもあるが，関心のある読者は適当な文献を見ていただきたい（参考文献については，Nicolis and Prigogine 1977 を見てほしい）．

たいていの生物学的作用のメカニズムからわかることは，生命活動というものは，熱力学的分枝の安定性のしきい値を超えた，平衡とは程遠い条件下で行なわれているように思われることである．したがって，生命の源は，ますますコヒーレントな物質状態を生むような分岐の連鎖と類似した，不安定性の連鎖と関連しているのであろう，とどうしても考えたいところである．

生　態　系

構造安定性に使えるような安定性の理論のいくつかの局面に，話を転じよう (Prigogine, Herman, and Allen 1977 を参照)．簡単な例として，与えられた生活環境中での個体数（人間なら人口）の増加を考える．それはしばしば

$$\frac{dX}{dt}=KX(N-X)-dX \qquad (5.17)$$

という式で与えられる．K は出生率に，d は死亡率に関係し，N は個体数を保持する環境の収容力のめやすになる数である．式 (5.17) の解は**図 5.15** に示したような兵站曲線を用いて表わされる．この時間変化は全く決定論的である．個体数は環境が飽和すれば増加を止める．しかし，このモデルでは扱えな

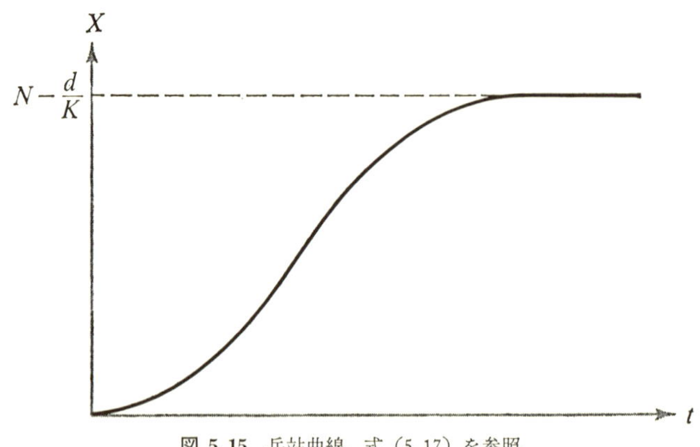

図 5.15　兵站曲線．式 (5.17) を参照．

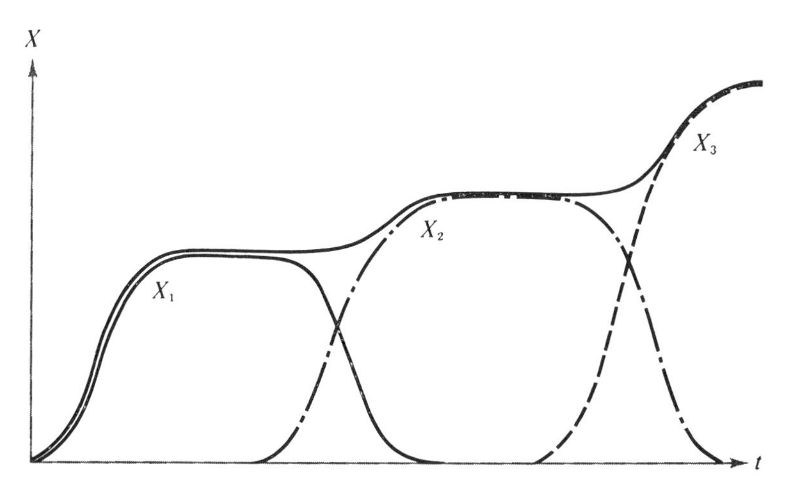

図 5.16 種がつぎつぎと生態的地位を占めていく.

い事象によって，新しい種（生態学的パラメタ K, N, d の値が異なる）が同じ環境の中に，最初は少数，出現する，ということはおこりうる．**この生態学的ゆらぎ**は構造安定性の問題を提起する．新しい種は消えてしまうか，それとももとの種にとって代わるであろうか．線形安定性解析の方法を使えば，新種がもとの種にとって代わるのは

$$N_2-\frac{d_2}{K_2}>N_1-\frac{d_1}{K_1} \tag{5.18}$$

となるときだけであることは容易に示される．生態的地位を種が占めるのは，**図 5.16** に示されたような形のときである．

このモデルは，与えられた生態的地位の利用という形で提起された問題の枠内で，《適者生存》の意味を定量的に正しく記述している．

個体数が生存のために用いるいろいろな戦術を考慮に入れると，さまざまなモデルを導入することができる．例えば，広い範囲の物を食べる種と，せまい範囲の物しか食べない種とを区別することができよう．また，生物のあるものではその一部分を《兵隊》のような《非生産的》な役目に固定してしまう，という事実も考えに入れねばならない．これは昆虫の社会的多形性と密接に関連している．

構造安定性とゆらぎによる秩序の概念は，もっと複雑な問題にも利用するこ

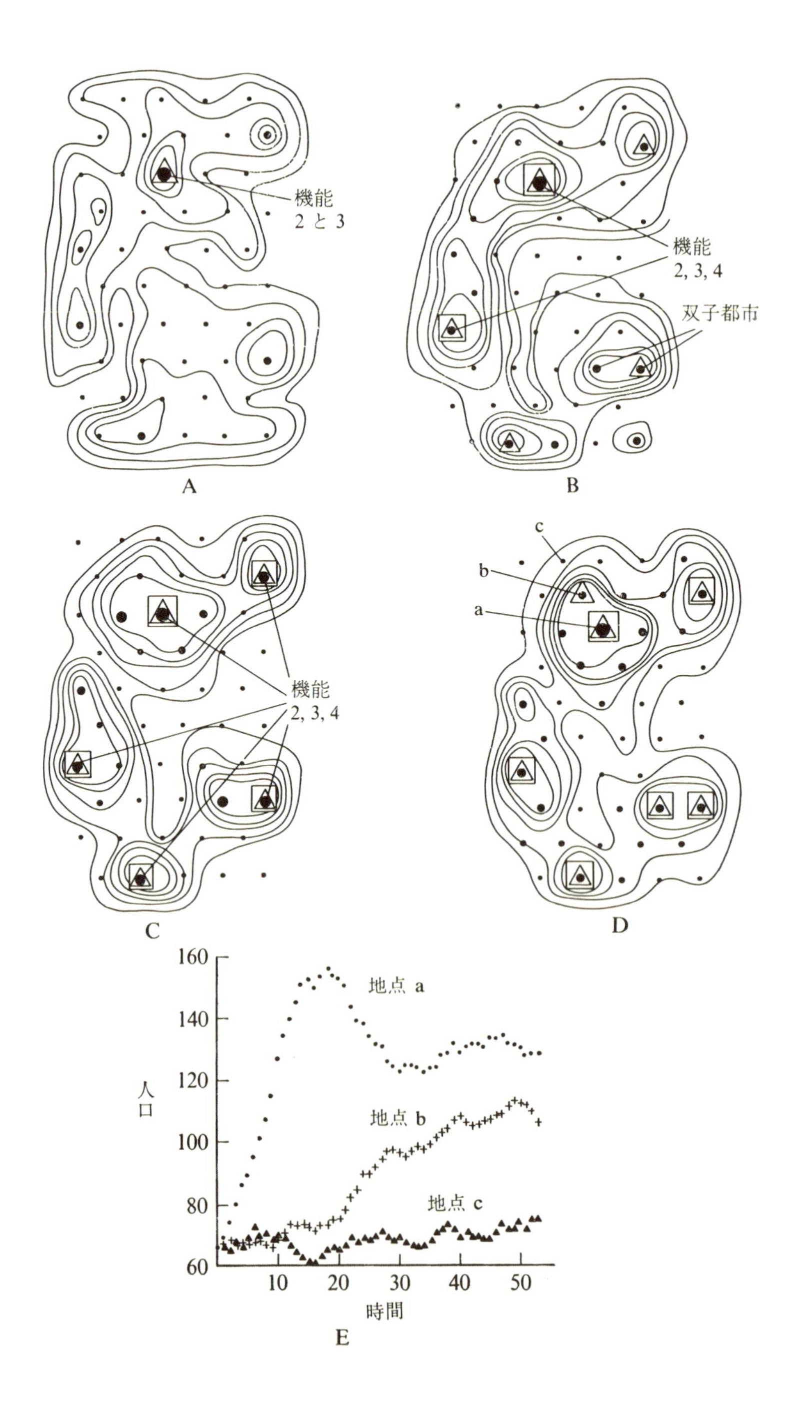
機能
2と3
A
機能
2, 3, 4
双子都市
B
機能
2, 3, 4
C
c
b
a
D
160
140
120
100
80
60
10
20
30
40
50
人口
時間
地点 a
地点 b
地点 c
E

とができる．そして，思いきった簡単化を敢えて行なえば，人類の進化の研究にも使うことができる．例えば，この観点から都市の発展の問題を考えてみよう（Allen 1977 を参照）．兵站方程式（5.17）を用いると，都市の地域は経済機能の付加によって収容力 N が増加するという特徴をもっている．地点 i の生産物 k に対する経済機能を S_i^k とすると，式（5.17）を

$$\frac{dX_i}{dt}=KX_i(N+\sum_k R^k S_i^k-X_i)-dX_i \qquad (5.19)$$

という形の方程式で置きかえねばならない．R^k は比例定数である．ところが S_i^k 自体も人口 X_i とともに複雑なしかたで増加する．それは自己触媒の役をするが，この自己触媒の効率は，地点 i における人口増に関連した生産物 k の**必要度**および他の地点にある競争相手の生産物との**競争**によってきまるからである．

このモデルでは，経済的機能というのはゆらぎと同じである．経済的機能の出現は一地点に人口を集中させる雇用の機会をつくり出すことによって，人口分布の最初の一様さを破壊するであろう．新しい雇用の機会は近隣地点における需要を涸渇させる．すでに都市化された地域に割りこむ場合には，同種のもっと進んだもっと条件のよい経済機能による挑戦で打倒されることもあるし，共存の状態で発展したり，他のいくつかを倒して発展することもある．

図 5.17 は，はじめ一様な田舎であった地域において可能な都市化の《歴史》

図 5.17　はじめ一様であった地域の都市化の《歴史》としておこりうるもの．15の地点で4つの経済的機能が発展を策し，かってな時期につぎつぎといろいろな企てをした場合，
A. $t=0$ で50地点がどれも人口67をもっていたとして，$t=4$ におけるそれら50地点上の人口分布．
B. $t=12$ には基本的な都市化が始まっている．5個の急成長する中心がある．
C. $t=20$ までに構造は固まり，最大の中心は残った郊外地へ向けて《スプロール》を示している．
D. $t=34$ には中心の成長は遅くなり，都市間の地帯に《平均以上の成長》がおこり逆都市化になってきている．
E. 図Dに示された点 a, b, c におけるシミュレーションの間じゅうの人口変化．

を示す．50地点の網目のそれぞれで4つの経済機能が発展しようとし，時間的には全く任意につぎつぎとさまざまな試みをした場合である．最終結果は，決定論的な経済法則とゆらぎの確率的な継起のかね合いに複雑に関係してきまる．特定のシミュレーションの詳細は地域の正確な《歴史》に依存しているけれども，ひきおこされた構造のある種の平均的性質は大体において保存される．例えば，大きな中心の個数と平均距離は，同じパラメタの値をもつ系ならば，歴史が異なっても大体同じになる．そのようなモデルを使うと，輸送機関，投資などに関する決定による長期的な結果の評価が可能になる．効果は系のいろいろな相互作用の環に沿って伝わり，異なった動因がつぎつぎと調整をするからである．一般に，このようなモデルは，多数の動因が少なくとも部分的には相互に関連した作用規準（効用関数）をもっているとき，それらの動因による作用（選択）の結果として生じる《構造》を理解するための新しい基礎を提供してくれる．

ま と め

前節で調べた諸例は，簡単な古典力学系や量子力学系とは全くかけ離れたものである．しかし，構造安定性には限度がないということは注意しなければならない．どの系も，適当な乱れを与えてやると不安定性を示すことがある．したがって，歴史に終わりはない．マルガレフは，彼が《自然世界のバロック式作品》と呼んでいるものについて，美しい記述をしている（Ramon Margalef 1976）．生態系は，生物学的な効率だけが組織化の原理であったとしたならば《必要》とされるよりも，ずっと多くの種をもっている，と彼は言うのである．この自然の《過剰創造性》は，《変異》と《革新》は偶然的におこり，そのとき支配的な因果的関係によって系内に組み入れられるという記述のしかたからすれば，当然おこることなのである．そういうわけで，この大局的見地から見ると，《新しいタイプ》や《新しいアイディア》の絶えざる生成が，系の構造の中に具体化されて，不断の進展を促しているということになるのである．

中国の漢代のひすいの飾り．
直径 4 cm．個人蔵．撮影者 R. Kayaert.

第6章

非平衡のゆらぎ

大数の法則の破綻

量子力学がこれほど大きな関心を呼んでいるひとつの理由は，微視的世界の記述に確率の要素をもちこんだことにあることは確かである．第3章で見たように，量子力学では物理量は演算子で表わされ，それらは必ずしも可換ではない．これからよく知られたハイゼンベルクの不確定性関係が出てくる．多くの人びとはこの関係から，量子力学が適用される微視的レベルでは，決定論が脅かされているという証明が得られると思ってきた．しかしこれは，はっきりさせる必要のあることである．

第3章の「量子力学における時間変化」の節で強調したように，量子力学の基礎方程式であるシュレーディンガー方程式は，古典的な運動方程式と同じように決定論的なのである．ハイゼンベルクの不確定性関係が成り立つという意味では，時間とエネルギーに関する不確定性関係というのは存在しない．ひとたび波動関数がある時刻に知られれば，量子力学に従って，過去と未来のすべての時刻におけるそれの値を計算することができる．しかし，量子力学が微視世界の記述の基礎に確率論的な要素をもちこんでいることは事実である．けれども，巨視的，熱力学的記述は一般には平均値を扱い，量子力学で導入される確率的要素は何の役も演じない．したがって，不確定性関係とは無関係な**巨視的な**系においてゆらぎや確率的記述が本質的な役を果たしていることに注意するのは，とくに重要なことである．このことは，系が分岐点のところで現われる分枝のどれか1本を《選択》せねばならない場合に，分岐点の近くで期待されることである．分岐点の近くでは**大数の法則**が本質的に破れることを示すために，このような統計的要因を本章で詳しく分析することにする．（確率論の入門には，Feller 1957 を参照.）

巨視的物理学では一般にゆらぎは小さい役割しか演じない．系が十分大きければ省略できるような小さな補正としてしか現われないからである．しかし，分岐の近くではゆらぎは平均を支配するので，決定的な役をする．これが，第4章で導入した，**ゆらぎを通しての秩序**という考え方の意味なのである．

これから，化学反応速度論の意外な面が出てくることに注意するのは興味深い．反応速度論というのは今では約100年の歴史をもつ分野である．それは，第4章と第5章で調べたようなタイプの方程式を使って定式化されてきた．その物理的説明は全く単純である．熱運動によって粒子は相互に衝突する．そのような衝突の大部分は弾性衝突である．つまり，粒子は並進運動のエネルギー（多原子分子では回転や振動のエネルギーも）を変化させるが，電子構造は何も影響されない．しかしながら，衝突のうちの一部分は**反応的**であって，新しい分子やイオンを生じる．

このような物理的描像を基礎にすると，2種の分子 X と Y の間の衝突の全数はその濃度に比例し，非弾性衝突の数もそうなると期待される．この考え方が，ずっと反応速度論の発展を支配してきた．しかし，でたらめにおこる衝突で表わされるような混沌とした振舞いが，一体どのようにして秩序のある構造を生じうるのであろうか．当然なにか新しい特徴，つまり，不安定状態の近くでは，反応をおこす粒子の分布はもはやランダムではないという事実を考慮に入れねばならない．最近まで，この特徴は反応速度論に含まれていなかった．しかし，その発展のいっそうの進歩がここ数年の間におこると期待される．

大数の法則の破綻に入る前に，この法則の意味を簡単に検討してみよう．例えば，科学と技術の多くの分野で非常に重要な**ポアッソン分布**を考えよう．整数値 1, 2, 3, … をとる変数 X をとると，ポアッソン分布による X の確率は

$$\mathrm{pr}(X)=e^{-\langle X\rangle}\frac{\langle X\rangle^{X}}{X!} \tag{6.1}$$

で与えられる．$\langle X\rangle$ は X の平均値である．この法則は，電話のかかってくる数，レストランで待たされる時間，与えられた濃度の媒質中の粒子のゆらぎ，などの分布のように，さまざまな状況で成り立つことがわかっている．

ポアッソン分布の重要な特徴は，$\langle X\rangle$ が分布に含まれる唯一のパラメタだ

ということである．確率分布が平均値だけで完全にきまるのである．**ガウス分布**（式（6.2））ではそうではなく，平均値 $\langle X\rangle$ のほかに分散 σ にも関係する．

$$\mathrm{pr}(X)\sim e^{-(X-\langle X\rangle)^2/\sigma}. \tag{6.2}$$

確率分布関数から，《分散》つまり平均2乗偏差

$$\langle\delta X^2\rangle=\langle(X-\langle X\rangle)^2\rangle \tag{6.3}$$

を容易に得ることができる．

ポアッソン分布に特有なことは，分散と平均値が等しいということである．

$$\langle\delta X^2\rangle=\langle X\rangle. \tag{6.4}$$

X が示量変数で（与えられた体積中の）粒子数 N あるいは体積 V に比例する場合を考えよう．そのときには，ゆらぎの**相対値**に対するよく知られた平方根則が成り立つ．

$$\frac{\sqrt{\langle\delta X^2\rangle}}{\langle X\rangle}=\frac{1}{\sqrt{\langle X\rangle}}\sim\frac{1}{\sqrt{N}}\ \text{または}\ \frac{1}{\sqrt{V}}. \tag{6.5}$$

ゆらぎの相対値の大きさの程度は平均値の平方根に比例する．したがって，N の程度の示量変数に対しては，相対的な偏差として $N^{-1/2}$ の程度のものが得られる．これが大数の法則に特有な特徴である．その結果として，大きな系ではゆらぎを無視し，巨視的な記述を用いることができる．

その他の確率分布に対しては，平均2乗偏差はもはや式（6.4）のように平均値に等しくはならない．しかしながら，大数の法則が適用されるときにはいつでも，平均2乗偏差の大きさの程度はやはり同じであって，

$$\frac{\langle\delta X^2\rangle}{V}\sim(V\to\infty\ \text{で有限}) \tag{6.6}$$

となる．式（6.2）には《示強変数》，つまり，系の大きさとともに増加することのない（圧力，濃度，温度のような）量を導入することもできる．そのような示強変数 x のガウス分布は，式（6.6）を考慮に入れて，

$$\mathrm{pr}(x)\sim e^{-V(x-\langle x\rangle)^2/\sigma} \tag{6.7}$$

となる．これは，示強変数の平均値からの最も確からしい偏差が $V^{-1/2}$ の程度であって，系が大きいと小さくなることを示している．逆に言えば，示強変数の大きなゆらぎは，小さな系にしか現われない．

これらの注意については，あとで実例によって解説する．分岐点の近くで然

るべき核形成過程によって，自然がいかに巧妙に大数の法則の結果を避けているかということがわかるであろう．

化学ゲーム

ゆらぎを含ませるためには，巨視的レベルにとどまっているわけにはゆかない．しかし，古典力学や量子力学に戻るのでは実際上話にならない．化学反応はすべて，複雑な多体問題になってしまう．そこで，第1章で酔歩の問題を論じるときに考えたのと同じようなタイプの中間的レベルを考えると都合がよい．

基本になる考え方は，はっきり定まった，単位時間あたりの遷移確率というものの存在である．もう一度，ブラウン運動粒子が時刻 t に位置 k に見出される確率 $W(k, t)$ を考えてみる．2つの《状態》k と l の間で（単位時間に）遷移のおこる確率を与える量として，遷移確率 ω_{lk} というものを導入しよう．そうすると，遷移 $l \to k$ に関連した**利得**と，遷移 $k \to l$ に関連した**損失**の間の競争で，時間変化 $W(k, t)$ を表わすことができる．そうすると，基本方程式として

$$\frac{dW(k, t)}{dt} = \sum_{l \neq k} [\omega_{lk} W(l, t) - \omega_{kl} W(k, t)] \tag{6.8}$$

が得られる．ブラウン運動の問題では，k は格子点上の位置に対応し，**しかも** ω_{kl} は k と l とが1単位だけ違っているときに限って0でない値をとるはずである．しかし式 (6.8) はもっとずっと一般的な式である．実際それはマルコフ過程の基礎方程式であって，現代確率論で顕著な役割を果たしている (Barucha-Reid 1960 を参照)．

マルコフ過程の特色は，遷移確率 ω_{lk} が状態 k と l だけに依存するということである．k から l への遷移確率は，状態 k へ来るまでどんな状態を経てきたか，には関係ないのである．この意味で系は記憶というものをもたないと言える．マルコフ過程はいろいろな物理的事象を記述するのに用いられ，化学反応のモデルに使われてきた．例えば，1分子反応の連鎖

$$\mathrm{A} \underset{k_{21}}{\overset{k_{12}}{\rightleftarrows}} \mathrm{X} \underset{k_{32}}{\overset{k_{23}}{\rightleftarrows}} \mathrm{E} \tag{6.9}$$

を考えてみよう．巨視的な反応方程式は第4章と第5章で導入したタイプのも

のである（ここでは反応定数を明記する）.

$$\frac{dX}{dt}=(k_{12}A+k_{32}E)-(k_{21}+k_{23})X. \tag{6.10}$$

前と同様，A と E の濃度は与えられているとする．式 (6.10) に対応する定常状態は

$$X_0=\frac{k_{12}A+k_{32}E}{k_{21}+k_{23}}. \tag{6.11}$$

このように標準的な巨視的記述では，ゆらぎは省略されている．ゆらぎの効果を調べるには，確率分布 $W(A, X, E, t)$ を導入し，一般的な表式を適用する．結果は

$$\begin{aligned}\frac{dW(A, X, E, t)}{dt}=&k_{12}(A+1)W(A+1, X-1, E, t)\\&-k_{12}AW(A, X, E, t)\\&+(k_{21}, k_{23}, k_{32}\text{ を含む同様な項})\end{aligned} \tag{6.12}$$

である．右辺の第1項は**利得**を表わす．それは，粒子 A の数が $A+1$ で粒子 X の数が $X-1$ であるような状態から，速度 k_{12} でおこる粒子 A の分解によって状態 A, X へと遷移がおきることに対応している．これに対し，第2項は**損失**を表わす．はじめには A, X, E という状態にあったが，A が分解して新しい状態 $A-1, X+1$ になる，という過程である．その他の項もすべて同様な意味をもっている．

この方程式は平衡と非平衡のどちらの状態に対しても解くことができる．結果は，X の平均値が式 (6.11) で与えられるような，ポアッソン分布である．

これは全く満足すべき結果で，自然であると思われるので，しばらくの間この結果はメカニズムにかかわりなくすべての化学反応に拡張しうるものと信じられていた．ところがその後，新しい予期しなかった要素が入ってきた．もっと一般的な化学反応を考えると，対応する遷移確率は**非線形**になるのである．例えば，前と同じ議論を用いると，A+X→2X に対応する遷移確率は非弾性衝突前の粒子 A と X の数の積 $(A+1)\cdot(X-1)$ に比例する．そうすると，これに対応するマルコフ方程式も**非線形**になる．化学ゲームの顕著な特質は，遷移確率が一定である酔歩の場合の線形的振舞いと違うその非線形性にある，と

言うことができる．驚くべきことに，この新しい特質のために，ポアッソン分布からの**はずれ**が生じるのである．この意外な結果はニコリスと筆者が証明し(G. Nicolis and I. Prigogine 1971，同 1977 をも参照)，大きな関心をまきおこした．このはずれは巨視的反応速度論の有効性の見地から言って，非常に重要である．以下で，**巨視的反応方程式はポアッソン分布からのはずれが省略できるときにのみ成立する**ことがわかるであろう．

例として，速度定数 k をもった化学反応 2X→E があるとしよう．マルコフ方程式 (6.8) から，X の平均濃度の時間変化を導くことができる．それは何の変哲もなく

$$\frac{d\langle X\rangle}{dt}=-k\langle X(X-1)\rangle \tag{6.13}$$

となる．X 個の分子から続けさまに 2 個を選び出さねばならないからである．恒等的に成り立つ $\langle\delta X^2\rangle=\langle X^2\rangle-\langle X\rangle^2$ を使うと

$$-\langle X(X-1)\rangle=-\langle X\rangle^2-(\langle\delta X^2\rangle-\langle X\rangle) \tag{6.14}$$

となるが，ポアッソン分布では右辺の第 2 項は (6.4) によって消えてしまう．これは，系の振舞いが巨視的な反応方程式に支配されることを意味する．

この結果は全く一般的である．ポアッソン分布からのはずれが微視的レベルから巨視的レベルへ移るときに本質的な役目をしていることがわかる．通常はこのはずれを無視することができる．例えば，式 (6.13) では，(左辺と同じく右辺の（訳者)) 第 1 項は $\langle X\rangle$ と同じ程度の大きさをもっていなければならない．つまりそれは系の体積に比例しなくてはならない．そうすると第 2 項は体積に関係がなくなる．したがって，体積を大きくした極限でそれは無視できることになる．ところが，もしポアッソン分布的振舞いからのはずれが，大数の法則から予期されるように体積自体に比例するのでなく，体積のもっと高次のべきに比例するなら，巨視的な反応の記述は成り立たなくなってしまう．

面白いことにある意味で反応速度論は，状態方程式の理論（ファン・デル・ワールス理論）や磁性体の理論（ワイス場）などのような古典的な物理や化学の理論の多くと同様に，**平均場**の理論であると言ってよいことがわかる．古典物理学から，そのような平均場理論が，相転移の近傍を除けば，つじつまの合った結果を導きうることも知られている．カダノフ (Leo Kadanoff)，スウィ

フト (Jack Swift), ウィルソン (Kenneth Wilson) がつくった理論は，相転移の臨界点の近くで現われる長距離のゆらぎを調べる巧妙な考え方を基礎にしている (Stanley 1971 を参照). ゆらぎのスケールが非常に大きくなって，分子的な細かいことが問題にならなくなってしまうのである. ここでも同様な事態が生じるのである.

われわれは，マスター方程式に長さのスケールの不変性を課し，熱力学的極限(つまり，密度は有限に保ったまま粒子数と体積の両方を無限大にした極限)をとることによって，巨視的な系に対する**非平衡**相転移の存在を保証する条件を見出したいというわけである. これらの条件から，ゆらぎの分散が転移の近くでどのように振舞うかということもはっきりと計算できるはずである. 非平衡系に対しては，このプログラムが実行されたのは，今までのところ，マスター方程式の簡単なモデルであるフォッカー-プランク方程式に対してだけである (Dewel, Walgraef, and Borckmans 1977). そのさきの仕事は現在進行中である.

そこで次に，大数の法則が成り立たなくなる簡単な例を，詳しく考えてみることにしよう.

非平衡相転移

シュレーグルは次のような化学変化を調べた (Friedrich Schlögl 1971, 1972, Nicolis and Prigogine 1978 を参照).

$$\mathrm{A}+2\mathrm{X} \underset{k_2}{\overset{k_1}{\rightleftarrows}} 3\mathrm{X},$$

$$\mathrm{X} \underset{k_4}{\overset{k_3}{\rightleftarrows}} \mathrm{B}. \qquad (6.15)$$

いつものやり方に従うと，巨視的反応方程式として容易に

$$\frac{dX}{dt}=-k_2X^3+k_1AX^2-k_3X+k_4B \qquad (6.16)$$

が得られる. 適当に単位を変え，記号を調整して

$$\frac{X}{A}=1+x,$$

$$\frac{B}{A}=1+\delta',$$

$$k_3=3+\delta \tag{6.17}$$

とすると，(6.16) は

$$\frac{dx}{dt}=-x^3-\delta x+(\delta'-\delta). \tag{6.18}$$

そうすると，定常状態は 3 次の代数方程式

$$x^3+\delta x=\delta'-\delta \tag{6.19}$$

から得られる．この 3 次方程式がファン・デル・ワールス理論で記述される平衡相転移でなじみ深い方程式と同形であるのは興味深い．線 $\delta'=\delta$（**図 6.1** を参照）に沿っての系の変化をたどると，式 (6.19) は δ が正のときただ 1 個の根 $x=0$ しかもたないのに，δ が負のときには $x=0, x_{\pm}=\pm\sqrt{-\delta}$ という 3 つの根がある（x は濃度なので実数であることに注意）．このモデルは十分に簡単なので正確な平均 2 乗偏差を求めることができる (Nicolis and Turner 1977 a, b を参照)．δ が 0 に近づくと，

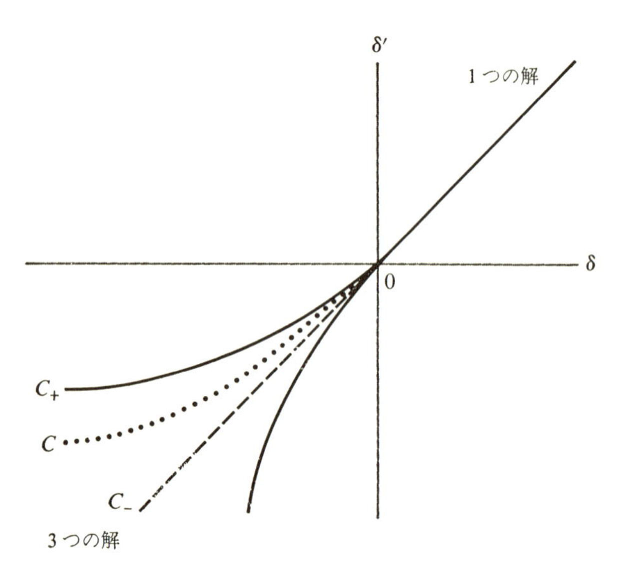

図 6.1 パラメタ δ と δ' で表わした方程式 (6.19) の根の振舞い．C は複数個の定常状態の共存を表わす線．

$$\frac{\langle \delta X^2 \rangle}{V} \sim \frac{1}{\delta} \tag{6.20}$$

が得られる．これらの量はどちらも δ が0に近づくと無限大になっていく．このことは式（6.6）で定義された意味の大数の法則が破れることを示している．この破綻は，液体が蒸気になる相転移におけると同じように，系が根 x_+ から x_- へ飛び移る点において，とくに明らかになる．この点では，分散は V^2 の程度になる．すなわち

$$\frac{\langle \delta X^2 \rangle}{V^2} \sim (V \to \infty \ \text{で有限}) \tag{6.21}$$

である．言いかえると，非平衡相転移の近くでは，もはや矛盾のない巨視的な記述は存在しないのである．ゆらぎは平均値と同程度に重要である．

複数個の定常状態がある領域では，確率関数 $P(x)$ 自体が $V \to \infty$ の極限で極端な変化を行なうことを示すことができる．V の任意の有限値に対して，$P(x)$は巨視的に安定な状態 x_+ と x_- のところに中心をもつピーク2個をもった2山の分布である．$V \to \infty$ で，2つの山のそれぞれがデルタ関数になっていく（Nicolis and Turner 1977 a, b）．したがって定常状態の確率は

$$P(x) = C_+ \delta(x - x_+) + C_- \delta(x - x_-) \tag{6.22}$$

という形で求められる．x は X から $x = X/V$ によって得られる示強変数である．重み C_+ と C_- の和は1で，マスター方程式から直接にきめられる．$V \to \infty$ に対しては $\delta(x - x_+)$ と $\delta(x - x_-)$ とは独立にマスター方程式を満たす．他方，それらの《混合物》(6.22) は，最初は有限の大きさの系で求めた定常状態の確率分布の熱力学的極限を与える．イジング模型のようなタイプの平衡相転移との類似性は著しい．もし x_+ と x_- を全磁化の値とすると，式（6.22）は（平衡）磁化が0の状態のイジング磁石を表わすことになるはずである．これに対し，《純粋状態》の $\delta(x - x_+)$ と $\delta(x - x_-)$ は，系の表面に適当な境界条件を課すと，任意に長い間保持される2つの磁化状態を表わすことになる．

この結論は，最初にそう思えるほど驚くべきものではない．ある意味で，巨視的な値という考えそのものが，意味を失うのである．巨視的な値というのは一般に，《最も確からしい値》と同じであって，ゆらぎを無視できれば，平均値と同等である．しかし，ここでは相転移の近くで2つの最も《確からしい》

値があり，そのどちらも平均値には対応せず，これら2つの《巨視的な》値の間でのゆらぎが非常に重要になる．

非平衡系における臨界のゆらぎ

平衡相転移の場合，臨界点の近くで，ゆらぎは振幅が大きくなるだけでなく，**長い距離**にわたって広がる．ルマルシャンとニコリス(Hervé Lemarchand and Gregoire Nicolis 1976) は，非平衡相転移で同じ問題を研究した．計算を可能にするために，彼等は一連の箱を考えた．おのおのの箱の中では，ブリュッセレーター型の反応 (4. 57) がおこっているとする．さらに，隣り合う箱の間には拡散があるとするのである．彼等は，2つの異なる箱の中の X の数の間の相関を計算した．化学的な非弾性衝突と拡散は，混沌状態を導くはずだと期待するであろう．ところがそうではないのである．**図 6.2** と **図 6.3** は，臨界状態より下と，臨界に近い系の相関関数を示す．明らかにわかるように，臨界点

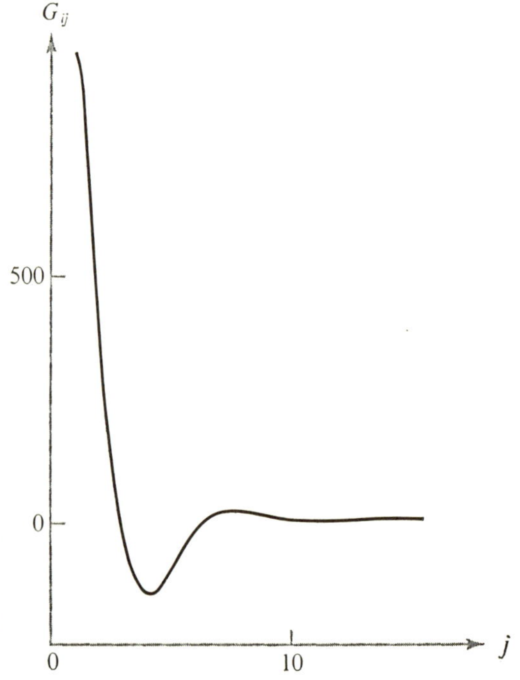

図 6.2 i 番目の箱と j 番目の箱の相関関数を i と j の距離の関数としてプロットしたもの．箱は$A=2$, $B=3$, $D_1/D_2=1/4$ をもったブリュッセレーターに従っており，箱の間の関連は本文中に記したようになっている．これらのパラメタ値では，系は空間的散逸構造の形成に対する臨界値以下にある．

の近くでは，化学的な相関は長く尾を引いている．化学的相互作用は短距離的なものであるにもかかわらず，系は**全体的**な活動を行なっている．混沌が秩序を生じるのである．

この過程で粒子数はどんな役割を演じているのであろうか．これが次に生じる本質的な疑問である．化学的振動の例を使って論じることにしよう．

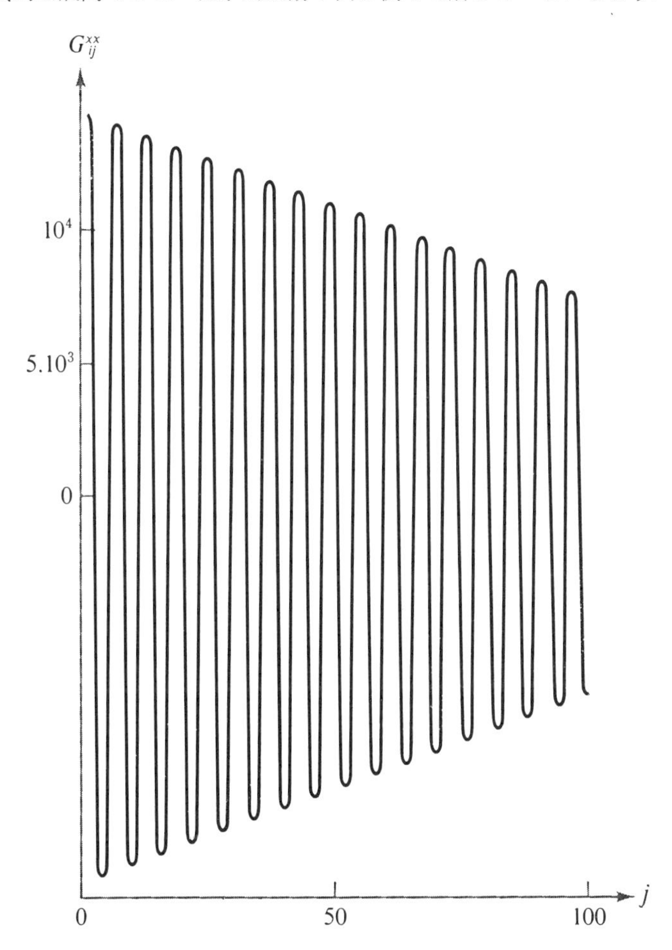

図 6.3 図 6.2 と同じパラメタの値で，B だけを $B=4$ とした場合の空間的相関関数の臨界的な振舞い．

振動と時間的な対称性の破れ

今までやってきた考察は，振動する化学反応の問題にも適用できる．分子論的な見地からすると，振動の存在はきわめて予想しにくいことである．

歩調のそろった（コヒーレントな）振動的な過程は，一般の巨視的な実験に含まれるアボガドロ数 10^{23} ほどの数よりも，50 といったような少数の粒子でおこりやすいと考えるかもしれない．ところが，コンピューターで実験すると，事情は全く逆であることが示される．時間的に《長い時間にわたる》秩序には，粒子数を $N \to \infty$ とした極限でのみ達しうるのである．

少なくともこの結果を定性的に理解するために，相転移との比較を考えてみよう．常磁性物質をキュリー点と呼ばれる温度以下に冷やすと，系の振舞いが変わり，強磁性になる．キュリー点より上では，方向はすべて資格が同じなのであるが，以下の温度では磁化の方向に対応した特定の有利な方向というものが生じる．

どの方向が磁化の方向になるかを決定する巨視的な方程式などというものは存在しない．原理的には，すべての方向が同様に磁化の方向になりうる．もしその強磁性体が**有限個の**粒子を含むのだったら，この特定の方向というものはいつまでも維持されることはないはずである．それは回転するはずである．ところが，無限大の系では，どんなゆらぎも強磁性体の磁化の方向を変えられなくなるのである．長距離の秩序は，ひとたび確立されると，いつまでも続く．

事情は化学反応の振動でもよく似ている．リミットサイクルに系のスイッチが入ってしまうと，定常的確率分布もまた構造変化をおこす．単調な山の形から，リミットサイクルのところに中心をもつ噴火口状のものに切りかわるのである．式（6.22）におけるように，V が増すと噴火口は鋭い形になり，$V \to \infty$ の極限で，特異性をもったものになる．しかし，このことのほかに，マスター方程式には一群の**時間に依存する**解が出現する．V が有限のときには，これらの解は減衰振動になるので，長時間の秩序をもつ解だけが定常状態として残ることになる．直感的には，磁化の方向に相当する役割をもつ，リミットサイクルの運動の**位相**が初期条件できまることを意味する．系が有限ならば，ゆらぎがつぎつぎと生じて，位相の秩序（コヒーレンス）をこわしてしまうであろう．

ところが，コンピューターシミュレーションによると，V が増すにつれて，時間に依存する振動モードの減衰はどんどん少なくなるようである．したがって，$V \to \infty$ の極限では，マスター方程式の時間依存解の一群として，リミットサイクルに沿って回転するものが得られると期待できる（Nicolis and Malek-Mansour 1978）．もう一度直観的な像を用いるなら，強磁性体で最初の磁化方向が保持されうるのと同様に，無限系では位相の歩調（コヒーレンス）はいくらでも長い間保たれうるのだ，ということになる．したがって，この意味で，周期的な反応の出現は，強磁性が空間の対称性の破れであったのと全く同様に，**時間に関する対称性の破れる過程**なのである．

同様なことは，時間には無関係であるが，空間的に一様でない散逸構造に対しても見られる．言いかえると，コヒーレントな非平衡構造ができるのは，化学反応の方程式が正しく成り立つとき（つまり，大数の法則が適用できて，数が大きい極限において）だけである．

第4章で用いた平衡から程遠い状態というものにつけ加えられる条件は，系の大きさである．もし生命というものが本当にコヒーレントな構造と関連しているのなら――あらゆることがこの見解を支持している――それは多数の自由度が行なう相互作用に基づいた**巨視的現象**でなくてはならない．核酸のようないくつかの分子が，支配的な役割を果たしていることは事実であるが，これらは，多数の自由度をもった秩序的な媒質の中でのみつくられうるものである．

複雑さの限界

この章で概要を述べた方法は，いろいろな場合に適用できる．この方法のひとつの面白い特徴は，ゆらぎの従う法則がスケールに大きく左右されることがわかる点である．その状況は，飽和蒸気中での液滴の形成の古典的な理論とよく似たことになっている．ある限度（《萌芽》のサイズという）よりも小さい液滴は不安定であるが，この大きさを超すと，液滴は成長して蒸気は液体に変わる（図 **6.4** を参照）．

このような核になるものの形成は，どんな散逸構造の形成にも現われる(Nicolis and Prigogine 1977)．

$$\frac{\partial P_{\Delta V}}{\partial t} = \Delta V \text{ 内の化学的効果}+\text{外界からの拡散} \qquad (6.23)$$

というタイプのマスター方程式を立てることができる．これは，体積 ΔV 内の化学反応の効果**と**，外界とのやりとりを通じておこる粒子の移動の**両方**を考慮に入れている．この方程式の形はきわめて簡単である．体積 ΔV 内の平均 $\langle X^2 \rangle$ を計算するとき，式 (6.2) からこの 2 項の和を

$$\frac{d\langle X^2 \rangle_{\Delta V}}{dt} = \Delta V \text{ 内の化学的効果}$$

$$-2\mathscr{D}[\langle \delta X^2 \rangle_{\Delta V} - \langle X \rangle_{\Delta V}] \qquad (6.24)$$

のような形に表わしたものを得る．第 1 項は体積 ΔV 内の化学変化の効果である．第 2 項は外界との交換を表わす．表面積と体積の比が大きくなると係数 $\mathscr{D}$ は増す．興味深い点は，第 2 項がゆらぎの平均 2 乗と平均値の差を含むということである．十分に小さい系では，これが支配的な寄与をするので，分布は式 (6.4) を満たすポアッソン分布になる．言いかえると，外界は，ゆらいでいる領域の周囲の境界面のところでおこっている相互作用を通してゆらぎを**減衰**させる平均場として作用するのが常である．これはきわめて一般的な結果である．小さいスケールのゆらぎに対しては，境界の効果は支配的になり，ゆらぎはなくなっていく．しかし，スケールの大きいゆらぎに対しては，境界の効果は無視できるほど小さくなる．実際の核形成はこの両極限の中間にある．

この結果は，生態学者によって長く論じられてきたきわめて一般的な疑問，**複雑さの限界**の問題，にとって重要である (May 1974)．ここでちょっと第 4 章

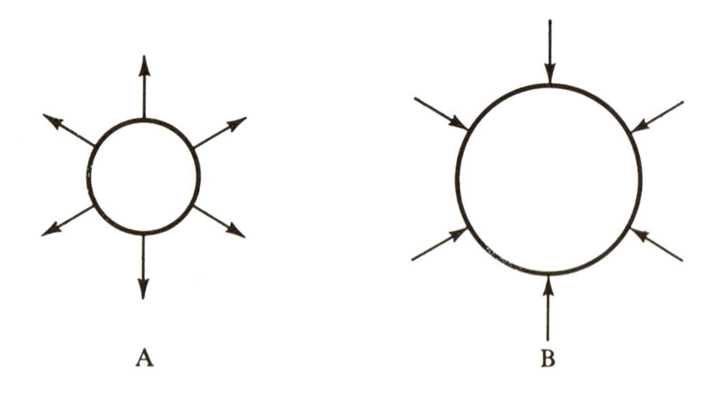

図 6.4 飽和蒸気中での液滴の形成．(A) 限界値より小さい液滴．(B) 限界値より大きい液滴．

で展開した線形安定性解析に立ち戻ることにしよう．それから分散の方程式が出てくるのであるが，この方程式の次数は相互作用している粒子の種類の数に等しい．したがって，熱帯地方の森林や現代文明のような複雑なものでは，方程式の次数は非常に高くなるであろう．したがって，不安定性をもたらす正根が少なくとも1個出てくる可能性は増してくる．それならば，そもそも複雑な系が存在するのはどうしてなのか．私は，ここで概要を述べている理論が答えの端緒を与えると信じている．式 (6. 24) の係数は，系と周囲との間の結合の度合いを示す目安になっている．複雑な系では，多数の成分が相互作用し合っているという意味で，この係数はゆらぎのサイズと同様に大きくなり，不安定性のもとになりうる．そこで結論として，十分に複雑な系は一般に**準安定**な状態にある，と考えることができる．その境目の値は，系の含むパラメタと外部条件の両方によってきまる．複雑さの限界は片側だけの問題ではない．最近の核形成に関するコンピューターシミュレーションで，この（例えば核形成では拡散によっておこる）伝達の役割が取り入れられているのは興味深い．

周囲の雑音の効果

今までは**内部のゆらぎ**の動力学を問題にしてきた．系自体が自発的につくるこれらのゆらぎが，分岐点の近くとか同時に安定な状態の共存する領域にあるときを除くと，小さくなることを見てきた．

他方，巨視系のパラメタ——分岐パラメタの大部分も含まれる——は外から調節できる量であり，これもまたゆらぎのある量である．多くの場合，系の環境は激しくゆらいでいる．したがって，系が《外部の雑音》として受けとるそのようなゆらぎは，その振舞いを大きく左右することもありうる．このことは，最近，理論的にも (Horsthemke and Malek-Mansour 1976, Arnold, Horsthemke, and Lefever 1978, Nicolis and Benrubi 1976) 実験的にも (Kawakubo, Kabashima, and Tsuchiya 1978) 確かめられている．環境のゆらぎは**分岐に影響**することもあるし——もっと大規模に——変化の現象論では予期されないような**新しい非平衡転移をひきおこす**こともありうるようである．

環境のゆらぎを扱う伝統的な方法は，ブラウン運動の問題を扱ったランジュバン (Paul Langevin) の解析を元祖とするものである．この観点では，観測可能な量（例えば x）の巨視的な時間変化を記述する関数（例えば $v(x)$）は，各瞬間ごとの x の変化の割合のうちの一部分しか与えない．周囲のゆらぎのために，系は不規則（ランダム）な力 $\mathbf{F}(x, t)$ を受けている．それで x をゆらいでいる量だと考えて

$$\frac{dx}{dt}=v(x)+\mathbf{F}(x, t) \tag{6.25}$$

と書く．ブラウン運動のときのように，もし $\mathbf{F}$ が分子と分子の間の相互作用の効果を表わしているのなら，それがつぎつぎにとる値は時間的にも空間的にも相関のないものになるに違いない．このために，得られるゆらぎの分散は中心極限定理に従う．他方，非平衡な環境の中では，ゆらぎは系の巨視的挙動を劇的に変化させてしまうこともありうる．そういうことがおこるためには，外部の雑音は加算的というよりはむしろ**相乗的に**作用しなくてはならない．つまり，それは状態変数 x の関数で x 自体が 0 になると消えるようなもの，と結びついていなくてはならない．

この点を例示するために，シュレーグル模型（式 (6.15) を参照）を少し変えたものを考えてみよう．

$$\begin{aligned} A+2X &\rightleftarrows 3X, \\ B+2X &\to C, \\ X &\to D. \end{aligned} \tag{6.26}$$

反応速度係数はすべて 1 とし

$$\gamma=A-2B \tag{6.27}$$

と置く，現象論の方程式は

$$\frac{dx}{dt}=-x^3+\gamma x^2-x \tag{6.28}$$

となる．$\gamma=2$ のところで安定な定常状態の解と不安定な解とがそれぞれひとつずつ現われて，**図 6.5** に示したようになる．このほかに $x=0$ がつねに解として存在し，これは無限小の乱れに対して安定である．

そこで今度は γ が確率変数であると考えよう．一番単純なのは，ブラウン運動のときと同様に，それがガウス型の白色雑音に対応すると仮定することである．

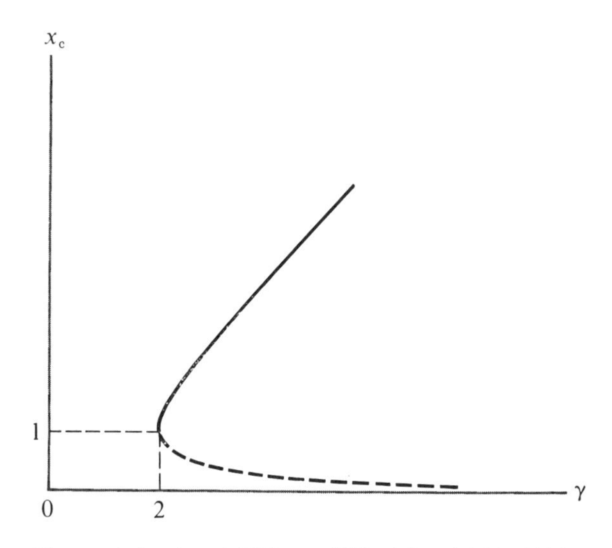

図 6.5 式 (6.28) の定常解と γ の関係. 実線は安定解, 破線は不安定解を示す.

$$\langle\gamma\rangle = P,$$
$$\langle\gamma^2\rangle = \sigma^2 \qquad (6.29)$$

と置く. 式 (6.28) の代りに, **確率微分方程式** (Arnold 1973) を用いるが, これはランジュバン方程式 (6.25) をうまく一般化したもので, ランジュバン方程式の通常の適用に伴ういくつかのあいまいな点が除かれている. この方程式は雑音と状態変数の2乗 x^2 とを結びつけるものである. それをフォッカー-プランク方程式タイプのマスター方程式と結びつけることができ, それを用いて定常確率分布を計算することができる. 結果として, 現象論的記述の転移点 $\gamma=2$ はこの分布では消えてなくなり, 過程は確実に0に達し, それからそこに留まることになる.

この節のはじめのほうで挙げた雑音の効果に関する実験 (Kawakubo, Kabashima, and Tsuchiya 1978) では, 雑音が1次の項と結びつき, 式 (6.28) が一定の入力項を含んでいる, ということを除けば, お膳立ては式 (6.28) に表わされているものと非常によく似ている. それでわかることは, 分散 σ^2 の値が小さいときには, 系 (パラメタ発振回路) はリミットサイクルの挙動を示すということである．しかし，分散がある限界値を超えると，振動的な振舞いは消えて，系は定常的な状態に落ち着く．

ま　と　め

以上で発展の物理学の主な点の概要を述べた．多くの予期しない結果を報告し，熱力学の範囲を拡大した．すでに述べたように，古典的な熱力学は，初期条件を忘れることと，構造がなくなってのっぺらぼうになっていくことに関連していた．しかし，熱力学の枠組の中で，構造が自発的に出現するような，別の**巨視的**領域も存在することがわかった．

巨視的物理学における決定論の役割は，再評価しなければならない．不安定点の近くでは，通常の確率論の法則を破綻させるような，大きなゆらぎがある．これらの発展の結果として，古典的な反応速度論はひとつの**平均場理論**と考えることができるが，コヒーレントな構造の出現を記述し，混沌から秩序が形成されることを記述するためには，系の時間変化を導き出せるような，もっと改良した時間変化の記述を導入しなければならないことがわかった．しかし，散逸構造が安定化するためには，大きい自由度が必要である．これが，分岐と分岐の中間では決定論的記述が成り立つ理由である．

存在の物理学も発展の物理学も，どちらもこの数年の間に新天地を切り開いた．この２つの観点は，何らかの方法で統合されうるのであろうか．いずれにせよ，われわれが住んでいるのは単一の世界なのであり，それのもつさまざまな局面は，一見どんなに多様に見えても，何らかの関係をもっているに違いない．これが第Ⅲ部の主題である．

第Ⅲ部

存在から発展への橋渡し

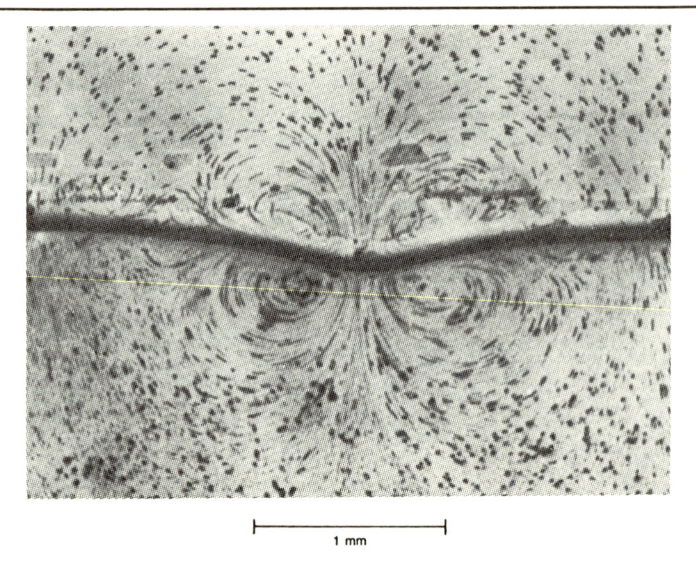

ロールセル中の流線

ロールセルの生成

ロールセルは，イソアミルアルコールと水との界面に硫酸ヘクサデシルナトリウムという界面活性剤があると発生する．この活性剤は広く使われている洗剤である．このような不安定性はマルガンゴーニ不安定性と呼ばれ，表面張力が界面活性剤の濃度に依存し，不均一となるためにおこる．この不安定性および拡散と対流の結びつきによって，次のページに示したロールセルが形成されるのである．ロールセルの幅はほぼ経過時間の平方根に比例して増大するが，これは拡散によって支配される過程において期待されることである．

次のページの図は，示された時刻に撮影されたシュリーレン写真である．実験開始の600秒後に撮影された最後の写真には，大きい第2次ロールセルと小さい第1次ロールセルの両方が見られる（シュリーレン写真の下の挿図を参照）．これらの写真すべてと挿図において，最初に，上側の相（相1）はイソアミルアルコールに対する硫酸ヘクサデシルの1％溶液であり，また下側の相（相2）は純粋の水であった．この組成は実験中におこる能動輸送によって変化していく．

上の写真はこの液体にアルミナの微粒子を加えることによって見えるようにした流線を示す．この写真は実験開始15秒後に撮影されたもので，露出時間は1/15秒であった．

写真は，H. リンデ，P. シュワルツ，および H. ウィルケの各氏によるものであり，許可を得て転載されている．

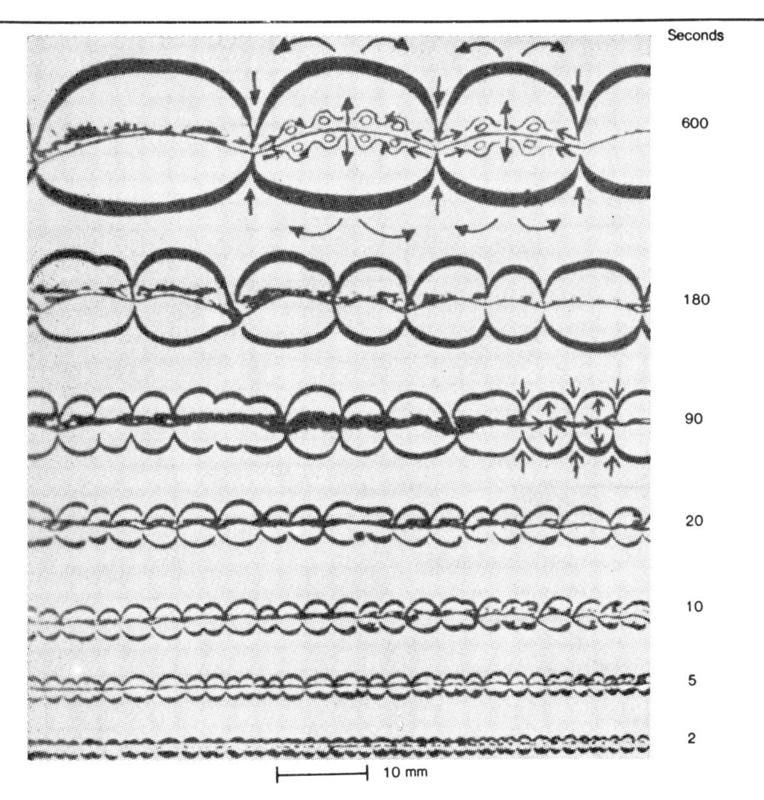

ロールセルのシュリーレン写真　毛管状の裂け目を通過しておこる能動輸送によって濃度こう配が減少するのに伴い，セルは大きくなっていく．

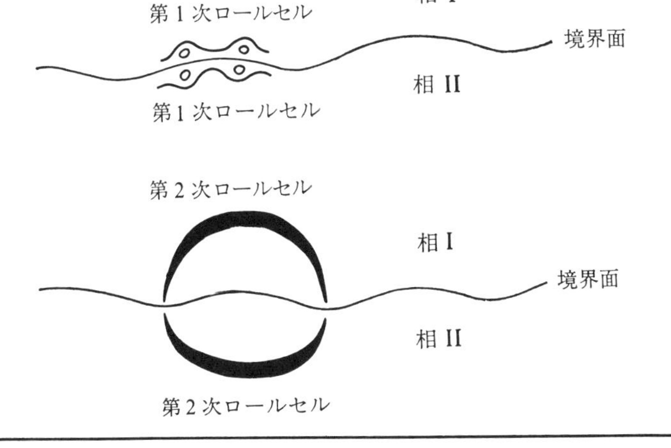

第7章

運動学的理論

はじめに

理論物理学における2つの基本分野——動力学と熱力学——の間の関係は，おそらくこの本で扱われる最も意欲的な問題であろう．150年前に熱力学が建設されて以来，それはずっと論議の対象であったし，数千編の論文がこの問題について書かれた．この2分野の関係は時間の意味と関わりをもち，したがって決定的に重要な問題である．この問題についての解答が容易に得られるなどと期待するわけにはいかない．もしそんなことが可能であるなら，もうとっくに解答が得られていたはずだからである．以下で私は，従来うち勝ちがたい障害と思われていた事柄を回避する方法を見出したという私の確信を裏づける定性的な議論を行なおうと思う．ただし，ここでは《証明》を与えることはしないので，興味ある読者はこの問題について準備中の論文を読んでいただきたい(Prigogine 近刊)*.

われわれはまず運動論，とくにボルツマンの H 定理から出発する．それは，エントロピーの微視的理論を理解するにあたって，里程標とも呼ぶべき重要さをもつものである（古典的運動論の紹介には，Chapman and Cowling 1970 を参照).

ボルツマンはなぜあれほどまでに第2法則に魅せられたのであろうか．彼の生涯のほとんどをその理解と解釈のために捧げさせるほど，彼をひきつけたものは何だったのだろうか．『科学論集』(1905) に彼は書いている．《今世紀をどのように名づけるべきか尋ねられたら，私はためらいもなくダーウィンの世

* 詳細は本書の第10章と付録にもある．

紀であると答えるであろう》．ボルツマンは進化という考えに深く心ひかれていたのであり，彼の野望は物質の進化における《ダーウィン》になることだったのである．

ボルツマンのとった方法は驚くべき成功へと導いた．それは物理学の歴史に深い刻印を残した．プランクによる量子の発見は，ボルツマンの方法のひとつの成果であった．私は1929年にシュレーディンガーが次のように書いたときの熱狂に心から共感を覚えずにいられない．《彼の（ボルツマンの）考え方は私の科学に対する初恋と呼んでよいであろう．他の何ものも私をそのように虜（とりこ）にすることはなかったし，これからもまたないであろう》．しかしながら，ボルツマンの方法には深刻な困難が横たわっているのを認めざるをえないのである．彼の方法を低密度の気体以外の物に適用することはとてもできそうにないことがわかっている．今日の運動論は，粘性，熱伝導その他を含む輸送理論のいくつかの側面を議論するのに成功している．しかし，それは高密度物質のエントロピーの微視的意味を明らかにはしないのである．後にわかるように，低密度の気体においてすら，ボルツマンのエントロピーの定義が適用できるのは，ある種の初期条件を満たす場合だけである．

このような困難があったからこそ，ギブズとアインシュタインは，第2章と第3章で述べた統計集団の理論によるいっそう一般的な方法を編み出したのであった．しかし，彼等の方法が適用できるのは，平衡状態にある系だけに本質的に限られていた．今では古典的となったギブズの著書の完全な表題は，『統計力学の基礎原理：とくに熱力学の合理的基礎づけに論及した研究』(Gibbs 1902) というものである．この（平衡状態の）熱力学に関する研究は，物質の進化に対する力学的な理論を導こうとするボルツマンの野望とは程遠いものであった．統計集団の理論を非平衡状態に適用する企てが不成功に終わったために（本章の後半における「ギブズのエントロピー，ポアンカレ－ミスラの定理」の節を参照），非平衡状態を扱うには何か補助的な近似を導入せねばならないという考えが一般的となった．水に混入されたインクというギブズの有名な例については第1章で述べた．しかしながら，この補助的な《粗視化》という考えは（多くの物理学者達の共感を得はしたが）成功はしなかった．なぜなら，粗視化の方法を精密に指定することは，結局のところ不可逆性の微視的意味という問題自身を解明するのと同様に困難となるからである．

今日，われわれはこれらの困難の本質をよりよく理解できるようになり，その結果，それらを避けて通る道をたどることもできる．まず，ボルツマンの方法は動力学の限界を超えていることを指摘せねばならない．それは動力学と確率論的考察との驚くべき混合物である．事実，ボルツマンの運動論は，第6章で化学反応の模型として用いたマルコフ過程の先駆なのである．

ポアンカレは彼の『熱力学教程』において，第2法則と古典力学の関係を詳細に議論している．ところが，彼はボルツマンを引用することすらしていないのである．さらに，彼の得た結論は断定的なものであった．すなわち，熱力学と動力学は**両立しえない**というのである．彼はこの結論の基礎をそれ以前（1889年）に発表した短い論文に置いている．その論文の中で彼は，ハミルトン形式の動力学の枠内では，リアプーノフ関数の性質をもつような座標と運動量の関数は存在しえないのだということを証明したのである（本章の後半の「ポアンカレ－ミスラの定理」の節，および第1章の「熱力学第2法則」の節を参照）．

最近ミスラが証明したように，この結論は統計集団理論の枠内ですら正しい．ポアンカレ－ミスラの定理の重要性は，われわれに対して2通りの選択の余地しか残さないという事実にある．われわれはポアンカレに従って，第2法則の動力学的解釈は存在しえないのだと結論することもできる．そうすると，不可逆性は補助的な現象論的または主観的仮定，言いかえれば《誤り》から生じたことになる．しかしそれならば，第2法則から導かれるあれほど多くの重要な結論や考察をどのように説明すればよいのだろうか*．ある意味ではわれわれ自身のような生き物の存在すら《誤り》ということになってしまうのである．

幸いなことに，第2の選択の余地が残されている．ポアンカレはエントロピーに対して相関と運動量の関数をあてはめようとした．しかしこの企てもまた失敗に終わっている．適当な平均操作によって巨視的エントロピーとなるような微視的エントロピーを導入するという考えを保持することはできないのだろうか．そうすれば，ポアンカレのもくろみを違った形で実現できるのではない

---

* 第4章と第5章を参照せよ．そこでは，生物学的な問題に対する散逸構造の重要性が強調されている．もし第2法則が近似にすぎないとしたら，これらの結論をどう説明すればよいのだろうか．

だろうか．量子力学によってわれわれは物理量に演算子を対応させることには慣れている．さらに，統計集団の方法において（第2章の統計集団理論を扱った節を参照），時間発展がリウヴィル演算子によって記述されることを見た*．したがって，ポアンカレのもくろみを微視的エントロピー（またはリアプーノフ関数）に対応する演算子によって実現しようとする企ては，非常に魅力的に思われる．

一見したところではこれは奇妙な考え——あるいは純粋に形式的な手段——と思えるかもしれない．そうではないこと，それとは逆に，微視的エントロピー演算子を導入するという考えは非常に単純で自然なことなのだということを示す試みを，以下で行なおうと思う．次のことを思い起こしてほしい，エネルギー演算子（第3章で言及したハミルトニアン演算子 H_{op} のこと）を考えるということは，任意の波動関数——それがたまたま H_{op} の固有関数である場合を**除けば**——に対して確定したエネルギー値をあてはめることはできないということを意味する．同じように，エントロピー演算子を考えることは，分布関数 ρ とエントロピーとの間の関係がこれまで以上に微妙となることを意味している．

以下で見るように，この密度 ρ とエントロピーとの間のさらに精密化された関係は，微視的レベルにおける乱雑さの考えと調和している．この考えは弱い安定性という考えによって古典力学に導入された（第2章参照）．したがって，この演算子を構成することは，軌道や波動関数のような古典（あるいは量子）力学の基礎的概念が観測不可能な理想化となっているような場合にのみ可能となると期待できる．そのような微視的演算子の構成が可能なときにはいつでも，古典力学は（量子力学と類似した）非可換な演算子の代数学になってしまう．不可逆性の考察によって，動力学の構造についてこのような基本的な変化を余儀なくされるというのは，全く驚くべきことである．本質的に同様の結論が量子力学に対してもあてはまる．その構造に対してもたらされる基本的な変化については第8章と付録 C で簡単に触れる．

---

* 演算子の使用は，軌跡の考えを放棄するときにはいつでも自然であることはすでに見たとおりである（付録 A, B も参照せよ）．演算子の考えが量子力学だけに限られるわけではないのは当然である．

簡単に言えば，古典（あるいは量子）力学の通常の定式化は，不可逆過程をもその中に包むさらに大きな理論的構成物の中へ《はめ込まれた》のである．不可逆性が動力学に付加されたある種の近似に相当しているのではなく，理論構成の拡大に相当しているというのははなはだ喜ばしいことである．

この章では，ボルツマンの方法を議論し，ポアンカレ－ミスラの定理を紹介する．不可逆過程を明瞭に表示するような新しい型の古典力学や量子力学の構成については，第 8 章で紹介する．

ボルツマンの運動論

ボルツマンの《気体分子間の熱平衡に関するいっそう進んだ研究》という基本的な論文が発表された1872年の数年前に，マクスウェルはすでに速度分布関数――時刻 t に位置 r と速さ v をもつ粒子数を与える関数――の時間発展の研究を行なっていた（Maxwell 1867）（式（2. 8）で定義される一般的な分布関数 ρ を用いると，f はある 1 個の粒子の座標と運動量だけを残し，他のすべての座標と運動量について積分することによって得られる）．マクスウェルは，低密度の気体におけるこの速度分布関数は，長時間の後には次のようなガウス分布へと移行するはずだという説得力のある議論を行なった．

$$f(r,\ v,\ t)\longrightarrow\left(\frac{m}{2\pi kT}\right)^{3/2}e^{-mv^2/2kT}. \qquad (7.1)$$

ここで，m は分子の質量，T は（絶対）温度（式（4. 1）を参照）である．これが有名なマクスウェルの速度分布関数である．ボルツマンの目的は，長い時間にわたってマクスウェルの速度分布関数が成立することを保証するような分子論的な機構を見出すことであった．彼の出発点は多数の粒子を含む大きな系を扱うということであった．社会科学的あるいは生物学的な場合と同様に，そのような系において注目すべきものは個々の粒子ではなくて複数の粒子の集合の時間発展であることと，その際に確率の考えが自由に適用できるということは，当然だと彼は考えた．彼は速度分布関数の時間変化を 2 つの項に分けた．ひとつは粒子の運動に基づく項，他のひとつは粒子どうしの衝突に基づく項である．

$$\frac{\partial f}{\partial t}=\left(\frac{\partial f}{\partial t}\right)_{\text{流れ}}+\left(\frac{\partial f}{\partial t}\right)_{\text{衝突}}. \tag{7.2}$$

流れの項を**具体化**するには何の困難もない．単に自由粒子に対するハミルトニアン，$H=p^2/2m$ を導入し，式（2.11′）を適用しさえすればよい，そうすると，

$$\left(\frac{\partial f}{\partial t}\right)_{\text{流れ}}=-\frac{\partial H}{\partial p}\frac{\partial f}{\partial x}=-v\frac{\partial f}{\partial x} \tag{7.3}$$

を得る．$v=p/m$ は速さである．しかし，衝突項の計算には問題がある．ボルツマンは，第6章で述べたマルコフ過程の理論で用いた議論と非常によく似たタイプの議論を用いている．しかし歴史的に言えば，ボルツマンの理論のほうがマルコフ過程の理論よりも先なのである．

式（6.8）でなされたのと同じく，ボルツマンは衝突による時間変化を次の2項に分けた．ひとつは衝突の際，場所 r（つまり，r を中心とするある体積要素）に速さ v の粒子が出現する**利得**の項であり，他はそのような粒子が消失する**損失**の項である．まとめてみると次のようになる．

$$\begin{aligned} v', v'_1 &\longrightarrow v, v_1 \quad \text{利得} \\ v, v_1 &\longrightarrow v', v'_1 \quad \text{損失} \end{aligned} \tag{7.4}$$

このような衝突のおこる頻度は，速さ v', v_1'（または v, v_1）をもつ粒子の数 $f(v')f(v_1')$（または $f(v)f(v_1)$）に比例する．初等的な計算を少し行なうと，これによる衝突項への寄与は，$f'=f(v'), f'_1=f(v'_1), f=f(v), f_1=f(v_1)$ として

$$\left(\frac{\partial f}{\partial t}\right)_{\text{衝突}}=\int\int d\omega\, dv_1 \sigma[f'f'_1-ff_1] \tag{7.5}$$

となる（Chapman and Cowling 1970 を参照）．積分は，衝突断面積 σ をきめる幾何的な要素と，衝突に関与する一方の分子の速度 v_1 の両方について行なう．式（7.3）と式（7.5）を加え合わせると，速度分布に対するボルツマンの有名な微積分方程式

$$\frac{\partial f}{\partial t}+v\frac{\partial f}{\partial x}=\int\int d\omega\, dv_1 \sigma[f'f'_1-ff_1] \tag{7.6}$$

が得られる．この式が求められたならば，ボルツマンの H 関数

$$H=\int dv\, f\log f \tag{7.7}$$

を導入することができる．そして

$$\frac{\partial H}{\partial t}=-\int\int d\omega\, dv_1\sigma\, \log\frac{f'f'_1}{ff_1}(f'f'_1-ff_1)\leqq 0 \tag{7.8}$$

となることは次の簡単な不等式に基づいて証明される．

$$\log\frac{a}{b}\cdot(a-b)\geqq 0. \tag{7.9}$$

このようにしてわれわれは**リアプーノフ関数**を得る．しかし，この式と第1章の「熱力学第2法則」の節で考察したリアプーノフ関数との間には根本的な相違がある．ここで得られた式は速度分布関数によって表現されており，温度のような巨視的な量によって表現されているのではないのである．

このリアプーノフ関数が最小となるのは，次の条件が満たされるときである．

$$\log f+\log f_1=\log f'+\log f'_1. \tag{7.10}$$

この条件を**衝突における不変量**，つまり全粒子数，全粒子の運動量の3つの成分，および運動エネルギー，とくらべると簡単な意味が見出される．これら5つの量が衝突の際に保存される量である．すると，(log f の和も保存されるので(訳者)) log f はこれらの量の1次式でなければならない．さらに，粒子全体としての運動がある場合にだけ重要となる運動量を度外視すると，すぐにマクスウェルの分布式（公式 (7.1)）に到達する．この式において，log f はもちろん運動エネルギー $mv^2/2$ の1次式となっている．

ボルツマン方程式は積分の中に未知の分布関数を含む非常にこみいった式である．平衡状態に近い系の場合には

$$f=f^{(0)}(1+\phi) \tag{7.11}$$

と表わすことができる．ここで，$f^{(0)}$ はマクスウェル分布式であり，ϕ は微小量とみなされる．そうすると ϕ に対する線形な方程式が得られるが，それは輸送理論において非常に有用な式となっている．ボルツマン方程式のさらに粗い近似は，衝突項全体を線形な緩和項で置きかえる方法で，

$$\frac{\partial f}{\partial t}+v\frac{\partial f}{\partial x}=-\frac{f-f^{(0)}}{\tau} \tag{7.12}$$

となる．ここで，τ は平均の緩和時間で，マクスウェル分布に到達するために必要な程度の時間である．

ボルツマン方程式にならって，同様な条件（固体，プラズマその他の中における励起どうしの衝突など）のもとで成り立つ他の多くの運動論的な方程式が導き出された．もっと最近には，高密度の系に対する拡張も示唆されている．しかしながら，高密度の媒質に対して一般化された方程式は，リアプーノフ関数を許容しないので，第2法則との関連は失われてしまう．

ボルツマンの方法を適用する手続きは次のようにまとめられる．

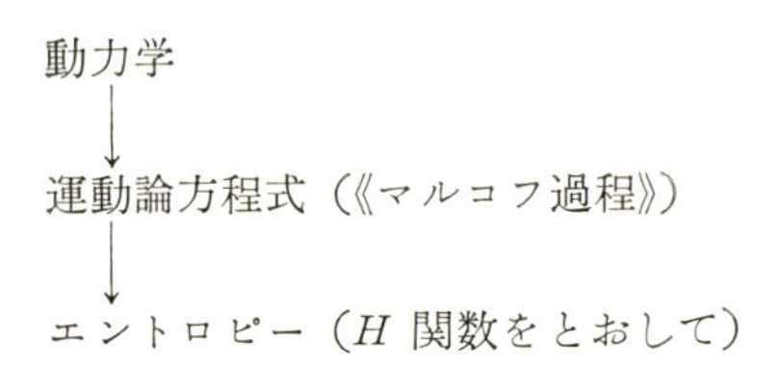

近年，ボルツマンの予言を立証するための多くの数値計算がなされた．H 関数はコンピューターを用いて，例えば2次元の剛体球（剛体円盤）の系で，格子点に置かれた多数の円盤に等方的に分布する初速度を与えた場合などについての計算がある (Bellemans and Orban 1967)．**図 7.1** に与えられている計算結果は，ボルツマンの予言を確認している．

ボルツマンの理論は輸送係数（粘性係数や熱伝導率）を計算するのにも用いられる．これはチャップマン (Sydney Chapman) とエンスコーク (David Enskog) が考案したボルツマン方程式の解法の偉大な成果である．この場合にも満足すべき一致が得られている (Chapman and Cowling 1970 および Hirschfelder, Curtiss, and Bird 1954 を参照)．

なぜボルツマンの方法はうまくゆくのであろうか．まず最初に考察すべき側面は，**分子的混沌**の仮定である．第6章の「化学ゲーム」の節で議論したように，ボルツマンはゆらぎを無視して**平均の**衝突回数を計算した．しかしこれだけが重要な要素なのではない．ボルツマンの方程式をリウヴィル方程式 (2.12) と比較してみると，ボルツマン方程式ではリウヴィル方程式のもっている対称性が破れていることがわかる．リウヴィル方程式の場合には $L\to-L$, $t\to-t$ という変換をしても，この方程式は不変に保たれる．$L\to-L$ の変換は運動量

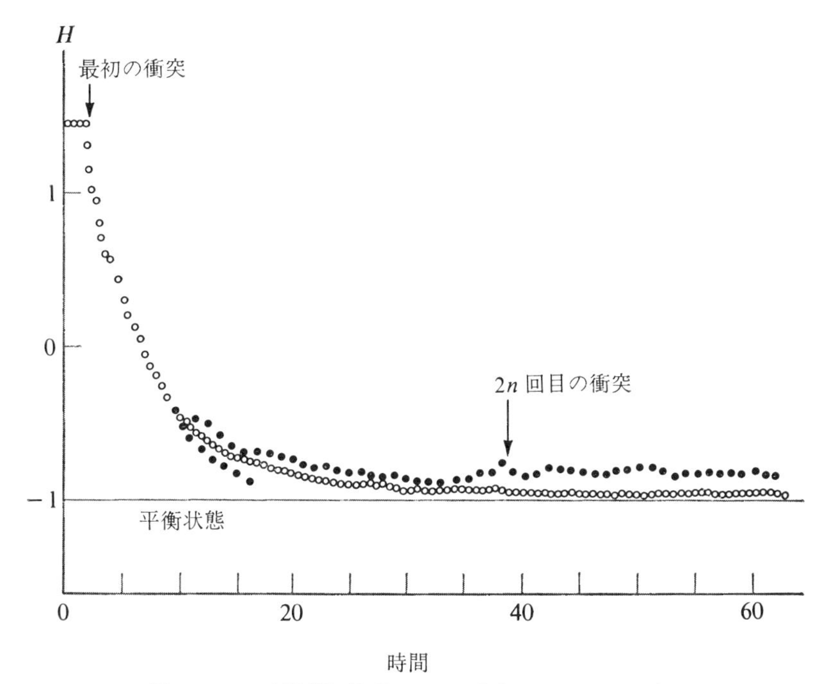

図 7.1 H の時間発展 (Bellemans and Orban 1967 による).

(または速度) を $p \to -p$ と変えることによって得られる. これは式 (2.13) からの帰結である. ボルツマン方程式あるいはそれを簡単化した式 (7.12) を見ると, v を $-v$ と置きかえたときに流れの項は符号を変えるのに対して, 衝突項のほうは不変に保たれる. この項は速度の反転に対して**偶**なのである. このことはもとのボルツマン方程式についても成り立つ.

このように, 衝突項のもつ対称性はリウヴィル方程式のもつ《$L-t$》対称性を破るのである. ボルツマンの方程式に特徴的な性質は, **新しい型の対称性**をもつということである. それは古典的であれ量子論的であれ, リウヴィル方程式にはない対称性である. 簡単に言えば, 時間発展は L に関して偶と奇の両方の項をもつということになる.

これは非常に重要なことである. リアプーノフ関数に寄与するのは, (L について偶の) 衝突項だけなのである. 次のようにも言えるだろう, ボルツマンの方程式は可逆過程と不可逆過程の間の根本的な熱力学的区別を, 微視的な

（もっと正確には運動論的な）記述にひき写したのだと．流れの項は可逆過程に対応し，衝突項は不可逆過程に対応するのである．このように，熱力学的記述とボルツマンの記述の間には密接な対応関係がある．しかし，残念なことにこの対応は動力学から《導出》されたものではなく，最初（つまり式（7.2））から仮定されていたのである．

ボルツマンの定理の驚くべき特徴はその普遍的性格である．分子間の相互作用はいろいろありうる．剛体球の場合や，距離の巾乗（べき）に比例して減少する中心斥力，さらに斥力と引力と両方になる力もありうる．それにもかかわらず，微視的な相互作用とは無関係に，H 関数は普遍的な形をとるのである．この注目すべき特徴をどう解釈すべきかについては次の章で再び論じる．さて次にボルツマンの運動論の取り扱いに関する 2，3 の難点について論ずることにしよう．

相関および若返りのエントロピー

ボルツマンの考えが，その成功にもかかわらず，実際的にも理論的にも難点を含んでいることは，すでに指摘したとおりである．例えば，H 関数を高密度の気体や液体のような系にまで拡張することは不可能と思われる．容易にわかることだが，実際的な困難と理論的困難は互いに関連し合っている．当初から，ボルツマンの考えは強力な反対意見にさらされていた．ポアンカレにいたっては次のように書いてすらいる．《ボルツマンの論文を調べることは推奨できない，なぜならボルツマンの考察における前提が，その結論と矛盾しているからである》（Poincaré 1893）（ポアンカレの見解については本章の後半で再び触れる）．

他の反対意見はパラドクスの形でまとめられている．ひとつはツェルメロの回帰パラドクスである．それは次のような有名なポアンカレの定理に基づいている．《もし系の状態が位相空間内の有限の部分から外へ出ないならば，ほとんどすべての初期状態から出発する場合について，位相空間を変域とするどんな関数の値も，任意の誤差の範囲内で，何回でもその最初の値をとる．この結果，不可逆性はこの定理の正しさと両立しえないように思われる》（パラドクスに関する参考文献については Chandrasekhar 1943 を参照）．

最近，とくにレボウィッツ（Rice, Freed, and Light 1972 を参照）らによって指摘されたように，ツェルメロの反対意見は正当だとは見なされていない．なぜなら，ボルツマンの理論は分布関数 f を扱っているのに対して，ポアンカレの定理は個々の軌跡について述べられているからである．

そうすると次のような疑問が生ずる．それでは一体なぜ分布関数による定式化を導入するのだろうか．少なくとも古典力学の場合には，われわれはすでに答えを得ている（第2章参照）．ミクシング系の場合のように弱い安定性のあるときやポアンカレのカタストロフィを示す動力学的な系においてはいつでも，統計的な分布関数による記述から明確な軌道による記述へ移行することはできないのである（量子力学の場合については付録 C を参照）．

これは非常に重要な点である．どんな動力学的な系においても正確な初期条件はわからないのであり，したがって軌道もわからないのである．しかも，位相空間における分布関数から軌道へと移行することは逐次近似という明確な過程に対応している．しかし，《弱い安定性》を示す系においては逐次近似の過程は存在しえない．そして軌道という概念はどのような精度の実験からも得ることのできない理想化にしか対応しないのである．

もうひとつの深刻な反対意見はロシュミット（Joseph Loschmidt）による次のような可逆パラドクスに基づいている．力学法則は $t \to -t$ という反転に対して対称的なので，どのような過程に対しても時間反転された過程を対応づけることができる．このこともまた不可逆な過程が存在するということと矛盾しているように思われる．

ロシュミットのパラドクスは一体正当なのであろうか．これは計算機による実験で容易に確かめることができる．ベルマンとオーバン（1967）は2次元剛体球（剛体円盤）についてボルツマンの H 関数を計算した．彼等は，格子点に置かれた多数の円盤に等方的に分布する初速度を与えた状態から出発して計算した．結果を**図 7.2** に示す．

当然のことながら，速度を反転した後にエントロピー（つまり H の符号を変えたもの）が減少しだすのが見てとれる．球が 50～60 回の衝突を行なう間は（これは低密度の気体では 10^{-6} 秒に相当する），系は平衡状態からはずれた状態にある．

この状況はスピンエコーの実験やプラズマエコーの実験の場合と同様である．

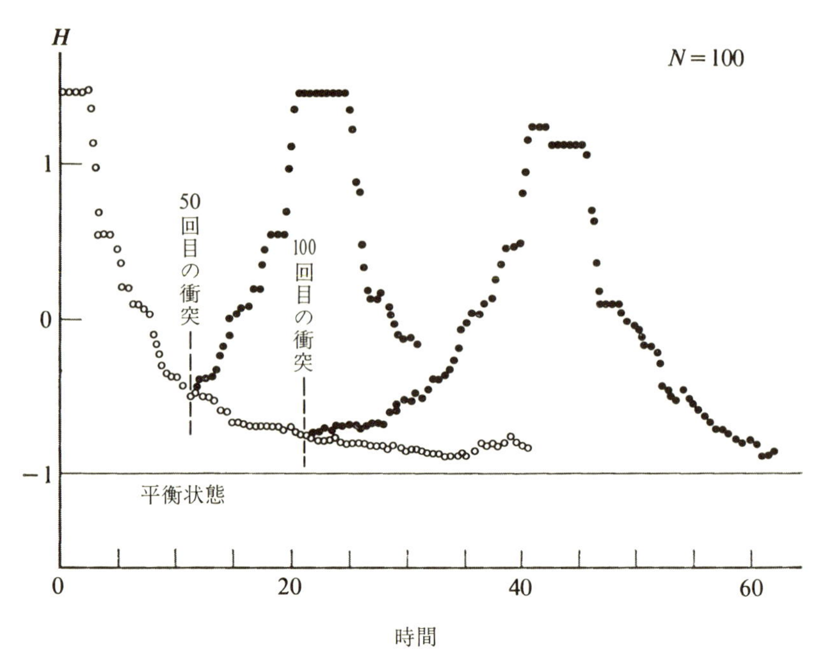

図 7.2 100 個の円盤の系の H の時間発展．50 回の衝突後に速度を反転した場合（中央のピーク）と 100 回の衝突後に反転した場合（右側のピーク）(Bellemans and Orban 1967 による).

ある限られた間は，このような反ボルツマン的な振舞いが観測されるのである．これらのどれも，ボルツマン方程式がいつでも適用できるわけではないことを示している．エーレンフェスト夫妻 (Paul and Tatiana Ehrenfest) は，ボルツマン方程式が速度反転の前と後の両方で正しいということはありえないと述べている (Ehrenfest and Ehrenfest 1911 を参照).

ボルツマンの見解は，運動論的方程式（式 (7.6)）が成り立つような物理的状況は，ある意味で，圧倒的に実現される頻度が大きい，というものであった．

しかし，この見解は受け入れ難いものである．なぜなら今日では実験室においても計算機実験でも，少なくともある限られた間はこの運動論的方程式が**正しくない**ことを，実際に確かめることができるからである．

運動論的方程式が正しい場合と正しくない場合の両方の状況が存在するという事実から，どのような推論ができるであろうか．この事実はボルツマンによるエントロピーの統計的解釈の限界を意味するのだろうか．それともある種の初期状態については第2法則が成り立たないことを意味するのだろうか．

物理的な状況はきわめて明瞭である．速度の反転は，巨視的とすら言えるような範囲にわたって粒子間に相関を発生させるのである*．（時刻 t_0 に速度を反転させると（訳者）），時刻 t_1（$<t_0$）に衝突した粒子は時刻 $2t_0-t_1$ に再び衝突する．このような異常な相関は t_0 から $2t_0$ までの間に消滅すると考えられる．その後は系は《正常な》振舞いに戻るのである．

簡単に言えば，エントロピー生成は0から t_0 までの間は速度分布の《マクスウェル分布化》に伴っておこるのに対して，t_0 から $2t_0$ までの期間にはそれは異常な相関の消滅と関連しているのである．

こうして，ボルツマンの方法はこのような状況には対処できないことが容易に理解される．われわれは相関に**直接的な形で**依存するようなエントロピーの統計的表現を必要としている．もし相関を含むようなリアプーノフ関数をつくることができたとしたら H 関数がどのように時間発展するのか，を簡単に考察してみよう（Prigogine et al. 1973 を参照）．

例えば次のような正の量を考える，

$$\Omega=\int \rho^2\, dp\, dq>0, \tag{7.13}$$

ここで，積分は位相空間全体にわたって行なう．量子力学の場合には，同等の量は式（3.29）と式（3.31′）に従って，

$$\begin{aligned}\Omega&=\mathrm{tr}\ \rho^\dagger\rho=\sum_{nn'}\langle n|\rho|n'\rangle^\dagger\langle n'|\rho|n\rangle\\&=\sum_n|\langle n|\rho|n\rangle|^2+\sum_{n\neq n'}|\langle n|\rho|n'\rangle|^2\\&=\sum(\text{対角項})^2+\sum(\text{非対角項})^2.\end{aligned} \tag{7.14}$$

ただし，

$$\mathrm{tr}\ \rho=\sum_n\langle n|\rho|n\rangle=1 \tag{7.15}$$

である（式（3.31‴）参照）．ここで，対角項 $\langle n|\rho|n\rangle$ は確率と（式（3.31″）

* このような《異常な》相関は，衝突がおこるより以前に存在しているという性質をもっている．一方，正常な相関は衝突によって生み出されるのである（付録参照）．

を参照)，非対角項は相関と関係づけることができる．

式 (7.13) や (7.14) の形のリアプーノフ関数は相関まで取り入れているので，もちろん確率だけを扱っているボルツマンの方法より一歩先んじている．さらに言うと，式 (7.14) の形のリアプーノフ関数が存在することは非常に合理的である．なぜなら，式 (7.15) を考慮に入れると，Ω が最小となるのは ρ のすべての対角項が等しく（その和は 1 である)，すべての非対角項が零となるときである．これは，**等確率**で**乱雑位相**として記述される場合になっている．そのような状況は第 2 章で考察したミクロカノニカル集団——エネルギー曲面上のどの状態も同じ確率をもつ——の場合と非常によく似ている．

式 (7.14) を用いて速度反転を実行したら何がおこるであろうか．期待される結果は**図 7.3** に描かれている（詳細については Prigogine et al. 1973 を参照)．最初に密度行列の対角項だけから出発したと仮定してみよう（これは無相関の初期条件に相当している)．そうして，時刻 t_0 まで進む．この期間に，ボルツマン方程式（式 (7.2) を参照）で記述されるのとそっくりな時間発展がおこり，Ω は衝突の結果として減少する．時刻 t_0 に速度の反転を行なう．これは密度行列に非対角項を導入することに相当する．なぜなら非対角要素は相関に対応しているからである．この結果，この時点で Ω は増大する（式 (7.14) を参

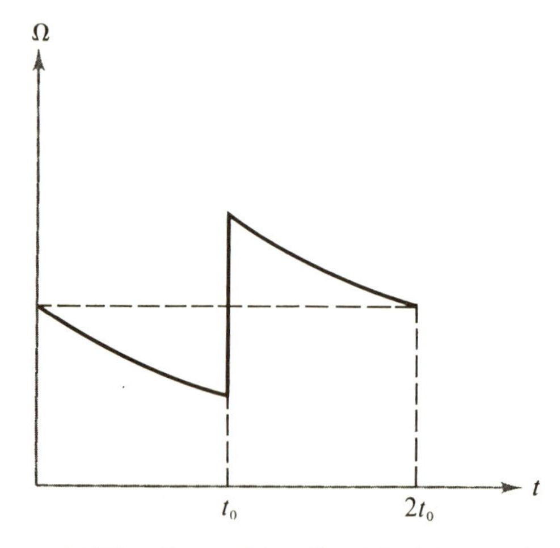

図 7.3 速度反転を行なった場合の Ω の時間的振舞い．速度は時刻 t_0 に反転される．

照）．t_0 から $2t_0$ にかけては，異常相関が消滅するにつれて Ω は再び減少してゆく．時刻 $2t_0$ に系は時刻 t_0 にあったのと同じ状態となる．言いかえると，われわれは《エントロピー生成》の代償として初期状態を取り戻したことになる．そしてエントロピー生成は系の時間発展の間**ずっと**正である．そこには系が《反熱力学的振舞い》をするような期間はもはや存在しない．時刻 t_0 における Ω の増大は，このことと矛盾してはいない．この瞬間には系は閉じていないからである——速度を反転することはエントロピー（または《情報》）の流れをおこしたことに相当していて，それが Ω の増大を招いたのである（式(1.3) の記号でいうと，時刻 t_0 の前後だけで $d_eS<0$ となり，他では $d_eS=0$ となる（訳者））．この振舞いはボルツマンの H 関数の振舞いと対照的である．後者では，0から t_0 までの《熱力学的》時間発展に引き続いて t_0 から $2t_0$ までは非熱力学的時間発展をするのである（図 7.3 を参照）．

まとめて言うと，われわれは若返りの**サイクル**を実現したのだが，実生活の場合と同じように，若返りには代償が必要だということである．今の場合，代償というのは 0 から $2t_0$ までの期間たえず続くエントロピー生成である．では，われわれは Ω のように相関を取り入れた関数を本当につくることができるのだろうか．それが根本的な問題である*．

ギブズのエントロピー

いま指摘したように，われわれは式 (7.13) や (7.14) のようなリアプーノフ関数をつくりたいのだが，これが可能かどうかをリウヴィル方程式を用いて調べてみよう．古典的な系に対しては計算はとりわけ簡単である．なぜなら，（式 (2.13) より）

$$\frac{1}{2}\frac{d\Omega}{dt}=-i\int\rho(L\rho)dp\,dq$$

---

* ここで困難なことは，ρ はリウヴィル方程式を満たす分布関数では**あり得ない**ということである．もしそうならば Ω は一定となってしまうからである（次節参照）．さらに，図 7.3 から分るように，Ω はもともとの ρ に対するものと，時間反転された ρ に対するものとでは異なった二つの値をとる．したがって，Ω の中に現われる ρ は時間対称性の破れをもたねばならないのである．後ほど（特に第 10 章で），この分布関数をどのようにしてつくるかを論じる．

$$=-\int\rho\left[\frac{\partial H}{\partial p}\frac{\partial\rho}{\partial q}-\frac{\partial H}{\partial q}\frac{\partial\rho}{\partial p}\right]dp\,dq$$

$$=0 \tag{7.16}$$

となることが部分積分によって簡単に示せるからである．この結果は，（式(7.13) のような）特別な汎関数を選んだこととは無関係である．例えば

$$\Omega=\int\rho\log\rho\,dp\,dq \tag{7.16'}$$

だとか，他のどのような ρ の《凸》汎関数を用いても同じである．こうして，ボルツマンのもくろみに含まれる困難を，速度分布関数 f の代りに完全な分布関数 ρ を用いることによって避けようとする試みは失敗に終わるのである．このことが，第1章で述べたように，ギブズが観測者の感覚器官の不完全さからくる錯覚という《不可逆性に対する主観論的見解》へと向かった理由であった（この見解についての最近の解釈については Mehra 1973 中の Uhlenbeck を参照）．しかし，本書で採用している立場から見れば，式 (7.16) によって表わされる否定的な結果は驚くには値しない．統計集団理論が動力学と異なるのは，初期条件に対する《知識の欠如》が分布関数 ρ の中に組み込まれているという点である．しかしこれだけが，リアプーノフ関数で表現されている不可逆性が形成される**唯一の**理由ではない．例えば弱い安定性のような補助的な条件が間違いなく必要なのである．

しかしさらに必要なことがある．エントロピーは時の矢を意味しているのである．したがって我々は時間対称性を破る新しい分布関数を必要とする．この問題は本書では繰り返し考察される（特に第10章参照）．しかし先ず，ポアンカレによる，さらにミスラ (B. Misra) によって現代的に定式化し直された，興味深い定理の導入に移ろう．

ポアンカレ-ミスラの定理

本章のはじめのほうで指摘したように，ポアンカレは動力学と熱力学は両立しえないと結論した．ある意味で，これは彼の次のような回帰定理からの直接の帰結であった．《位相空間を変域とする関数は何回でもその最初の値をとる》．したがって，それは第2法則から要請されるような単調に増大する振舞

いを示すことはできない．しかし，分布関数を用いて適当な平均操作を行なえば，必ずしもそうではないかもしれない．ミスラ（Baidyanath Misra 1978）は，ポアンカレの得た結論がその場合も不変であることを示したのである．

ポアンカレ－ミスラの定理を式（7.13）と直接関係するような形で表わしてみる．この式は次のような形に表わされることに注目しよう．

$$\begin{aligned}\Omega&=\int[e^{-itL}\rho(0)][e^{-itL}\rho(0)]\,dp\,dq\\&=\int\rho(0)e^{itL}[e^{-itL}\rho(0)]\,dp\,dq\\&=\int\rho^2(0)\,dp\,dq.\end{aligned}\tag{7.17}$$

ここで，式（2.12′）と L がエルミートであること（式（2.13）を参照）を用いている．こうして再び Ω が時間に依存しないという結果が得られた．さて，次のようなもっと一般的な形の式を探してみよう．

$$\Omega=\int\rho(t)M\rho(t)\,dp\,dq>0,\tag{7.18}$$

ここで

$$M\geqq 0.\tag{7.19}$$

式（7.18）をリアプーノフ関数とするために，M の時間微分係数 D を負（または0）と仮定しよう．

$$\frac{dM}{dt}=D\leqq 0.\tag{7.20}$$

式（2.5）と式（2.13）を用いると，次のようになる．

$$\frac{dM}{dt}=iLM.\tag{7.21}$$

ところで，式（7.20）という要請が満たされるのはどの点でも $D=0$ となる場合だけだということは次のように容易に示すことができる．しかし，そうすると M が座標と運動量の関数である限り，Ω はリアプーノフ関数ではなくなってしまう．Ω の時間微分係数を考えると次のようになる．

$$\frac{d\Omega}{dt}=\frac{d}{dt}\left[\int e^{-itL}\rho(0)Me^{-itL}\rho(0)\,dp\,dq\right]$$

$$=i\int e^{-itL}\rho(0)(LM-ML)e^{-itL}\rho(0)\,dp\,dq$$

$$=\int e^{-itL}\rho(0)De^{-itL}\rho(0)\,dp\,dq. \tag{7.22}$$

次に，平衡状態の統計集団に相当する場合を考えてみる（第2章の「演算子」の節を参照）．

$$\rho(0)=\text{ミクロカノニカル集団}$$
$$=\text{一定}. \tag{7.23}$$

この一定値を1と規格化することにする．そうすると定義によって

$$\rho(t)=e^{-itL}\rho(0)=\rho(0) \tag{7.24}$$

である．しかも，平衡状態に達しているので，

$$\frac{d\Omega}{dt}=\int\rho(0)D\rho(0)\,dp\,dq=0 \tag{7.25}$$

が要請される．以上のすべては，M（と D）が演算子であっても，座標と運動量の通常の関数であっても成立する事柄である（ただし演算子の場合には式(7.19)は式（7.18）で定義されると考えなければならない．式（7.20）も同様である（訳者））．しかし関数の場合にはもう一歩さきへ進むことができる．式（7.25）の中の $\rho(0)$ をその値（つまり定数で1）で置きかえる．そうすると，式（7.25）は

$$\frac{d\Omega}{dt}=\int D\,dp\,dq=0 \tag{7.26}$$

となる．ところが，式（7.20）によれば，このことはミクロカノニカルな曲面上の各点で $D=0$ となることを意味している．したがって，Ω はリアプーノフ汎関数ではありえない．この証明は一般的な凸の汎関数の場合に拡張することができる．こうしてわれわれは再びポアンカレの結論へと達する．つまり，**微視的な**エントロピー（あるいはリアプーノフ汎関数）は位相空間の変数の通常の関数ではありえない．もしそれが存在するとしたら，それは**演算子**以外にはない．そのときには $\rho(0)=\text{一定}$ における $\rho(0)$ が，D の固有値0の固有関数であることを要請しさえすれば，式（7.25）はもちろん満たされる．だがそうなると，不可逆性を導入するためには動力学を構成する概念的枠組を一般

化しなければならないことになるのである！

新しい相補性

以上で証明したことをまとめると次のようになる．式（7.13）のような形の汎関数はリアプーノフ関数として用いることができない――これはリウヴィル方程式からの直接の帰結である．そればかりではなく，《微視的エントロピー》に相当する量 M が座標と運動量の関数だとすると，式（7.18）のような形のもっと一般的な汎関数すら除外されてしまう．

特別な《ありそうもない》初期条件に解決を求めても何の役にも立たないということは強調しておく必要がある．エントロピーの**単調**増大性を放棄して，もっと弱い表現を導入することもできたかもしれない．しかし，そうすると訳がわからなくなってしまうのである．なぜなら可逆過程と不可逆過程の間の区別を，首尾一貫した定式化の方法すらわからない他の新しいもので置きかえねばならなくなるからである．そうすると，われわれは第1章で述べた困難に立ち戻るように思われる．われわれは不可逆性を近似もしくはわれわれ観測者が可逆な世界にもちこんだ性質とみなさねばならないのだろうか．幸いなことに，これがポアンカレーミスラの定理からの避けがたい帰結だというわけではない．すでに説明したように，量子力学が出現して以来，われわれは物理学に**演算子**という新しい対象を導入することには慣れてきている（第2章，第3章を参照）．そこで，式（7.17）のような形のリアプーノフ汎関数で，M をリウヴィル演算子とは**可換でない**微視的な《エントロピー演算子》と定義した場合を考えてみたくなるのである．そうすると交換子

$$i(LM-ML)=D\leqq 0 \qquad (7.27)$$

は《微視的なエントロピー生成》を定義していることになる．ところが，これが新しい形の相補性へと導くのである．

相補性の考えは第3章で導入した．そこで見たように，量子力学では位置と運動量は非可換な演算子によって表わされる（ハイゼンベルクの不確定性原理）．このことはボーアの相補性原理――量子力学では，値を同時には決定することができない一組の物理量（オブザーバブル）が存在する――の一例とみなされている．それと同様にして，われわれは動力学的記述と熱力学的記述の

間の新しい形の相補性へと到達する．そのような相補性がありうるのだという可能性はボーアによって明確に指摘されていた．そしてここで用いた方法によってそれが確認されたのである．系の動力学的な時間発展を決定するためには，リウヴィル演算子の固有関数を考えてもよいし，M の固有関数を考えてもかまわない．しかし，非可換な2つの演算子 L と M とに共通の固有関数というものは存在しないのである．

演算子としての M とはいったい何を意味するのであろうか．まず第1にそれは，動力学的記述には含まれて**いない**性質の追加を意味している（第10章参照）．たとえ L の固有値と固有関数がわかっていても，M に確定した値をあてはめることは**できない**のである．このような新たに追加される性質が生じるのは，運動にある種の不規則性があるためにほかならない．

第2章で，動力学的な系には，確率的な性格の強さに応じた階層が存在することを見た．エルゴード的な系においては運動は全く滑らかである（第2章の「エルゴード系」の節を参照）．しかしもっと強い条件のもとではそうではない．最初（時刻 t_0）に，位相空間の領域 X_0 にある動力学的系を考察してみよう．時刻 $t_0+\tau$ に，系は領域 Y または領域 Z にあると仮定する（**図 7.4 A** 参照）．言いかえると，時刻 t_0 に系が X_0 にあることがわかっていても，計算できるのは時刻 $t_0+\tau$ に系が Y あるいは Z にいる**確率**だけなのである．これは運動にある種の《根本的な不規則性》が付随することを示しているとは限らない．この点を調べるために，領域 X の大きさを狭めてみよう．このとき，2

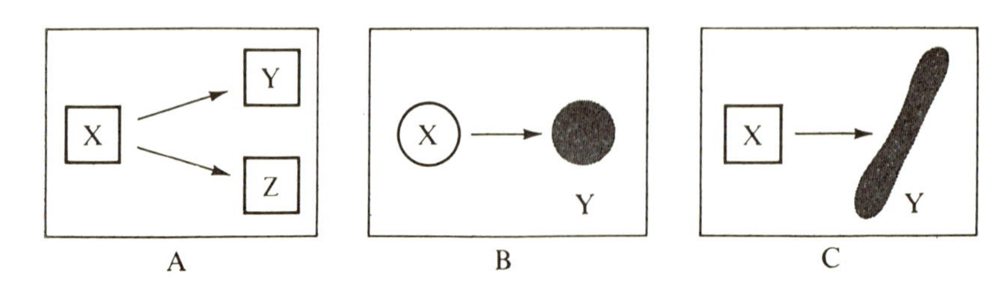

図 7.4 動力学的な系における3つの可能な推移．（A）最初の時刻 t_0 における位相空間の領域 X から，$t_0+\tau$ だけ後の時刻における2つの領域 Y と Z のどちらかへの推移，（B）X から Y への単独の型の推移，（C）最初に領域 X に集中していた位相空間内の流体が，細長いフィラメント状の Y へと分散してゆく型の推移．

つの場合のうちのどちらかがおこるであろう．ひとつは最初の領域が十分に狭ければ，**すべて**の部分が後には《同じ》領域，例えば Y，に移る場合（図 **7.4 B** 参照）であり，もうひとつは図 7.4 A に示された状況が領域 X の大きさが**どうあろうと**持続する場合である．この第 2 の場合は《弱い安定性》の条件——各領域は，その大きさがどうあろうと，いく種類もの型の軌道を含んでいて，単一の軌道への移行は不明確である——にぴったりとあてはまっている．

いまの例は少し単純化しすぎている．われわれの要請は，もし位相空間の各要素が時間の経過とともに十分に《変形》を受けるなら，それで満たされる．例えば図 **7.4 C** では，最初に領域 X に集中していた位相空間内の流体が，時間の経過とともに細長いフィラメント状の Y へと分散する．このときにも，もし領域 X の大きさと無関係にこの変形が持続するのなら，軌道という考えは不明確になるのである．

微視的エントロピー演算子の存在が期待されるのはそのような状況においてである．第 8 章と第 10 章で見るように，この期待は実証される．ミクシングの性質（またはさらに強い条件）あるいはポアンカレのカタストロフィを示す系においては，演算子 M を実際につくることができるのである．

ここで到達した不可逆性に関する理解は，ボルツマンが表明した考えとは議論のしかたが根本的に異なっているにもかかわらず，その本質においては全く同じである．というのは，不可逆性とは**微視的な尺度における**《不規則性》の，**巨視的な尺度における**現われだという点である*.

上で議論した（図 7.4 に描かれた）ような例に対しては，さらに一歩を進めて系に新しいタイプの時間——M と密接に結びついていた時間演算子 T——をあてはめることができる．この T は演算子なので，系がもつ年齢の値を固有値としてもっている（付録 A も参照）．与えられた初期分布 ρ は，一般に，いろいろな年齢をもち，それぞれ異なった時間発展をする構成要素に分解される．

これが多分，本書で得られる最も興味深い結論であろう．物理学における時

* この点は第 10 章でさらに精密化される．そこではマルコフ過程へと射影される《本来的にランダム》な系と，過去と未来の間の基本的な区別をもたらす《本来的に不可逆》な系とを区別する．

間はいつも軌道や波束に付けられた単なる見出しにすぎないのであるが，ここでは時間は発展に付随した全く新しい意味を帯びて浮かび上がってくるのである．われわれは繰り返しこの考えに立ち戻るであろう．

第8章では，まず演算子 M とリアプーノフ関数の両方が存在すると，それから何が帰結されるかを考える．次に後者のつくり方を議論し，2, 3 の例を挙げることにする．第9章では 2, 3 の定性的な説明を行い，第10章で新しい一般的な概念的枠組を紹介する．

第8章

不可逆過程の微視的理論

不可逆性と古典および量子力学の定式化の拡張

第7章で見たように，古典力学に不可逆性を導入するために必要な《最小限の仮定》というのは，古典的な観測量の考えを拡張することである．つまり，座標と運動量の関数の代りに演算子 M を導入することである．このことは，古典動力学とはもはや軌道の研究を行なうものなのではなく，分布関数の時間発展を研究するものなのだということを意味している．

この状況は量子力学においてもほぼ同じである．シュレーディンガー方程式で記述されるような波動関数の可逆な時間発展の枠内では，M のような演算子を導入する余地はない（付録 C を参照）．

したがって，古典力学の場合と同じように，統計集団の理論（第3章参照）を志向し，量子力学におけるリウヴィルの定理（3.36）を用いる以外には方法がない．そのうえ，量子力学の場合には，波動関数に作用する演算子と，演算子（または行列）に作用する《超演算子》とを区別せねばならない．例えばリウヴィル演算子 L は密度行列 ρ に作用する（式（3.35）と（3.36）を参照）ので超演算子である．

量子力学におけるエントロピー演算子 M も密度行列 ρ に作用するのでやはり超演算子である．しかしそれはリウヴィル演算子とは根本的に異なっている．これは第3章で述べた純粋状態と混合の違いのためである（式（3.30）と（3.32）を参照）．付録 C で詳述するように，L は《分解可能な》超演算子である．それは，（波動関数の確定した）純粋状態の ρ に作用させると，系はや

注意：本章は本書の中で最も技術的な部分である．読者の便宜のため，第9章と第10章に技術的ではないまとめを与えておく．

はり波動関数の確定した純粋状態に移行するという意味である．このことはシュレーディンガー方程式（3. 17）——それに従って波動関数は時間とともに発展してゆく——と一致している．これに対し，M は分解可能では**ない**．それは純粋状態と混合状態の違いを保持しないのである．言いかえると，純粋状態と混合との区別は，リアプーノフ関数で記述されるような不可逆過程の生ずる系では，失われてしまうのである．このことはシュレディンガーの方程式が間違っているとか，古典力学におけるハミルトンの方程式が誤っているとかを意味するのではなく，純粋状態と混合の間の（あるいは波動関数と密度行列の間の）区別が，もはや観測不可能であることを意味する．

M が導入できさえすれば，古典力学の場合と同様にして進むことができる．いつものように，位相空間上の積分はトレース演算で置きかえられる（式（3. 31）を参照）．そうすると式（7. 18）は次のようになる．

$$\Omega = \mathrm{tr}\, \rho^{\dagger} M \rho \geqq 0, \tag{8.1}$$

ただし

$$\frac{d\Omega}{dt} \leqq 0. \tag{8.2}$$

この場合にもやはり，上の 2 つの不等式を満たす M がいつでも見出せるというわけではない．もしハミルトニアンがとびとびのスペクトルをもつなら，波動関数（あるいは ρ）の運動は周期的になる．したがって，不等式成立に必要な条件は連続スペクトルの存在である．

不可逆過程の微視的理論を詳述することは本書の域を超えている．ここでの目的は，対象としている概念の物理的意味を読者に把握しやすくすることだけである．まず，式（8. 1）のようなリアプーノフ関数の存在とボルツマンの方法の関係を明らかにし，次にいくつかの応用例を定性的に考察する．第 3 章で見たように，通常の量子力学には未解決の問題があり，それについて広く議論が行なわれている．これらの問題は，もし不可逆性が首尾一貫した形で動力学的記述の中に組み込まれてしまえば，新しい角度から見直すことができるのである．

新しい変換理論

古典力学または量子力学において式 (7.18) または式 (8.1) がリアプーノフ関数となるような演算子 M を構成することができたとしてみよう．それでもまだわれわれはボルツマンの着想からは程遠い状態にある．なぜなら，これらのリアプーノフ関数は系の《動力学的性質》に依存する M を含むのに対して，ボルツマンの H 関数（式 (7.7)）は普遍的だからである．驚くべきことに，M を用いて動力学のハミルトン的ではない新しい記述をつくり出すことができるのである．エントロピー演算子 M を，ある演算子 Λ とそのエルミート共役演算子 $\Lambda^{\dagger}$ の積の形に表わしてみよう．これは M が正なのでつねに可能である（Λ は M の《平方根》である）．そこで次のように書く．

$$M=\Lambda^{\dagger}\Lambda. \tag{8.3}$$

定義式 (8.3) を式 (8.1) に代入し，エルミート共役の定義（(3.8) の定義式を参照）を用いると，

$$\Omega=\mathrm{tr}\,\tilde{\rho}^{\dagger}\tilde{\rho} \tag{8.4}$$

となる．$\tilde{\rho}$ は

$$\tilde{\rho}=\Lambda\rho \tag{8.5}$$

で定義される変換された新しい密度行列である．これは非常に興味深い結果である．なぜなら式 (8.4) は，速度反転を記述するために式 (7.14) から導こうとしていた式と同じタイプに属しているからである．しかし，この形のリアプーノフ関数が存在するのは，以前の表現から変換 (8.5) によって導かれた**新しい**表現においてだけだということがわかる．この変換の結果，式 (8.1) に存在した演算子 M との直接的な関連は消えてしまう．リアプーノフ関数の定義のしかたはひと通りだけではない．もし式 (8.4) がリアプーノフ関数ならば，ρ のどのような凸の汎関数，例えば

$$\Omega=\mathrm{tr}\,\tilde{\rho}\log\tilde{\rho}$$

もまたリアプーノフ関数である（付録 A 参照，そこでは $\tilde{\rho}$ がマルコフ過程を満たすことが示される）．

ボルツマンの H 関数（式 (7.7)）の場合と同じく，われわれが扱っている量は系の統計的記述だけに関係している．$\tilde{\rho}$ で表わされるような系の状態がわかりさえすれば，Ω の値を求めることができる．Ω の値を最小とするような

特別な状態 $\tilde{\rho}$ は，他の状態に対してアトラクターの役割を果たすのである．したがって，演算子 M の存在は演算子 Λ による変換理論（定義式（8.5）を参照）と密接な関係をもっているのである．

式（8.1）から式（8.4）への変換の形式的性格（詳細は Prigogine 近刊を参照）を再び考察してみよう．まず，この新しい表現によって運動方程式を書いてみる．定義式（8.5）を考慮にいれると，次のようになる．

$$i\frac{\partial\tilde{\rho}}{\partial t}=\Phi\tilde{\rho}. \tag{8.6}$$

ただし

$$\Phi=\Lambda L\Lambda^{-1}. \tag{8.7}$$

この新しい運動方程式は以前のものと相似変換（式（3.13）を参照）で結ばれている．しかし，ある変換が《不可逆性》の取り入れを許すのならば，それはユニタリ変換で表わされるような単なる座標変換以上のものに違いないと期待される．この点を明らかにするために，運動方程式の解（式（3.36））を用いる．表式（8.1）はもっと明瞭な次の不等式で置きかえられる．

$$\Omega(t)=\mathrm{tr}\,\rho^\dagger(0)e^{iLt}Me^{-iLt}\rho(0)>0, \tag{8.8}$$

$$\frac{d\Omega(t)}{dt}=-\mathrm{tr}\,\rho^\dagger(0)e^{iLt}i(ML-LM)e^{-iLt}\rho(0)\leqq 0. \tag{8.9}$$

次に式（8.5）を用いて新しい表現への変換を行なうと，エントロピー生成（式（8.9））に対して次式を得る．

$$\frac{d\Omega}{dt}=-\mathrm{tr}\,\tilde{\rho}^\dagger(0)e^{i\Phi^\dagger t}i(\Phi-\Phi^\dagger)e^{-i\Phi t}\tilde{\rho}(0)\leqq 0. \tag{8.10}$$

この式は Φ とそのエルミート共役 $\Phi^\dagger$ との差が0ではないこと，

$$i(\Phi-\Phi^\dagger)\geqq 0 \tag{8.11}$$

を意味している．こうして次の重要な結論に到達する．変換されたリウヴィル方程式（8.6）における運動演算子は，**もはやリウヴィル演算子 L のようにエルミートではありえない．**このことは，ユニタリ変換（式（3.11））という通常のクラスを離れて，量子力学的演算子の対称性の拡張へと進まねばならないことを示している．幸いなことに，ここで考察すべき変換のクラスは容易にきめることができる．次のことが要請される．

$$\langle A\rangle=\mathrm{tr}\, A^{\dagger}\rho=\mathrm{tr}\, \tilde{A}^{\dagger}\tilde{\rho}. \tag{8.12}$$

もし演算子 A と分布関数 ρ の**両方共**を変換すれば結果は不変に保たれるのである．

さらに興味があるのは，リウヴィル演算子に直接依存する変換である．これこそ，この理論を要請する物理学的な動機なのである．第7章で見たように，ボルツマン型の方程式では $L-t$ 対称性が破れている．われわれはこの新しい対称性をこの変換によって実現したいのである．これを可能にするには，L に依存する変換 $\Lambda(L)$ を考えなければならない．密度 ρ とオブザーバブルは，L が $-L$ に置きかわること以外は同じ運動方程式に従う（式（3.36）と式（3.40）参照）．そこでわれわれはオブザーバブル A に対して

$$\tilde{A}=\Lambda(-L)A \tag{8.13}$$

を要請する．そうすると

$$\begin{aligned}\mathrm{tr}\tilde{A}^{\dagger}\tilde{\rho}&=\mathrm{tr}\{[\Lambda(-L)A]^{\dagger}\Lambda\rho\}\\&=\mathrm{tr}\{A^{\dagger}[\Lambda(-L)]^{\dagger}\Lambda(L)\rho\}\end{aligned} \tag{8.14}$$

となる．トレースの最初の式（8.12）とこれとを等置すると次式を得る．

$$\begin{aligned}&[\Lambda(-L)]^{\dagger}=\Lambda^{-1}(L),\\&\Lambda(L)=\Lambda^{\dagger-1}(-L).\end{aligned} \tag{8.15}$$

この式は，通常の量子力学で，変換の演算子はユニタリでなくてはならないとなっている条件に，とって代わるものである．もし Λ が L に依存しなければ，それは単なるユニタリ変換となるが，それはここでは興味のない場合である．

ここでわれわれが**非ユニタリ**変換を見出したことは驚くにはあたらない．ユニタリ変換は座標変換と非常によく似ていて，問題としている物理的性質には何の影響も与えない．しかし，ここで扱っているのは，全く違う種類の問題である．われわれは動力学的というひとつのタイプの記述法から，《熱力学的》という別の記述法へ移ろうとしているのである．これが，新しい変換法則（式（8.15））で表わされるような大幅な表現の変更を必要とする理由である．

この変換はスターユニタリ変換と名づけられ，新しい記号が導入される．

$$\Lambda^{*}(L)=\Lambda^{\dagger}(-L). \tag{8.16}$$

この演算子を Λ から得られる《スターエルミート共役》演算子と呼ぶことにする（《スター》はいつも $L\to-L$ という反転を意味し，そのあとエルミート

共役が続くものとする)．そうすると，式 (8.15) は，スターユニタリ変換においては，スターエルミート共役が逆変換となることを示している．すでに説明したように，式 (8.12) はユニタリ変換ではいつも満たされている（もし L に依存しない Λ を考えればこの場合もそうなる)．注目すべきことに，この場合にはさらに，同等性条件 (8.12) を満たし，新しいタイプの運動方程式を導くような**非ユニタリ**変換のクラスが明確に定義できるのである*．そこで式 (8.7) をもう一度考察してみよう．

新しい動力学的演算子 Φ は L からの同値変換によって得られる．しかしこの同値変換はスターユニタリ（ユニタリではない！）演算子によって表わされているのである．L がエルミートで，式 (8.15) と (8.16) が成り立つことを用いると，次の関係が得られる．

$$\Phi^{*}=\Phi^{\dagger}(-L)=-\Phi(L), \tag{8.17}$$

あるいは，

$$(i\Phi)^{*}=i\Phi. \tag{8.18}$$

運動の演算子は**スターエルミート**なのである．これはまことに喜ばしい！　ところで，スターエルミートであるためには，演算子はエルミートで L の反転について偶（つまり，L を $-L$ で置きかえても符号が変わらない）か，または，反エルミートで奇（奇というのは L を $-L$ としたときに符号が変わること）かのどちらかでなければならない．したがって，スターエルミート演算子は一般的に，

$$i\Phi=(i\overset{\mathrm{e}}{\Phi})+(i\overset{\mathrm{o}}{\Phi}) \tag{8.19}$$

と書くことができる．上につけた "e" と "o" は，新しい時間発展演算子 Φ の偶と奇の部分を表わしている．リアプーノフ関数 Ω の存在を意味する散逸性の条件 (8.11) は，この場合

$$i\overset{\mathrm{e}}{\Phi}\geqq 0 \tag{8.20}$$

となる．《エントロピー生成》を与えるのは偶の部分である．

---

*　このことと，分布関数において $+1$ と -1 の区別がある量子統計の場合との間に興味深いアナロジーが成り立つ．この場合にも同等となる条件（式 (8.12)）から変換の 2 つのクラス $\Lambda^{\dagger}(L)=\Lambda^{-1}(\pm L)$ が導かれる．$+$の符号を選べば通常のユニタリ変換となり，$-$の符号は不可逆過程を表わす表現へと導く．

こうして，新しい形の微視的方程式（古典力学や量子力学のリウヴィル方程式に相当している）が得られた．しかしこの新しい形ではリアプーノフ関数と関係づけられる部分が明瞭に現われている．言いかえると，

$$i\frac{\partial\tilde{\rho}}{\partial t}=(\overset{\mathrm{o}}{\Phi}+\overset{\mathrm{e}}{\Phi})\tilde{\rho} \tag{8.21}$$

という方程式は，**可逆な**部分と**不可逆な**部分とを含んでいる．可逆と不可逆の巨視的熱力学的区別が，ここでは微視的記述の中に体現されているのである．

ここで非常に満足すべきことは，式（8.21）における対称性がちょうど**ボルツマン対称性**に一致していることである．前に見たように，ボルツマン型の方程式においては，衝突項は L について偶であり，流れの項は奇である．

物理的な意味も似ている．偶の項はリアプーノフ関数の増大に寄与し，系を平衡状態へもたらすあらゆる過程を含んでいる．この項は，散乱，粒子の生成と崩壊，減衰，その他を含むのである．

非ユニタリ変換によって進むステップは決定的に重要である．われわれは軌道や波束による動力学的記述から出発して，過程による記述へと進むのである．このやり方で，いろいろな要素がどのようにからみ合って，動力学と熱力学とを統合した描像をつくり上げていくかには，めざましいものがある．リアプーノフ関数（8.1）の存在を仮定しさえすれば，《$L-t$》対称性が破れているという特性をもった動力学の表現の存在が，ただちに出てくるのである．

その関連をまとめると次のようになる．

微視的エントロピー演算子（M）
→非ユニタリ変換 Λ
→スターエルミート時間発展演算子 Φ
（対称性の破れをもつ）

このようなつながりによって，時間的な対称性をもつ動力学から特定の時間方向をもつ自然の記述へと導かれる．事実，熱力学第2法則の具体化によって動力学的記述の時間反転対称性を破る機構がもたらされるのである．この基本的な様相については第10章で詳述する．

結果からさかのぼったのでは，《存在(ある)と発展(なる)》の間の矛盾が何か別の形で解決されえたかどうかを想像するのは困難である．19世紀には，《エネルギー論

者》と《原子論者》の間で多くの議論がたたかわされた．前者は，第2法則が機械的な宇宙という概念を打ち壊すものなのだと主張し，後者は，確率論的議論のような《仮定の付加》という代償を払えば第2法則は動力学と調和させることができると述べた．このことが正確には何を意味していたのかを，今ではもっとはっきりと知ることができる．《代償》は小さくはなかった．動力学の新たな定式化を含んでいたのである．

エントロピー演算子の構成と変換理論：パイこね変換

これまでのところでは M の一般的性質とその変換理論との関係だけを考察してきた．次に M と変換演算子 Λ の構成法を簡単に調べてみよう．これはそれ自体が大きな主題なので，ここでは一般的な扱いによって使用される手段を示すことしかできない（第10章と付録AとCを参照)．

まず最初に，古典力学を考える．その場合，繰り返し指摘したように，リアプーノフ関数の存在が期待される《弱い安定性》というタイプへと達するために，2つの状況を考えなければならない（第2章を参照)．

エルゴード系に対してミスラ (Misra 1978) は，微視的なエントロピー演算子が存在するために必要な条件は系がミクシングの性質をもつことであり，K-流の性質をもつことは十分な条件であることを示した．第2章で指摘したように，このような動力学的な系の分類法はリウヴィル演算子 L のスペクトル的性質に基づいている．ミクシングとは L が0以外の離散的固有値をもたないことを意味し，K-流というのは L のどの固有値も同じだけの多重度をもつことを意味している．注意すべきなのは，エルゴード的だというだけでは十分ではないことである．リウヴィル演算子 L は平衡状態に相当する固有値0以外には離散的固有値をもってはならない（第2章を参照）ので，周期的運動もないはずである．ミスラはK-流の場合には，L に対して共役なエルミート演算子 T を結びつけ，それらの交換子が定数となるようにできることを示した．

$$-i\,[L, T]=-i(LT-TL)=I. \tag{8.22}$$

ここで I は単位演算子である．証明ぬきの説明をさらに続けよう（証明については Misra 1978, 構成法の例については付録Aを参照)．K-流の場合には演算子 L が定数（例えば λ）で表わされるような表現へ移ることができる．その

場合には演算子 T を見出すことができ，その表現では微分演算子 $i(\partial/\partial\lambda)$ で与えられることがわかるのである．

われわれの方法が動力学と熱力学の間の新しい相補性をもたらすということはここでとくに明らかとなる．なぜなら式（8. 22）で与えられる関係は，量子力学で式（3. 2）から導かれる座標と運動量の関係

$$[q_{\mathrm{op}},\ p_{\mathrm{op}}]=q_{\mathrm{op}}p_{\mathrm{op}}-p_{\mathrm{op}}q_{\mathrm{op}}=\hbar i \qquad (8.\ 23)$$

と形式的にそっくりだからである．リウヴィル演算子 L は形式的に時間微分の演算子に対応している（式（2. 12）を参照）．したがって，それに共役な演算子 T は《時間》に対応することになるが，その意味は

$$L\to i\frac{\partial}{\partial t}, \qquad T\to t \qquad (8.\ 24)$$

という表現が交換関係（8. 22）を満たすということである．言いかえるとわれわれは動力学に T という演算子を付け加えることができ，それは，第7章で一般的に述べたように，ゆらいでいる時間を表わす．この演算子 T を定義するための簡単な例は，いわゆる**パイこね変換**によって与えられる．このように呼ばれるのは，それがパイをこねる動作を思い起こさせるからである（この変換，あるいは写像については付録 A で詳細に論じる）．**図 8.1 A** に描かれている単位正方形を考えてほしい．x，y 座標は**モード 1** で定義されている．その意味は，この正方形内にないすべての点は，その座標に自然数を加えたり引いたりすることによって正方形内へ移されるということである．例えば，$(x,\ y)=(1.4,\ 2.3)$ の点は，点（0. 4，0. 3）として正方形内へ移される．

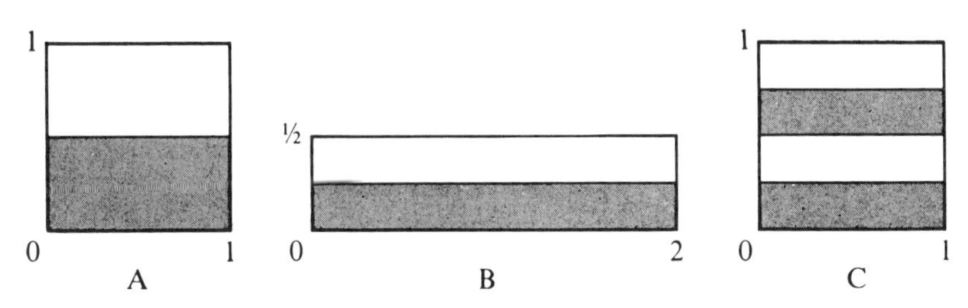

図 8.1 パイこね変換．まず，単位正方形（A）は 1/2×2 倍の単位面積の長方形（B）へと押しつぶされる．次に，それは集めなおされて新しい正方形（C）となる．そこでは，灰色の部分と白い部分は，A における 2 つではなく，4 つの部分にわかれる．

この変換は一定の時間間隔を置きながら行なわれる（これは離散的な変換である）.

$$(x,\ y)\to\left(2x,\ \frac{1}{2}y\right)\quad \text{モード 1},\ 0\leqq x<\frac{1}{2}\text{のとき}$$

$$(x,\ y)\to\left[2x-1,\ \frac{1}{2}(y+1)\right]\quad \text{モード 1},\ \frac{1}{2}\leqq x<1\text{のとき}$$

この写像は簡単な幾何学的意味をもっている．もし時刻 t_0 に位相空間の (x,y) に点があったとすると，時刻 $t_0+\tau$ にはその点は，**図 8.1** の **B** と **C** に示されるように，正方形を $\frac{1}{2}\times 2$ 倍に押しつぶし，2 つにちぎって新しい正方形へと集めなおすことによって得られる点へ移行している.

これはハミルトン方程式に従う動力学的変換ではないが，それは保測（測度を不変に保つ）変換なので，ハミルトン的な流れの諸側面を例証するのに使うことができる．パイこね変換はちょうど第 7 章の「新しい相補性」の節で述べた状況をつくり出すのである．有限な各領域が変換によって離れ離れの領域へと分解される.

この場合には演算子 T は単純な意味をもっている――そのすべての固有値は $-\infty$ から $+\infty$ までの整数である．対応する固有関数は，ある標準的な空間分布から出発して与えられた数だけのステップで生成される分布である．例えば 20 に対応する固有関数を固有値 0 の分布から生成するには，20 回のパイこね変換を行なう必要があることになる．ある分布（もっと正確には一様な平衡分布からのずれ）が確定した年齢をもっていることがありうる．その場合には定義から言って，それは T の固有関数である．一般的には，ひとつの分布は確定した年齢をもってはいない．それらは確定した年齢をもつ分布の和に分解される．そのときにはわれわれは，平均の年齢とか，年齢の《ゆらぎ》について語ることができるわけであり，量子力学との類似は顕著である．詳細は付録 A に与えてある.

T がわかりさえすれば M としては T の減少関数をとることができる．そうするとリアプーノフ関数（あるいは H 関数）が得られ，それはミクロカノニカルな平衡状態で最小になる．ミクロカノニカル分布の意味はいたって単純になる．観測の精度がどうあろうと（それが**有限**でありさえすれば），パイこね変換をつぎつぎと行なえば一様な分布（つまり非一様性が観測の限度以下となる分布）へたどり着くということである．このように単純な場合に，上の意味で一様な分布に至るまで単調に変化するリアプーノフ汎関数を導入できるということは，全く驚くべきことである．系を大きくして熱力学的極限をとるという操作は必要なかったのである．

さらに，M から出発して，非ユニタリ変換 Λ を導入し，**一般的な**リアプーノフ関数を得ることができる．定義式（8.5）に従い，次のように書く．

$$\tilde{\rho}=\Lambda\rho, \tag{8.25}$$

ただし，

$$\Lambda=M^{\frac{1}{2}}(T). \tag{8.26}$$

これから $\Lambda(L)$ の L 依存性とは何を意味するかを知ることができる．変換 Λ は T に依存するが，T は交換関係（8.22）を通じて L と関係づけられる．したがって，L の反転は T の反転を意味し，

$$\Lambda(-L)=\Lambda(-T) \tag{8.27}$$

となる．すでに見たように，Λ は式（8.15）を満たすスターユニタリ演算子である．T と $M(T)$ はエルミートなので，この条件は

$$\Lambda^{-1}(L)=\Lambda(-L) \tag{8.28}$$

に帰着する．L を反転することによって，逆変換が得られるのである．そのような変換は物理学ではよく知られている．例えば，特殊相対性理論のローレンツ変換はこのクラスに属している（2人の観測者の間の相対速度を反転すると，逆変換が得られる）．

$\tilde{\rho}$ が分布関数のすべての特徴を備えている（とくにそれは正である）ことは第10章と付録 A で示される．

では次に弱い安定性を見出すことが期待される第2の場合へと向かおう．つまりポアンカレのカタストロフィの場合である．

エントロピー演算子とポアンカレのカタストロフィ

この場合に M と Λ をつくることは，前節よりやっかいな仕事である．奇妙なことだが，これがブリュッセルグループによって最初に考察された場合であった（Prigogine et al. 1973 を参照）．最近，グレコス（Alkis Grecos）と

私による解説が出版されている (Prigogine and Grecos 1977). 困難が増大した原因は，ハミルトニアン H (またはリウヴィル演算子 L) が必要なだけではなく，H を《非摂動項》H_0 と《摂動項》V とに分解しなければならないことである (式 (2.35) を参照). この分解を最もエレガントに行なう方法は，ハミルトニアンに対して次のような直交する射影演算子 P, Q を導入することである

$$P+Q=1, \quad P=P^2, \quad Q=Q^2, \quad PQ=QP=0. \tag{8.29}$$

これらの演算子を用いて

$$PH=H_0, \qquad QH=V \tag{8.30}$$

であるとすると，L あるいはそのレゾルベント $(L-z)^{-1}$ をこの演算子を用いて分解することができる. 定義に従い，

$$\frac{1}{L-z}=P\frac{1}{L-z}P+P\frac{1}{L-z}Q+Q\frac{1}{L-z}P+Q\frac{1}{L-z}Q. \tag{8.31}$$

単純な変形によって次の等式が導かれる.

$$P\frac{1}{L-z}P=\frac{1}{PLP+\Psi(z)-z}, \tag{8.32}$$

ただし

$$\Psi(z)=-PLQ\frac{1}{QLQ-z}QLP. \tag{8.33}$$

ここで $\Psi(z)$ はいわゆる衝突演算子であり，この方法における中心的な役割を果たす.

とくに関心があるのは，$z\to 0$ における $\Psi(z)$ の振舞いであり，それは分布関数の漸近的な振舞い (つまり $\rho(t)$ の $t\to\infty$ での極限) を決定する. もっと正確に言いなおすと，ボルツマン方程式 (またはその量子論的な形であるパウリ方程式) のような伝統的な運動論方程式は，N 粒子の速度分布関数 ρ_0 に対する次のような形のいわゆるマスター方程式から導かれる.

$$i\frac{\partial\rho_0}{\partial t}=\Psi(0)\rho_0. \tag{8.34}$$

ここで，$\Psi(0)$ は $z\to 0$ における $\Psi(z)$ の極限である. これからわかるように，

運動論方程式が存在することと，z に依存する演算子 $\Psi(z)$ の極限 $\Psi(0)$ が 0 とならないこととの間には密接な関係がある．

注目すべきことに，$\Psi(0)$ はポアンカレの定理に関連した動力学的不変量の理論にも登場する．射影演算子 P が，H_0 による非摂動運動における不変量（$[\phi_0, H_0]=0$ を満たす ϕ_0（訳者））の空間への射影を表わすと仮定してみる．摂動 V を導入したとき，この不変量を新しい量，例えば ϕ，へと《接続》し，それが条件 (2.33)（$L\phi=0$）を満たし，しかも P と Q の両方の部分をもつこと

$$\phi=P\phi+Q\phi$$

が望まれる．しかし，$\Psi(z)$ の定義を用いると，これが可能となるのは，

$$\Psi(0)P\phi=0 \tag{8.35}$$

という条件が満たされる場合だけであることが示される（例えば，Prigogine and Grecos 1977 を参照）．もし $\Psi(0)$ が 0 ならば，式 (8.35) は明らかにつねに満たされ，H_0 の不変量は H の不変量へと拡張される．一方，第 2 章で《ポアンカレのカタストロフィ》と名づけた状況のときには，H_0 の不変量を拡張して H の不変量（H 自身や H の関数は除く）とすることはできない．このことはさらに $\Psi(0)$ が 0 ではないことを意味する（付録 B 参照）．

しかし，$\Psi(0)$ が 0 でないことは，M や Λ がつくられるための必要条件にすぎず，十分条件ではない．次の分散方程式の振舞いに関係したさらに強い条件が必要なのである．

$$\Psi(z)-z=0. \tag{8.36}$$

この方程式には複素根を許さねばならない．《サブダイナミックス》と呼ばれる特別な方法が，この問題のために開発されている（例えば Prigogine and Grecos 1977 を参照）．簡単な例は次節で示される（付録 B も参照）．

結論として次のことを強調しておく．非ユニタリ変換 Λ に対応するリアプーノフ演算子 M をつくるために動力学的方程式のレベルで前提とされる機構はひとつだけではない．いろいろな機構が絡んでくるであろうが，重要なのは，それらの機構が，軌道や波動関数に含まれる基本的な考えを統計的アンサンブルで置きかえざるをえなくするような微視的レベルにおける多様性を生じることである．

熱力学第2法則の微視的解釈: 集団モード

リアプーノフ関数が式（8. 1）を満たしても，まだそれを熱力学的なエントロピー関数と同一視することはできない．それは依然として純粋に動力学的な概念であって，《小さい》動力学的系にもあてはまるのである．また，M と Ω のどちらも一意的にはきまらない．Ω を巨視的なエントロピーと同一視するには，補助的な仮定を導入せねばならないのである．もっと正確に言うと，あらゆる不可逆過程のうちで簡単な巨視的意味をもつ過程だけに着目しなければならない．系を平衡状態へともたらすいろいろな過程のうちで，ある種のものだけが際立った一般性をもち，巨視的な時間の尺度に対応するということは，全く驚くべき事実である．これらはいわゆる流体力学的モードであって，粒子数，運動量，エネルギーといった保存量の時間発展に相当している (Foster 1975).

この点を解説するには密度が一様でない系を考えるとよい．**図 8.2** に示したのは密度のずれである．

粒子は消滅することがない（ここでは化学反応は考えない）ので，一様性は拡散という遅い過程を通じて達成される．第1章で述べた簡単なブラウン運動の模型から，変位の2乗平均は時間に比例することがわかっている．

$$\langle r^2 \rangle \sim Dt \qquad (8.37)$$

粒子の拡散する距離が摂動の波長程度の長さ（**図 8.2**）に達すると非一様性は消滅すると期待される．したがって，密度のゆらぎをなくすのに必要な時間の大きさの程度は

$$\tau \sim \frac{\lambda^2}{D} \qquad (8.38)$$

と見積もられる．ゆえに，この時間は波長の増大とともに大きくなる．このタイプの過程は古典的な流体力学で扱うものと同じである．それらは集団的な過程である．なぜならそれらは多数の粒子を（もし波長が巨視的ならばいつでも）巻きこむからである．このような集団的過程は，波の伝播と減衰のように可逆な過程と不可逆な過程の両方を含んでいる．したがって式（8. 21）のような式は，これら2つの部分を分離するので非常に役立つのである．

エントロピー演算子と変換関数をつくるには，前節と同じように衝突演算子

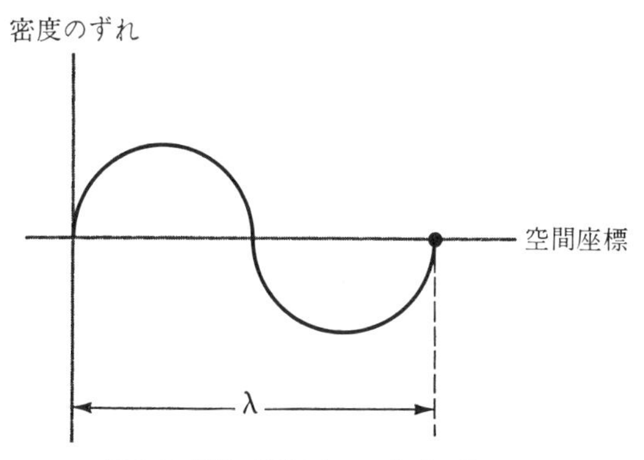

図 8.2 距離の関数としての密度のずれ.

$\Psi(z)$ を導入せねばならないが，分散方程式において長時間のモードだけを取り出さなければならない。これは最近セオドソプル (Mary Theodosopulu) とグレコス (Alkis Grecos) によって行なわれた (1978). 彼等は，そのときにはリアプーノフ関数 (8.1) が正確に巨視的エントロピー，つまり式 (4.30) で与えられているリアプーノフ関数に一致することを示したのである (Theodosopulu, Grecos, and Prigogine 1978 を参照). さらに，運動方程式 (8.21) のモーメントをつくると，巨視的な流体力学方程式に対応する微視的な式になるのである.

これは申し分のない結果である. 微視的物理学と巨視的物理学の間の橋渡しは達成された. 動力学的記述の中に導入された微視的リアプーノフ関数はこの場合に直接的な巨視的意味をもつのである. 線形化された流体力学の方程式を得るのに必要な仮定は，短距離力 (到達距離が隣接分子間距離以下の分子間力 (訳者)) の仮定と平衡状態からのずれが小さいことだけである.

同様の結果は，低密度の気体に対してはボルツマン方程式から出発してずっと以前に得られていた. 興味深いことには，第 2 法則の一般性が期待されるのと同じように，非平衡状態の熱力学も，少なくとも線形の領域では，今や系の密度がどう仮定されようとも統計的理論から導出できるのである.

粒子と散逸: 脱ハミルトニアンの微視的世界

すでに指摘したことだが，式 (8.21) で興味深いのはそれが不等式 (8.20)

を通じて第2法則と直接関係していることである．この関係は，なされた多くの研究にもかかわらず未解答のままとなっている基礎的な疑問と関連している．それは，素粒子の概念は相互作用の概念とどのように関係しているのか，という疑問である．

第3章で述べた相互作用する電子と光子の例をとり上げよう．われわれは通常，《裸の》粒子（電子と光子）と相互作用とを含むハミルトニアンを用いるところから出発する．このような《裸の》粒子は《物理的》な粒子ではありえない．電子と光子の間の電磁的相互作用によって，電子はいつも光子の雲に取り巻かれている．（光子のない）裸の電子というのは形式的な概念にすぎない．そこで，われわれは《繰り込みの手続き》を行ない，相互作用の一部を質量や電荷のような粒子の物理的性質を変えるのに使う．しかし，われわれはこの手続きをどの地点でやめればよいのだろうか．すでに繰り込み終えた系においてすらわれわれは次のような《ハミルトニアンディレンマ》に陥る．われわれが直面するのは，はっきり定義できるような粒子が存在しないか（なぜならエネルギーの一部は電子と光子の《間に》あるから），あるいは全く相互作用しない粒子（ハミルトニアンが対角的であるような表現において）のどちらかの事態である．

抜け出す道はないのだろうか．重要なことは，われわれには今や過程という考えを用いた第3の記述法があるということである（図 2.5 と **図8.3** を参照）．電子や光子は，散乱や光子の放出と吸収のような物理的過程の中に巻き込まれている．これらの過程は全系（電子と光子の集まり）を平衡状態へ移行させる．さらにこれらの過程は，物理的宇宙の時間発展の一部だという意味で，《実在する》．それらは，表現方法をどのように変更しても変換された結果なくなるというようなことはけっしてない．したがって，その記述法は，それがどんな形であろうとも，散逸の条件（8.20）をもたらすスターユニタリ変換を通じて得ることができるはずである．

しかしこれだけは十分ではない．スターユニタリ変換は何通りもあって，そのどれもが条件（8.20）を満たす．どれを選ぶべきかという問題は，第3章で述べたボルン－ハイゼンベルク－ヨルダンの量子化規則の問題と非常によく似ている．後者の問題はすべての**ユニタリ**変換を考え，ハミルトニアン演算子を

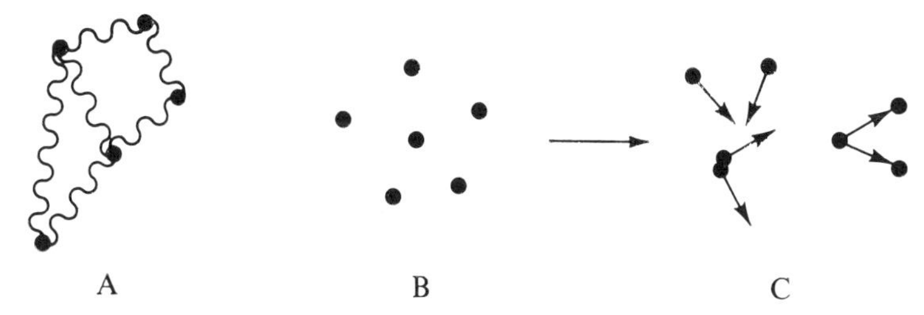

図 8.3 系の 3 種類の記述法：（A と B）2 種類のハミルトニアンによる見方．（C）過程を用いた記述法．

対角形にするものを選ぶことによって解決された．そのような規則がどのように定式化されるかについて次に述べる．期待されるようにそれには超演算子を用いるのである．

リウヴィル演算子が次の交換子に対応していることを思い出してほしい（式 (3. 35) を参照）．

$$L\rho = H\rho - \rho H. \tag{8. 39}$$

しかし，次のような《反交換子》を導入することもできる．

$$\mathcal{H}\rho = \frac{1}{2}[H\rho + \rho H]. \tag{8. 40}$$

2 つの量 L と $\mathcal{H}$ は**超演算子**である（通常の演算子が波動関数に作用するのに対して，L と $\mathcal{H}$ は演算子に作用することを想起せよ）．エネルギーの平均値は新しい量 $\mathcal{H}$ によって次のように書かれる（式 (3. 38) を参照）．

$$\langle H \rangle = \mathrm{tr}\, H\rho = \frac{1}{2}\mathrm{tr}\,(H\rho + \rho H) = \mathrm{tr}\, \mathcal{H}\rho. \tag{8. 41}$$

次にわれわれは変換 Λ を L と $\mathcal{H}$ の両方にほどこす．式 (8. 7) のほかに，次の関係が得られる．

$$\tilde{\mathcal{H}} = \Lambda\mathcal{H}\Lambda^{-1} \tag{8. 42}$$

次に条件 (8. 20) が満たされ，さらに式 (8. 41) が次の形に書かれるような Λ を探す．

$$\langle H \rangle = \sum_i \tilde{E}_i \tilde{\rho}_{ii} \tag{8. 43}$$

このように書けるときには，$\tilde{E}_i$ は系に付随するエネルギーレベルとみなすことができる．こうしてわれわれは系の申し分のない記述法に達する．系は第2法則にのっとって時間発展し（不等式（8. 20）），しかも粒子は確定したエネルギー値によって特徴づけられるのである．

われわれが用いた方法は次のようにまとめられる．通常の量子力学ではエネルギーレベル（式（3. 16）を参照）と時間発展（式（3. 17）を参照）の両方がひとつの量，ハミルトニアン演算子 H_{op} によって決定される．これは量子力学の注目すべき《縮退的》性格である．しかし Λ 変換を導入しておけば，超演算子による定式化によって次の2つの異なった演算子が得られる．ひとつは時間発展を決定する Φ であり（式（8. 6）を参照），もうひとつはエネルギーレベルを決定する $\tilde{\mathcal{H}}$ である．このようにして，リアプーノフ表現を導き出すスターユニタリ変換 Λ が定義できる系に対しては，この縮退が解かれるのである．

この方法は全く新しいものである（Prigogine and George 1978, George et al. 1978）．それは非常に簡単な模型（《フリードリッヒのモデル》）の場合にあてはめられて成功している．しかしその一般性についてはまだ検討しなければならない．それをここで挙げた理由は，それが第3章で述べた技術的な困難を取り除いてくれるからである．この場合には厳密に指数関数的な減衰が得られる（寿命は $\overset{e}{\Phi}$ の行列要素である）．しかし，《素粒子》という概念全体が危うくなってしまうというおまけがつくのである！

古典的な順序は，まず粒子があり次に第2法則がくる——発展の前に存在がある！　というものだった．素粒子のレベルに達するともはやそうではなくなる可能性がある．そこでは中身を定義する以前にまず第2法則を導入せねばならないという可能性がある．これは存在の前に発展があることを意味するのだろうか．確かにそれは古典的な思考様式からの極端な逸脱である．しかし結局のところ，素粒子はその名前とは裏腹に《与えられた》ものではない．われわれはそれを構成せねばならず，その構成の際に**発展**，つまり物理的世界の時間発展への粒子たちの参加，が基本的な役割を果たすということは大いにありうることなのである．

ベルーソフ－ジャボチンスキー反応：化学的渦巻波

ベルーソフ－ジャボチンスキー試薬を浅い皿に注ぐと，らせん状の化学波が発生する．その波はひとりでに発生することもあるし，上の写真の場合のように表面に熱いフィラメントを触れさせて開始させることもできる．小さな円は反応によって発達した二酸化炭素の泡である（第5章の「化学と生物学における秩序的な構造」の節参照）．最初の写真を撮影してから，引き続く写真は 0.5, 1.0, 1.5, 3.5, 4.5, 5.5, 6.5，そして 8.0 秒後に撮影された．写真はフリッツ・ゴロー氏による．

第9章

変化の法則

アインシュタインのディレンマ

私は本章を1979年に書いている．今年はアインシュタインの生誕100年記念にあたっている．物質の統計的理論，とりわけゆらぎの理論においてアインシュタイン以上に大きく貢献した人はいなかった．ボルツマンの公式（1.10）を転倒することによって，アインシュタインは巨視的状態の確率をその状態のエントロピーから導いた．このステップはゆらぎの巨視的理論全体（臨界点付近ではとくに興味深い）にとって決定的に重要となっている．アインシュタインの関係式はオンサーガーの相反定理（4.20）の証明における基礎的要素となっている．

第1章にまとめてあるようなアインシュタインによるブラウン運動の記述は，《不規則過程（ランダムプロセス）》の最初の例のひとつであった．それに対する興味は今日でもまだ尽きてはいない．第6章に記した化学反応のマルコフ過程による模型化は，同じような考え方の拡張である．

さらにつけ加えると，プランク定数 h が波と粒子の二重性へと導くという一般的な意味をもつことに最初に気づいたのもアインシュタインであった．アインシュタインが関心をもっていたのは電磁放射であった．しかし約20年後ドゥ・ブロイはアインシュタインの関係式を物質にまで拡張した．ハイゼンベルク，シュレーディンガーその他の仕事はこれらの考えに数学的な枠組を与えた．しかし，もし物質が同時に波でも粒子でもあるのなら，軌道という古典的決定論の考え方は失われてしまう．その結果，量子論では統計的予言しかなされえないのである（第3章と付録Dを参照）．アインシュタインは生涯の最後の日まで，そのような統計的な考えが自然の客観的側面を捉えているのだという考えに反対し続けた．ボルンに宛てた有名な手紙（Einstein and Born 1969 参照）の中で彼は書いている．

> あなたは神様がサイコロ遊戯をすると信じておられる．けれども，私は客観的な世界に存在する完全な法則と秩序を信じています．私はそれを，本能的な直感によって，なんとか捉えようとしているのです．私はこのことを断固として**信じ**ます．しかし他の誰かが，私が考えているよりももっと現実的な方法，ないしはもっと明白な根拠を発見してくれるだろうと期待しています．量子論が最初に示した偉大な成功ですら私に本質的なサイコロ遊戯を信じさせるには至りませんでした．それを，あなたの若い同僚たちが私の老化現象のせいにしていることは，よく承知してはいるのですが．

なぜアインシュタインはこれほどまでに厳しい見解を時間と不規則性に対してとったのであろうか．なぜ彼はこれらの事柄において妥協よりも知的孤立のほうを選んだのであろうか．

アインシュタインの生涯の最も感動的な記録のひとつに，彼の古い友人ベッソー（Michele Besso）との間にかわした書簡集がある．普段，アインシュタインは自分自身については非常に寡黙であったが，ベッソーに対してだけは特別であった．彼等が知り合ったのは若くてチューリヒにいた頃で，アインシュタインは17歳，ベッソーは23歳であった．アインシュタインがベルリンで仕事をしていた間，チューリヒにいた彼の最初の妻と子供達の面倒をベッソーはみていた．ベッソーとアインシュタインの間の友情は深いままではあったが，彼等の関心事は年とともに隔たっていった．ベッソーは文学と哲学への関心――人間が存在する意義そのものについて――をどんどん深めていった．彼はアインシュタインからの返書を得るためには，科学に関係のある事柄に言及せねばならないことは知っていた．しかし彼の興味はますます別のほうへ向かっていた．彼等の友情は生涯続き，ベッソーは1955年，アインシュタインよりも数ヵ月早く逝った．われわれがここで関心をそそられるのは，主として1940年から1955年にかけての晩年の書簡である．

そこでは，ベッソーはくり返しくり返し時間の問題に立ち戻っている．不可逆性とは何なのか．それは物理学の基本法則とどのような関係にあるのか．するとアインシュタインは根気よく何度でも次のように答えるのだった．不可逆性というのは幻想にすぎない．それは例外的な初期条件からきた主観的な印象であると．しかしベッソーは満足しなかった．彼の最後の科学論文はジュネーヴで出版された「アルシーフ・ド・シアンス」誌への寄稿であった．80歳の高齢で，彼は一般相対性と時間の不可逆性とを融和させようとする試みを行なっている．しかし，アインシュタインはこの試みを歓迎しなかった．彼は書いた，《あなたは地すべりの上に立っているのです》．《物理学の基本法則には不可逆性は存在しません．現在の時点をとくに強調するような主観的な時間には，客観的な意味はないのだという考えを受け入れるべきです》．ベッソーが世を去ったとき，アインシュタインは感動的な手紙を彼の姉妹と息子に送っている，《ミシェルは私より少し先んじてこの不思議な世界を旅立ちました．でもこれは重大なことではありません，心からの物理学者である私達にとっては，過去，現在，未来の区別は，どんなに執拗につきまとおうとも，幻想にしかすぎないのですから》．

アインシュタインが信じていたのはスピノザの神，つまり自然と同一視される神であり，至高の合理性の神であった．この考えの中には，ひとりでにおこる生成，偶然性，人間の自由意志などが存在する余地はなかった．どのような偶然性やどのような不規則性であろうと，存在するように見えるのは見掛け上のことにすぎない．もしわれわれが自分の行動を自由意志から出たものと思うのなら，それは本当の原因を知らないからにすぎない．

では，われわれは今日どのような立場に立っているのであろうか．私の信ずるところでは，達成された主な進歩は次のようである．われわれは，確率が必ずしも無知と結びついているのではないことを知りはじめたし，決定論的記述と確率論的記述の間の隔たりはアインシュタインの同世代の人やアインシュタイン自身が信じていたほど大きくはないことを知りはじめている．ポアンカレは次のことをすでに指摘している (Poincaré 1914)．われわれはサイコロを投げた結果の予言に確率を用いるが，それは軌道という考えが適用できないということを意味するのではない．むしろ，系の形からいって，初期条件の幅がどんなに狭くても，そこから出発した同じ数だけの軌道が，サイコロの各面に通じている，ということである．これは，くり返し議論された動力学的不安定性の問題（第2, 3, 7, 8章を参照）の簡単な変形にすぎない．この問題に立ち返る前に，すでに述べた変化の法則の概観を行なうとしよう．

時間と変化

第1章で私は，ここ何十年かにわたって開発された，変化を記述するための方法を紹介した．それは基本的に3つに分類される．平均値の時間発展を巨視的に扱うフーリエの法則や化学反応論などの方法，確率論的なマルコフ過程のような方法，そして古典または量子力学である．

近年になって，ある非常に予期し難い特徴が現われはじめた．まず，とくに非線形や平衡から程遠い状況などに関する，予期せぬほど多くの巨視的記述がある．これらは第5章で考察した反応－拡散方程式によってうまく記述される．簡単な例においてすら，つぎつぎに現われる分岐やいろいろな時間・空間構造を導き出すことができる．このことは，巨視的記述のもつ統一的性格に決定的な限界を与えてしまい，それだけでは時間発展の首尾一貫した記述ができないことを物語っている．実際，図 5.2 に示されたすべての分岐が，それぞれ適当な境界条件を満たしている（これに対し，古典的なポテンシャル理論の問題では，きまった境界条件にはひとつの解しか存在しない）．さらに，巨視的方程式は分岐点において何がおこるかに関して情報を提供してはくれない．系はある分岐の履歴をたどったあとに，どうなるのであろうか．

そこでわれわれは，マルコフ過程のような確率的理論へと向かっていかざるをえない．しかし，ここでも新しい特徴が現われる．とくに興味深いのはゆらぎと分岐の間の密接な関係（第6章を参照）であり，それは古典的な確率論の結果を根本から変えさせてしまう．大数の法則は分岐点付近ではもはや正しくはないし，確率分布に対する線形のマスター方程式がもっていた解の一意性は失われてしまう（第6章の「非平衡相転移」の節を参照）．

それでも，確率論的方法と巨視的方法の間の関係は明らかである．分岐点付近でおこるように，平均値が閉じた方程式を満たさなくなるちょうどそのときに，われわれは統計的理論のあらゆる手段を用いなければならなくなるのである．しかし，巨視的あるいは確率論的方法と動力学的方法との間の関係は意欲的な問題として残されている．この問題は過去において多くの見地から考察されてきた．例えば，エディントン（Arthur Eddington）はその美しい著書，『物理的世界の性質』（Eddington 1958, 75 ページ）で次のような区別を導入した．個々の粒子の振舞いを律する《1次法則》と，エントロピー増大の原理のように原子や分子の集団だけに適用できる《2次法則》とである．

エディントンはエントロピーの重要性を完全に認識していた．彼は次のように書いている（103 ページ）．《科学哲学の見地からすると，エントロピーに関連した考え方は，私の考えでは，科学思想に対する 19 世紀の偉大な寄与として位置づけねばならない．それは，科学の目標となるべきもののすべてが，対象を微視的に分解することによって発見されるのだという考え方に対して反作用を呼び起こした.》

どのような具合に《1次》法則は《2次》法則と共存できるのだろうか．エディントンは書いている（98 ページ），《量子論がわれわれに課しつつある物理学の枠組の改造の中で，2次法則が基礎となり，1次法則が見捨てられたとしても誰も驚きはしないだろう.》

確かに量子力学はある役割を果たす．なぜなら，それはわれわれに古典的な軌道という考えの放棄を強要するからである．しかし第2法則との関係という観点からは，くり返し議論している不安定性の考えのほうが本質的に重要なように思われる．微視的レベルにおける《不規則性》をもった運動方程式の構造が，次には巨視的レベルにおける不可逆性として現われる．この意味で，不可逆性の意味はポアンカレが次のように書いたとき（Poincaré 1921），すでに予期されていたと言えるのである．

> 結論するに，通常の用語で言えば，エネルギー保存の法則（やクラウジウスの原理＝熱力学第2法則）にはただひとつの意味しかない．それはあらゆる可能な場合について共通の性質が存在するということである．しかし決定論的な仮定に立てば，可能な場合はただひとつしかないのであり，そうするとこの法則は何の意味ももたないことになる．一方，非決定論的な仮定に立てば，たとえこの法則を絶対的なものとして捉えたとしても，それは意味をもつことになる．それは自由な変化に課せられた制限という

ことになるのである．しかしこの言葉は，私が脇道にそれはじめ，数学と物理学の領域から離れつつあることを私に思い起こさせる．

ポアンカレの基本的な決定論的記述に対する信頼はあまりに堅かったので，彼は自然の統計的記述を本格的に考えるには至らなかった．われわれにとって状況は全く違っている．前掲の文章が書かれてから何年も後に，自然の決定論的記述に対するわれわれの信頼は微視的レベルにおいても巨視的レベルにおいても動揺するようになった．われわれはもはやそのような大胆な結論から恐れおののいて引き下がったりはしない！

さらに，ある意味で，われわれの立場はボルツマンとポアンカレの得た結論の間を調停していることがわかる．勇敢な革命的物理学者であったボルツマンは，異常なまでの物理的直感に基づく考察によって，微視的レベルにおける物質の時間発展を記述しながら不可逆過程を表現するような方程式を推察したのであった．ポアンカレは，その深い数学的洞察力のため，直感的な議論には満足できなかった．しかし，彼は解が見出されるただひとつの方向を明瞭に悟ったのである．本書にまとめられている方法（第7,8章と付録を参照）が，ボルツマンの偉大な直観的仕事とポアンカレの数学化への要求との結び目となっていることを私は確信している．

この数学化は，時間と不可逆性に関する新しい考えへとわれわれを導く．次にそれを論じよう．

演算子としての時間とエントロピー

第7章の大部分で，微視的レベルのエントロピーを定義するために，過去になされたいくつかの重要な試みを扱った．強調した点は，H 関数（式（7.7））の発見を頂点とする，ボルツマンのこの問題に対する本質的な寄与であった．しかしそれはそれとして，ボルツマンの H 関数が動力学から《導出された》とはみなし難いことは，ポアンカレの見解にあるとおりである．H 関数導出のもととなっているボルツマン方程式は，古典力学のもつ対称性を共有してはいない（第7章の「ボルツマンの運動論」の節と，第8章の「新しい変換理論」の節を参照）．その歴史的な重要性にもかかわらず，それはせいぜい現象論的な模型とみなさざるをえないのである．

統計集団理論もまた何の前進ももたらさなかった．たとえエントロピーに微視的な位相関数（古典力学の場合）や，ハミルトニアン演算子（量子力学の場合）を伴わせても同じことである．これらの否定的な結果については，第7章の「ギブズのエントロピー」の節と「ポアンカレ－ミスラの定理」の節で述べた．そうすると残される可能性としては，不可逆性が誤りによる結果であるとか，古典または量子力学に付け加えられた近似によるものであるとかいう見解を受け入れる以外には，ほとんどなくなってしまう．

ところが，今やもうひとつの全く違う道が開けたのである．巨視的なエントロピー（またはリアプーノフ関数）に M という微視的なエントロピー演算子を付随させるという考えである*．

これは記念碑的なステップである．われわれは古典力学において，オブザーバブルが相関と運動量の関数であるという考えに慣れてしまっている．しかし，リウヴィル演算子 L を古典および量子力学に導入したことは，この全く違う性質の新しいステップへの準備となった．確かに，アンサンブル理論は《近似》とみなされたし，一方《基礎》理論には軌道や波動関数が用いられてきた．ところが演算子 M の導入によって状況はすっかり変わる．基礎となるのは軌道の束（たば）または分布関数による記述であり，それを個々の軌道や波動関数へと縮小することは，もはやできないのである．

演算子としてのエントロピーや時間の意味は第10章と付録で論じられている．演算子が最初に物理学へ導入されたのは量子力学を通じてであったので，多くの科学者には，プランク定数 h による量子化と演算子の出現との間の密接な関係が心に焼きついている．しかし，物理量に演算子をあてはめることは量子化とは独立な，もっと広い意味をもっているのである．それが意味するのは本質的には，何らかの理由で軌道による古典的な記述が放棄されねばならなくなることであり，それには，微視的レベルにおける不安定性や不規則性による場合（付録 A）と，量子的《相関》による場合（付録 D を参照）とがある．

古典力学の場合には状況を次のように表わすことができる．通常の記述法

* ここでは準備的な解説に止める．組織的な議論は第10章で行なう．

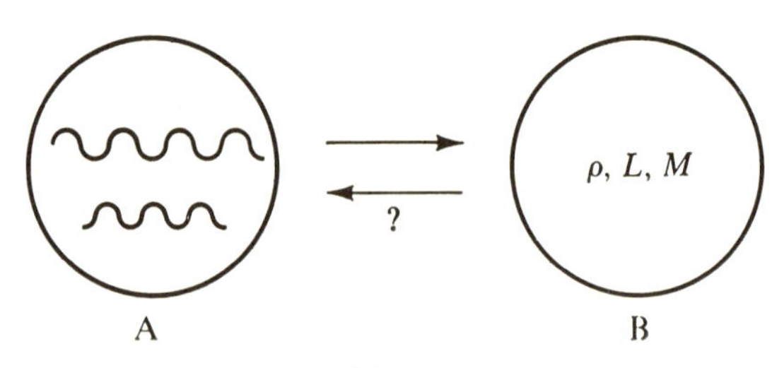

図 9.1

(**図 9.1A**) は，ハミルトンの方程式 (2.4) によって生成される軌道や軌跡によるものである．他の記述法 (**図 9.1B**) は，分布関数 (2.8) によるものであり，その運動はリウヴィル演算子によって決定される．

これら 2 つの記述法が異なっていると言えるのは，いつ何時でも一方の記述法から他方の記述法へ移れるというわけにはいかない場合だけである．このことの物理的な理由は第 2 章の「弱い安定性」の節で議論した．任意のしかし有限な精度で行なわれる実験は，位相空間内で系が存在しうる**有限の**領域しか教えてくれない．問題は，少なくとも原理的には，図式的に **図 9.2** に示されているようなこの領域から 1 点 P への極限転移操作，つまり確定した軌道に対応するデルタ関数への極限転移操作が可能かどうかである．

この極限転移操作は第 2 章で述べた弱い安定性の問題と関係している．位相空間の各領域に**それがどんなに小さくても**多種類の軌道が存在するという場合には，この操作は行なえなくなる．このとき，微視的記述法はあまりにも《複雑》となりすぎて，各領域の分布関数による記述から先へ進むことはできなくなってしまう*. 今のところ，このようになる動力学的系として 2 種類のものが知ら

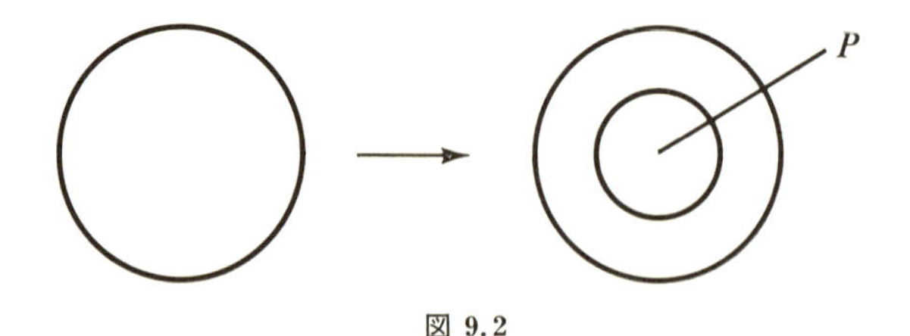

図 9.2

* 第 10 章でみるように，巨視的レベルにおける**熱力学的記述**へと導くような微視的記述は，**非局所的**である．時空における点を考える代りに我々は《領域》を考えねばならず，その拡がりは運動の不安定性と関係しているのである．

れている．ひとつは十分に強いミクシングの性質をもつ系であり，もうひとつはポアンカレのカタストロフィを示す系である（第2，7章と付録 A，B を参照）．事実，いくつかの《学校的》な例を除けば，ほとんど《すべて》の動力学的な系はこのような性質をもつ．次節ではこの問題に立ち戻ることにする．

古典力学や量子力学におけるそのような《自然な限界》はそれらの理論の予言的性格を減ずることになると思われるかもしれない．私の意見ではそれは逆である．今やわれわれは分布関数の時間発展について語ることができて，それは個々の軌道について言える以上の内容である．つまり，新しい考え方が発生するのである．

このような新しい考え方の中で最も興味深いのは，微視的エントロピー演算子 M と時間演算子 T とである．ここでわれわれが扱うのは《第2の》時間である．それは内的な時間であって，古典力学や量子力学において単に軌道や波動関数の見出しとなる時間とは全く違うのである．すでに見たように，この演算子としての時間はリウヴィル演算子 L との間で新しい不確定性関係を満たす（式 (8.22) と付録 A，C を参照)．われわれは平均値 $\langle T\rangle$，$\langle T^2\rangle$ を次のような2次形式で表わすことができる．

$$\langle T\rangle=\mathrm{tr}\,\rho^{\dagger}T\rho,\qquad \langle T^2\rangle=\mathrm{tr}\,\rho^{\dagger}T^2\rho. \tag{9.1}$$

興味深いことに，《通常の》時間――動力学における見出し――はここでは新しい演算子としての時間についての平均値となるのである．これは実は，次に示すように不確定性関係 (8.22) からの帰結である．

$$\begin{aligned}\frac{d}{dt}\langle T\rangle&=\frac{d}{dt}\,\mathrm{tr}\,[(e^{-iLt}\rho)^{\dagger}Te^{-iLt}\rho]\\&=i\,\mathrm{tr}\,[\rho^{\dagger}e^{iLt}(LT-TL)e^{-iLt}\rho]\\&=\mathrm{tr}\,\rho^{\dagger}\rho=\text{定数}.\end{aligned} \tag{9.2}$$

適当に規格化すればこの定数を1にすることができる．したがって次のようになる．

$$dt=d\langle T\rangle. \tag{9.3}$$

この簡単な場合には，内部時間 T の平均値は t で測られる天文的時間と行を共にする（第10章参照)．しかしこのことが混乱を招きはしないであろう．時間 T は，動力学的系の運動の不安定性から生じたのであり，本質的に違う性格をもっている．通常の時間との関連は，普通の時計で読みとられる時間が T の固有値となっているという事実に由来するのである（第10章と付録A 参照）．

新しい方法がいかに伝統的な時間概念を変更したのかを見た．これまでの時間は，アンサンブルの《個々の時間》の一種の平均値として現われるのである．

記述の階層

長い間，古典力学または存在の物理学のもつ絶対的な予言能力が，物理的世界の科学的把握における基本的な要素だと考えられていた．注目すべきことは，過去3世紀にわたる現代科学の歴史（現代科学生誕の日を，ニュートンが王立協会に『プリンキピア』を提出した1685年とすることは全く正当であろう）の中で，科学的世界観は徐々に，決定論的特徴と確率論的特徴のどちらもが基本的な役割を果たす，新しくていっそう微妙な考え方へと移行してきたという点である．

まずボルツマンによる熱力学第2法則の統計的定式化だけを考えてみても，確率の考えはそこではじめて基本的な役割を果たしたのであった．次に量子力学が登場する．ここでは決定論は維持されはするが，それは確率論的な意味をもった波動関数を扱う理論の枠内においてであった．こうして確率ははじめて基礎的な微視的記述の中に姿を現わした．

この発展過程は今も続いている．基本的な確率論的要素は，巨視的レベルの分岐理論において（第5章を参照）だけではなく，古典力学によって与えられる微視的な記述にすら存在するのである（第7，8章を参照）．すでに見たように，これらの新しい要素はついに時間とエントロピーに関する新しい考えを導いた．それから生ずる帰結はまだこれから探究する課題である．

際立った特徴は，古典力学，統計力学，量子力学のいずれもが，アインシュタインとギブズが導入した統計集団の観点から出発して論じられることである．統計集団から単一の軌道への移行がもはや不可能になるとき，われわれは別の理論構造を手に入れることになる．古典力学はここではこの見地，とくに弱い安定性の結果による統計力学への移行という見地から議論された．もうひとつ言及したことは，普遍定数 h の存在は位相空間に相関を導入し，統計集団から軌道へと移行することを妨げることである（詳細は付録 A，D にある）．結果は次のような構成に図式化される．

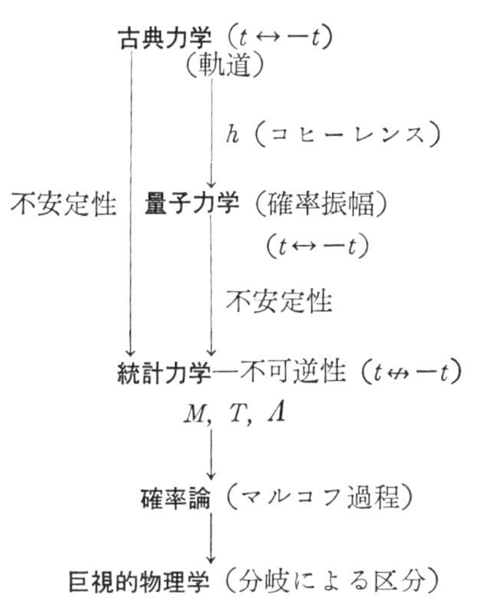

われわれは，本書でくり返し議論されてきたいろいろな記述の階層を統合できるようになった．

補完的な分類法や新しい見解がやがて現われるであろう．それでも現在の図式は無内容ではなく，理論物理学の構造にある統一的な様相をもたらしている．

不安定性に付随する動的な多様性についてここでコメントしておくことは適当であろう．古典動力学においては，時間的に可逆な（$t \leftrightarrow -t$）簡単な状況をすくなくとも考えることはできる．化学的過程を考えると（生物学的過程ならばなおさらのこと），それはいつも不可能となる．なぜなら化学反応はほとんどその定義からしていつも不可逆過程を伴うからである．さらに測定は——これは知覚行為の拡張である——必然的にある不可逆的な要素を含んでいる．したがって，自然法則のこの 2 つの定式化（一方は $t \leftrightarrow -t$，他方は $t \not\leftrightarrow -t$）は同じように本質的である．われわれは両方共を必要としている．われわれが軌道（や波動関数）の世界を基本的だと考えても構わないのは事実である．この観点からすれば，新しい定式化は補助的な仮定の導入によって得られることになる．しかしわれわれは，不可逆性こそ，物理的世界を記述するための基本的要素だと考えることもできる．この見地に立てば，軌道や波動関数の世界は逆に理想化に相当している．それらは非常に重要ではあるが，本質的な要素が欠けているために，それだけを取り出して研究することはできないのである．

われわれは今や，一種の自己矛盾のない描像に到達した．次にそれをもう少し詳しく述べるとしよう．

過去と未来

いったん動力学にリアプーノフ関数を付け加えてしまいさえすれば，未来と過去は区別可能となる．それはちょうど巨視的熱力学において未来が大きいエントロピーをもつのと同じことである．しかしここである注意が必要である．われわれは時間の《流れ》とともに単調に増大するリアプーノフ関数をつくることもできるし，また減少するものをつくることもできる．もっと技術的な用語を使えば，動力学的な**群**に対応する図 9.1 A の状況から，**半群**に対応する図 9.1 B の状況への移行は 2 通りの方法で行なうことができる．一方の記述法では平衡状態に達するのは《未来》においてであり，他方の記述法では《過去》においてである．言いかえると，動力学の時間的対称性を破るしかたは 2 通りある．しかしながら，これら 2 つをどのように区別すべきかはむずかしい問題である．

われわれが動力学の可逆な法則を研究する場合ですらも，やはり過去と未来を区別はしている．例えば，月の未来の位置を予言することと，過去におけるその位置がどうであったか計算することの間の区別である．過去と未来の区別は一種の**原始的な概念**であって，ある意味で科学的活動よりも先行している．この概念は経験のみに由来している．物理的世界を《半群》で記述することは，時間（あるいは速度）の反転が禁止されるような状況が自然界に見出される（あるいは人間によって作り出される）場合にのみ，意味をもつのである．定性的にいえば，未来へ向けて《方向づけられた》半群が表すのは，$t \to -\infty$ にではなく $t \to +\infty$ に平衡状態へと発展してゆく状態である．したがってどちらの半群を選ぶかは，《選択規則》の存在に関連している．これらに関しては第 10 章で詳しく論ずる．我々は未来向きに方向づけられた半群に属しているのである．このようにして我々は，次の図式で示されるような首尾一貫した構成へと到達する．

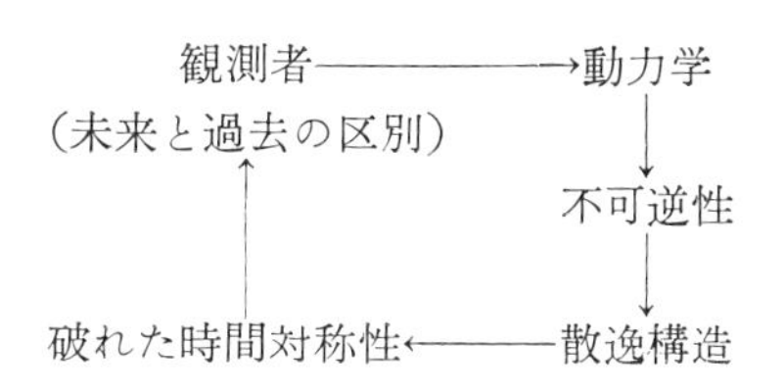

まず観測者，つまり未来と過去を区別する生きた器官から出発し，散逸構造に終わる．すでに見たように，後者は《歴史的な次元》を含んでいる．したがってわれわれは今やわれわれ自身を一種の進化した形の散逸構造とみなすことができるのであり，それが出発時において導入された未来と過去の間の区別を《客観的》に正当化しているのである．

この観点においても，これが基本的だとみなしうるような記述のレベルは存在しない．秩序のある構造の記述が，単純な動力学的系の振舞いよりも《基本的》でないとは言えないのである．

注目してほしいのは，ひとつの階層から他の階層への移行には《対称性の破れ》が伴うことである．運動論方程式で記述されるような微視的レベルにおける不可逆過程の存在は，ハミルトンの正準運動方程式のもつ対称性を破っている（第8章参照）．その結果，散逸構造もまた空間・時間の対称性を破るのである．

このような首尾一貫した構成が可能だという事実自体が，非平衡過程の存在と物理的宇宙のあるべき姿——何らかの宇宙的理由によって，このようなタイプの環境が必然的であるという描像——とを示している．可逆過程と不可逆過程の間の区別は動力学の問題であって宇宙論的議論を考えなくてもよいのであるが，生命の可能性や観測者の活動は，われわれがたまたまその中に存在している宇宙環境と切り離して考えることはできないのである．しかしながら，宇宙論的スケールにおける不可逆性とは何かという質問や，重力が基本的な役割を果たす動力学的記述の枠組の中でもエントロピー演算子を導入することができるのかという質問は手に負えない問題である．しかし第10章の最後の部分において，興味深い見解が示されるであろう．

開かれた世界

古典物理学的見地の基礎は，未来は現在によって決定されるということ，したがって現在を注意深く研究すれば未来のベールをはぐことができるという確信であった．しかしながら，それが理論的な可能性以上のものであったためしはなかった．それでもある意味では，この無制限の予言能力が物理的世界の科学的描像における基本的な要素であった．多分，これを古典科学の創造神話と呼ぶことすらできるであろう．

状況は今日ではすっかり変わってしまっている．注目すべきことに，この変化は基本的には，観測者の役割を考慮に入れる必要性によって測定過程に生ずる限界を，よりよく理解するようになったことによる結果である．これは，20世紀における物理学の発達とともに出現したほとんどの基礎的考えにおいて，くり返されるテーマである．

このことはすでにアインシュタインによる時空の分析 (Einstein 1905) に登場している．その中では信号の伝達速度が真空中の光速度よりも小さいという限界がそのような基本的な役割を果たしている．信号が無限大の速度で伝達されるかもしれないと仮定しても，確かに論理的には不合理ではない．しかし，このようなガリレイ的な時空概念は何年もにわたって集められた多数の実験的情報すべてと矛盾するように見える．われわれが自然に働きかける方法の限界を考慮に入れることが進歩の基本的な要素であった．

量子力学における観測者の役割は，過去50年にわたって科学文献でくり返されたテーマである．未来における発達がどうなろうと，この役割が基本的であることに変わりはない．測定装置とは全く独立に物質の性質が《そこに》あると仮定する古典物理学の素朴実在論は改めなければならなかった．

本書に述べられた進歩は再び同じ方向を指し示している．理論的な可逆性が生じたのは，古典力学や量子力学において，どのような有限精度の測定可能性をも超えるような理想化を用いることによってであった，われわれが観察する不可逆性は，測定の性格と限界を適度に取り入れた理論の特徴なのである．

熱力学が出現したときに，われわれはある種の変換が不可能であることを示す《否定的》な言明を見出した．多くの教科書において熱力学第2法則は，単一の熱源を用いて熱を仕事に変換することは不可能であるという公理の形で表現される．この否定的な言明は巨視的な世界に属している——ある意味でわれわれはその意味を微視的なレベルまで追いかけていったのである．すでに見たように，そこではそれは古典力学や量子力学における基礎概念的な物理量の観測可能性に関する言明となる．相対性理論の場合と同じく，否定的な言明は物語の終わりではない．それは次に新しい理論構造を招くのである．

われわれは古典科学のもつ基本的な要素をこの最近の展開の中で失ってしまったのであろうか．決定論的法則に対する限界が増大していくことは，すべてが与えられた閉じた世界から，ゆらぎや変革に対して開いた世界へと移っていくことを意味している．

古典科学の創始者の多くにとって——アインシュタインですら——科学は見掛けの世界を超越し，時間の存在しない至高の合理性の世界——つまりスピノザの世界——へ達しようとする試みであった．しかし，存在しているのは，法則とゲーム，時間と永遠の両方を含むようなもっと微妙な形の実在なのではあるまいか．われわれの世紀は探究の世紀である．新しい形の芸術，音楽，文学，そして新しい形の科学がある．今世紀も終わりに近づいたいま，この人類の歴史の新しい一章がどこへ通ずるのか予言することはできない．しかし，いま確かなことは，それが自然と人間との間に新たな対話の道を開いたということである．

第10章

不可逆性と時空構造*

1. 動力学的原理としての第2法則

本書のまえがきですでに述べたように，存在と発展の対立，不変と可変の対立，決定論と偶然論の対立は，科学と哲学において古くからある対立である．ニュートン以来物理学の使命は，あるのは初期状態からの決定論的な発展だけで本当の変化は存在しない，という時間の欠如した実在の階層へ到達することだと考えられるようになった．相対性理論と量子力学によってもたらされた思想上の偉大な革命さえも，本質的にはこの古典物理学的な観点を変更することはなかった．古典的であろうと，量子論的であろうと，相対論的であろうと，動力学における時間は，特定の方向をもたない外部変数にすぎない．動力学には過去と未来とを区別する何者も存在しないのである．エントロピーとは，状態に付随する《情報》に関わりがある量で，例えば次のように表わされる（174ページ参照）．

$$\int \rho \log \rho \, d\mu, \qquad \text{（古典力学）}$$

または，

$$\mathrm{Tr}(\rho \log \rho). \qquad \text{（量子力学）}$$

この値は，動力学的発展の過程では，発展のユニタリ的性質の帰結として不変に保たれる．この理由から，私は動力学を**存在の物理学**とよんできた．

* この章は1984年に追加された．本章の準備に対するB. ミスラ教授の援助に感謝する．本章の第1節から第3節まで，第8節から第10節まではかなり一般的であるが，第4節から第7節までは技術的な考察を必要とした．

これとは対照的に，熱力学は**発展の**物理学である．熱力学第2法則は変化の現実性を肯定し，新しい物理量（つまりエントロピー）を導入する．この物理量は，エディントンが《時の矢》とよんだところの特定の向きを時間に付与するのである．エントロピーは過去と未来を区別する．熱力学はさらに，系に付随する内部変数としての新しい時間概念の着想を示唆する．それを用いて我々は，系のある状態が他の状態よりも若いか年とっているかを，それぞれのエントロピーに基づき，記述することができる．物理学的な系に付随する内的属性としての時間概念は，系の伝統的な動力学的記述様式の範囲内にはもちろん存在していなかった．

動力学的記述と熱力学第2法則の定式化との間の，このようなはなはだしい矛盾に直面して，物理学者達は一般に動力学的記述を基本的であるとし，第2法則を動力学の上に施されたある種の近似法に基因するものとみなしてきた（161 ページ参照）．ある人は第2法則を，究極的には主観的で擬人的な性格のものとすらみなしている．例えば，マックス・ボルンは《不可逆性とは，我々の知識の欠如を（動力学的な）基本法則に対して公然と導入した結果，生じた帰結である》と断言しているし，E.ウィグナーはエントロピーを，我々がその系に関して保持している《**利用可能な知識**》を用いて定義しようとしている．

しかしながら，本書で論じたように，物理学と化学における最近の発展は，第2法則で表わされた不可逆性に対するそのような見解の保持をますます難しくしている．もし不可逆性が，摩擦や熱伝導などのエネルギー散逸のような総体的，巨視的現象の特徴にすぎないならば，そのような見解に満足することもできるであろう．しかし今や不可逆性は，生物学や宇宙論のような多様な分野において，基本的に興味深い過程で重要な**建設的役割**（3 ページ参照）を演ずることがわかってきた．平衡から遠い状況における自己秩序形成（いわゆる散逸構造）の可能性，宇宙全体としての進化に果たす不可逆性の役割，重力崩壊のような基本的な過程に適用可能な第2法則の定式化の試み，これらすべては物理学上における予期せぬ発展であり，第2法則は伝統的に捉えられていた以上に基本的な法則であることを示していると思われる．

素粒子物理学においても，不可逆性はこれまで認められていた以上に基本的な役割を果たしているようである（79 ページ参照）．ほとんどすべての素粒子は指数関数的に崩壊し不安定であることが知られている．これらの現象を依然として動力学的変化のユニタリ変換の枠組に納める試みがなされていることも事実である．しかし，通常用いられるユニタリ的な動力学的変化の枠組は，究極的にはおそらく不適当であろうという認識もまた高まっているのである (Hawking 1982 参照)．

すでに述べたように (161 ページ参照)，これらの理由から私達は不可逆性の問題に対し，伝統的な接近法とは全く違う接近法をとるように促された．私達は，エントロピー増大法則とそれが示唆する《時の矢》の存在とを自然界の基本的事実とみなした．したがって，望ましい不可逆性の理論の使命は，第2法則を基本的前提として取り入れた帰結として生ずる動力学的思考体系の基本的変化を追究することだと考えられる．

多分，次のような歴史的事実との類比が，不可逆性に対する我々の接近法と伝統的な接近法との観点の根本的相違を明らかにするであろう．今世紀初頭，アインシュタインの理論が発表される以前に，マイケルソン－モーレーの実験の否定的な結果（つまり，光速度 c はそれを観測する座標系の運動状態には依らず普遍的に一定であること）を説明するいくつかの試みがあった．これらの理論は古典的，ニュートン的な時空概念の変更はせず，絶対座標系（エーテル）の存在という考えを保持していた．そして光速度 c の不変性を，エーテルに対して運動している測定棒が実際に短縮することから生じた見掛け上の効果であるとして説明しようとした．さらにそのような短縮は，運動中の測定棒を構成する荷電粒子間の電磁気力の結果であることを示そうとする巧妙な理論も試みられた．一方アインシュタインは，光速度 c の不変性を自然界の基本的事実とみなし，この前提がもたらす時空と動力学の概念の基本的変化を捜し求めたのであった．同様の思考様式により，私達は第2法則を，動力学に導入されたある種の近似法や我々の《知識の欠如》から生じた見掛け上の事実として説明するのではなく，第2法則を**基本的な物理的事実**として前提とみなし，この前提が我々の時空と動力学の概念にもたらす変革を追究しようとするのである．このプログラムは未だ始まったばかりであり，第2法則を基本原理としてとり入れることがもたらすすべてを解き明かすためには，今後多くの研究がなされねばならない．しかし第7章から第9章にかけて述べたように，第2法則を基本的前提としてとり入れることによって，我々の時空と動力学の概念に対して，さらに自然界に占める人間の位置の評価，存在と発展に関する古くからある哲学的問題の評価に対して，遠大な帰結がもたらされる兆候がすでにみえ始めている．

第7章から第9章にかけて述べたように，第2法則を動力学の基本原理として表わすためには，新しい概念が必要である．これらの概念には，内部時間 T と微視的エントロピー演算子が含まれる．これらの概念はすでに第8章で導入されたが，本章でこのようにして現われる新しい概念的枠組の全体像を紹介することは有益であろう．すでに導入された考えをしばしば参照はするが，本章はほとんど独立な部分として読むことができる．不可逆性の導入が，人類による自然記述における最も基本的なレベル，つまり時空連続体に対して，如何に革命的な帰結をもたらすかを示したいと思う．

先ず指摘すべきことは次のことである．第2法則を動力学の基本的前提としてとり入れることができるためには，通常の動力学的記述における時間反転不変性を破るような適当な《機構》の存在が明らかに必要である．しかしながら，時間反転不変性を破るどのような形式もが，第2法則の内容を表わす訳ではない．例えば，K 中間子の崩壊の原因となる超弱相互作用は，時間反転の不変性を破ると信じられている．しかし，それは第2法則へと導きはしない．なぜなら，それはハミルトン的あるいはユニタリ的な動力学的発展の枠組みに納め得るからである．

我々が捜し求める対称性を破る機構は，**非ユニタリ的時間発展**へと導くものであり，リアプーノフ関数，いい換えれば H 関数（176 ページ参照）を伴う散逸的な半群によって記述されるものでなければならない．当面する対称性の破れは，新しい相互作用の存在に訴えてはならないという意味で，本来的な形の対称性の破れでなければならない．それはさらに，古典力学であれ，量子力学であれ，相対論であれ，すべての動力学的理論において可能な形の対称性の破れであるという意味で**普遍的**でなければならない（ただし，自然界には可逆な現象と不可逆な現象の両方があるので，必ずしもどの系についても成り立つという訳ではない）．

このような**一般的で本来的な形**の対称性の破れが生ずるのは，何らかの理由で，動力学的記述におけるすべての状態や初期条件が許されるのではなく，**ある適当な意味で時間的に非対称な**制約された状態の集まりだけが物理的に実現される場合である．この問題は本章の第2節で再び扱う．ここで一方向的な過程，つまり時の矢，を表わす系としてポパー（K. Popper 1956）が挙げた例を引用しよう．

> 最初に静止状態にあった広大な水面へ，一塊の石を投入した場面の映画を撮影したとする．撮影したフィルムを逆転して映写すれば，どんどん振幅が増大しながな収縮してゆく多数の円形波が映し出されるであろう．さらに，最も高い波がしらのすぐ陰のところには中心へ向かって円形の静止した水面が拡がっている．これは，可能な古典的過程とはみなし難い．この過程が可能なためには，遠方に膨大な数のコヒーレントな波源が必要であり，しかもそれらは次のように調整されていなければならない．つまり，調整法を説明するとすれば，それは元のフィルムでは一つの波源から波が発生してくるように見えるというより他はない．しかしながら，このようにして調整し直された元のフィルムを逆転することは，以前と全く同じ困難の繰り返しを意味するのである．

この形の対称性の破れの考えを一言で表わせば，当面する対称性の破れが生ずるのは**物理的に許される状態のもつ非対称な性質**によってだといえる．私達が第2法則を動力学的原理とする定式化において追求しているのは，このような対称性の破れの考えなのである．数学的な定式化を記述する前に，このような本来的な対称性の破れは，今日の素粒子物理学の場の量子論の研究においても重要な役割を果していることを指摘しておこう．そこでは，**自発的な対称性の破れ**の機構とよばれている．その場合にも先ず，ある対称変換の群のもとで不変な動力学的法則から出発するのだが，この法則の物理的な実現において，対称性が破れるのである．というのは，すべての物理的状態を発生させる真空状態が，最初の動力学的法則の対称性を保持してはいないからである．

もちろん，素粒子物理学で用いられる場合と我々が第2法則の定式化で用いる場合とでは，本来的な対称性の破れの考えの物理的目標や数学的定式化に関して重大な相違がある．そのような相違の一つは次のことである．素粒子物理学における自発的な対称性の破れの機構では，物理的な時間発展は依然として

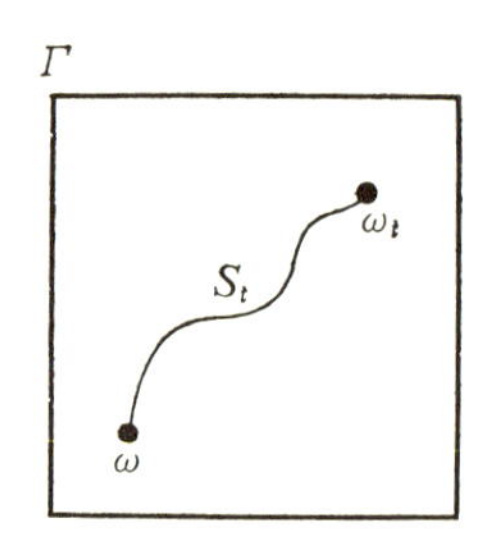

図 10.1　位相空間 Γ における $\omega \to \omega_t$（ただし，$\omega_t = S_t\omega$）の軌跡．

ユニタリ群で記述される，ところが私達が求めるのは，第2法則の内容を表わす適当な**非ユニタリ的半群**によって記述されるような物理的発展へと導く対称性の破れなのである．次に，どのようにしてこの考えを実行に移すかを詳しく述べよう．

2. 動力学と熱力学の橋渡し

時間の2方向間の本来的な形の対称性の破れによる第2法則の定式化を行なう前に古典動力学の基礎的概念の要約をしておこう．

第2章でみたように，古典的系の動力学発展を記述するには2つの方法がある．1つは位相空間上の軌跡に沿った位相点の運動による（ハミルトンの運動方程式（2.4）を用いた）記述である．以下では，位相空間を Γ とよび，位相空間上の点 ω を点 ω_t へと写像する点変換を S_t とよぶ（図 **10.1** 参照）．

もう一つの記述法は，ギブズ - アインシュタイン記述とでもよぶべきもので，位相空間上に分布関数 ρ を導入する（式（2.8）参照）．既述したように，位相空間上での流れにおいて体積（または測度）は保存される（2.2 節参照）．分布関数の時間発展はユニタリ演算子 U_t を用いて次のように与えられる（式（2.12′）参照，そこでは $U_t = e^{-itL}$）．

$$\rho_t(\omega) = U_t \rho(\omega). \tag{10.1}$$

演算子 U_t はユニタリであり，ユニタリ演算子の定義は量子力学の場合と同様である（式（3.11），（3.12）参照）．明らかな相違点はここでの U_t は位相空間上の関数に作用するということである．しかしその上に，古典力学の演算子は**点変換に帰着**できるという相違点がある．つまり，これらは単に《みかけ上の》

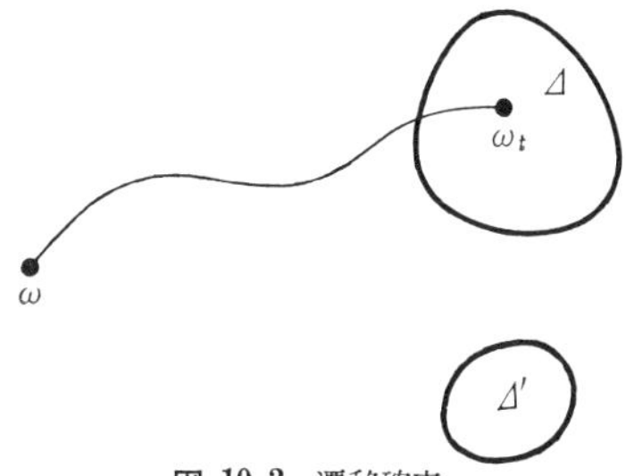

図 10.2 遷移確率.
$P(t, \omega, \Delta)=1,\ \ P(t, \omega, \Delta')=0.$

演算子にすぎないのである．実際に，式（10.1）は次のように書き直される．

$$\rho_t(\omega)=(U_t\rho)(\omega)=\rho(S_{-t}\omega). \tag{10.2}$$

例として読者は**自由粒子**（$H=p^2/2m$）を考えるだろう．そのときのリウヴィル方程式の解は次のようになる（式（2.13）参照），

$$\rho(t, p, q)=e^{-t\frac{p}{m}\frac{\partial}{\partial q}}\rho(0, p, q)=\rho\left(0, p, q-\frac{p}{m}t\right). \tag{10.3}$$

解釈は明らかである．運動によって運動量 p は不変に保たれ，座標 q は $-\frac{p}{m}t$ だけ変化する．一般的な性質である式（10.2）も同様にして証明される．ユニタリ演算子 U_t は動力学的**群**を構成する（第9章の第2節参照）．

$$U_tU_s=U_{t+s}, \qquad \text{ただし}\quad t, s\gtrless 0. \tag{10.4}$$

次にボルツマンのやり方にならおう（164 ページ参照）．不可逆性を得るためには，動力学に対しマルコフ過程のような確率論的記述を付随させることができなければならない（第6章参照）．その場合に基礎的な量は遷移確率である．我々が扱っているのは位相空間なので，次のような量を考えねばならない．

$$P(t, \omega, \Delta). \tag{10.5}$$

これは時間 t の間に，点 ω からある領域 Δ へと移行する確率を与える．この量は0と1の間の正の値をとる．ここで直ちに我々は軌跡の理論との基本的な相違に到達する．

点 ω から ω_t へと移行する軌跡を想定すれば，明らかに

$$\begin{aligned} P(t, \omega, \Delta)&=1 \quad (\omega_t \text{ が } \Delta \text{ 内にあるとき}) \\ &=0 \quad (\omega_t \text{ が } \Delta \text{ 内にないとき}) \end{aligned} \tag{10.6}$$

である．これは非常に縮退した場合となっている．(一般的には（訳者))固有マルコフ過程の場合と同じく，少なくともいくつかの遷移確率は0でも1でもない値をとる．もしそうでなければ，単純に決定論的な記述へと移行するのである．ここで，不可逆性の場合と同様に2つの態度が可能である．1つは，確率は究極的には，初期条件に対する（したがって，軌跡に対する）我々の**知識の欠如**に帰着できるという考えであり，もう一つは，少なくともある種の動力学的系に対しては，軌跡による記述法に代わる記述法があるのだという考えである．軌跡は点変換に対応するので，もう一方の記述法は，後に述べるような意味で，非局所的な記述法でなければならない．

この状況を《隠れた変数》の存在に関する有名な論争と比較することは興味深い．第3章でみたように，量子力学における波動関数は確率振幅を表わしている．この確率は本来的なものであろうか，それとも我々の無知，つまり平均操作によってある隠れた変数を消し去ったことによるのだろうか．今日ではこの論争は解決されたようにみえる．実験の結果によると（Aspect 1982, Röhlich 1983)，量子力学における確率は（隠れた変数には（訳者））帰着不能である．我々の場合にも，問題はよく似ている．不可逆性は知識の欠如による結果なのだろうか，それとも時空構造の深層に横たわる新しい非局所性の現われなのであろうか．

この問題に答える前に，マルコフ過程の基礎的，形式的性質のまとめをしておこう．分布関数 $\tilde{\rho}$ が位相空間上でマルコフ過程に従う時間発展を行うとする．動力学の場合とまったく同様に（式（10.1）参照)，次のように書ける．

$$\tilde{\rho}_t(\omega)=W_t\tilde{\rho}(\omega). \qquad (10.7)$$

U_t と W_t の基本的な相違は，動力学的過程では過去と未来の区別がないのに対して，マルコフ過程では《時間的な方向つき》だということである．つまり，それは平衡状態への接近を記述する（第1章で述べたブラウン運動はその一例である)．

その結果，**群**の性質（式 10.4）の代りに**半群**の性質をもつことになる．

$$W_tW_s=W_{t+s}, \qquad ただし \quad t, s>0. \qquad (10.8)$$

さらに，もし $\tilde{\rho}$ が式（10.7）を満たせば，第7章で議論したボルツマンの模型と全く同じように，$\tilde{\rho}$ に対しリアプーノフ関数（または H 関数）を付随させることができる．もちろん，過去の方向へ向かうマルコフ過程，つまり（$t\to+\infty$の代りに）$t\to-\infty$ で平衡状態に達する過程を記述するものを考えることもできる．そのような過去へ向かう半群は次のような半群の性質をもつ．

$$W'_t W'_s = W'_{t+s}, \qquad ただし \quad t, s<0. \tag{10.9}$$

これは，すべての負の時間に対して成り立つ．

それでは，動力学と確率の間の橋渡しはどのようにすればよいのだろうか．一つの可能性は，動力学的記述と確率論的記述とをある変換 Λ を通じて関係づけられはしまいかと考えることである．つまり，古典力学の法則に従って（つまり，リウヴィル方程式（2.11′）を満しながら）発展する分布関数 ρ に対して，マルコフ過程に従って発展する分布関数 $\tilde{\rho}$ を次の関係によって対応づける．

$$\tilde{\rho}=\Lambda\rho. \tag{10.10}$$

これがまさに第8章で行われたことである．そこですでに指摘したように，この変換は単なる座標変換よりもずっと本来的であり，ユニタリ演算子で表わすことはできない（第3章，第3節参照）．もし式（10.10）を受け入れれば，次のような関係となる．

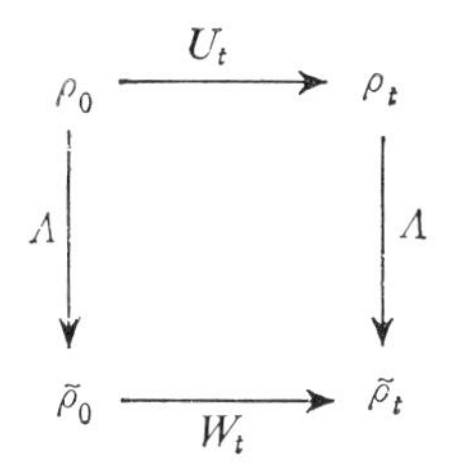

これは U_t と W_t の間の際立って《交錯した》関係を意味している．ここで，

$$\tilde{\rho}_t = W_t\tilde{\rho}_0 \qquad より \qquad \Lambda U_t\rho_0 = W_t\Lambda\rho_0 \tag{10.11}$$

という関係が ρ_0 によらず成り立つので，

$$\Lambda U_t = W_t\Lambda \qquad (t\geqq 0) \tag{10.12}$$

という関係が得られる．

もし Λ に逆変換があれば，式（10.12）は相似変換の形に表わせる（式（3.13）参照，ただし Λ はユニタリ的ではないことに注意せよ）．

$$W_t = \Lambda U_t \Lambda^{-1}. \qquad (10.13)$$

動力学と確率過程との橋渡しにおいて我々が当面する中心的な問題は，したがって，Λ の構成法である．しかしながら，既述したように U_t は局所的記述（点変換による，式（10.2）参照）に対応するのに対して，W_t は**非局所的**な変換に対応している．したがって，Λ もまた非局所的な要素をもたねばならない．ここでも，運動の不安定性（あるいは弱い安定性，第2章参照）が重要な役割を演ずる．通常の記述法に代わる動力学の非局所的記述法がつくられ，それ故，Λ の明確な構成を実際になしうるのは，そのような系においてである（次節を参照）．

動力学的発展 U_t が可逆的であることから，もちろん次のことがわかる．$t \geqq 0$ でエントロピーが増大する半群の時間発展 W_t をもたらす Λ の存在と共に，もう一種の変換 Λ' が存在せねばならず，それに対しては

$$\Lambda' U_t \Lambda'^{-1} \equiv W_t' \qquad (W_t' \text{ は式 (10.9) を満す}) \qquad (10.14)$$

が時間の逆方向にエントロピーが増大する半群の時間発展となっている．しかしながら重要なのは，作用領域が異なるという点で Λ と Λ' には必然的な区別があるということである．このことは，次のように熱力学第2法則を**選択原理**として定式化することを許すことになる．つまり，2種の変換のうちの一方だけが物理的に実現される状態をもたらし，その時間発展は対応する（一方の）半群によって規定されるという選択原理である．

まとめていえば，熱力学第2法則はいまや **2つの**言明からなるように定式化される．第1に，第2法則は対称性を破る変換 Λ と Λ' の存在を明確化し，それらの変換は時間の2つの方向についてそれぞれエントロピーを増大させる2つの異なった半群 W_t と W_t' とをもたらす．次に，第2法則は動力学によって伝達されてゆく選択原理の存在を明確化する．それによると，これらの対称性を破る変換のうちの一方だけが物理的に実現される状態をもたらし，したがって物理的に観測される時間発展をもたらすのである．

変換演算子 Λ が導入される系は《**本来的にランダム**》とよばれる．確率というものが，どのような《隠れた変数》からも独立に本来的な意味をもつのはそのような系においてである．さらに，**それに付け加えて**選択原理が成り立つ系は**本来的に不可逆**とよばれる．

このような第2法則の定式化が動力学にもたらす状況については後にもっと詳しく議論する．ここでは単に次のことを指摘するに止める．即ち，上述のような性質をもつ対称性を破る変換 Λ の存在が可能なのは，動力学的な運動が高度の**不安定性あるいは初期条件に対する敏感さ**をもつときである（178 ページ参照）．もっと正確には，ミクシングの不安定性は Λ の存在のための必要条件であり，コルモゴロフの流れ（K-流，190 ページ参照）の条件が意味するさらに強い不安定性は十分条件なのである．

K-流の数学的な定義に深入りはしないが次のことを指摘しておく．K-流の性質をもつ動力学的系には，位相空間内のどの点においても（位相空間全体よりも次元の低い）2つの多様体が存在するという重要な性質がある．一方は，時間 t の増大する方向の動力学的運動と共にどんどん縮小する多様体であり，他方は t と共に拡大する多様体である．縮小または拡大する多様体という考えの説明には**パイこね系**の例が分りやすい．これは，K-系の最も簡単な数学的例でもある（189 ページ参照）．図 8.1 に示されたパイこね変換の結果として，鉛直な線分はパイこね変換の適用と共にどんどん短かい鉛直線分へと縮小してゆく（《縮小》ファイバー），ところが水平な線分はパイこね変換を1回適用するごとに2倍になってゆく（《拡大》ファイバー）．

縮小あるいは拡大する多様体は，もしそれらが存在するならば，**明らかに時間的に非対称な対象**である．縮小する多様体は，ある意味で，未来へ向けて一塊りになって運動してゆく．すべての点は未来において**同じ宿命**へと向かう．しかし，過去にさかのぼるとそれらはどんどん発散してゆく履歴をもっている．拡大する多様体はちょうど逆である．その上の点は未来においてどんどん発散してゆく振舞いをする．しかし過去にさかのぼればさかのぼる程どんどん収束してゆく履歴をもっている．

拡大または縮小する多様体に異なった役割を割り当てて対称性を破る変換 Λ（または Λ'）を構成できるのは，上述のような時間的に非対称な対象の存在によってである．事実，次のことを示すことができる．即ち，物理的に許される対称性を破る変換として（$t \geqq 0$ においてエントロピーが増大する時間発展をもたらす）Λ を選ぶということは，物理的に実現される状態の集まりから縮小する多様体上に凝集している（特異な）分布関数を除外することを意味する

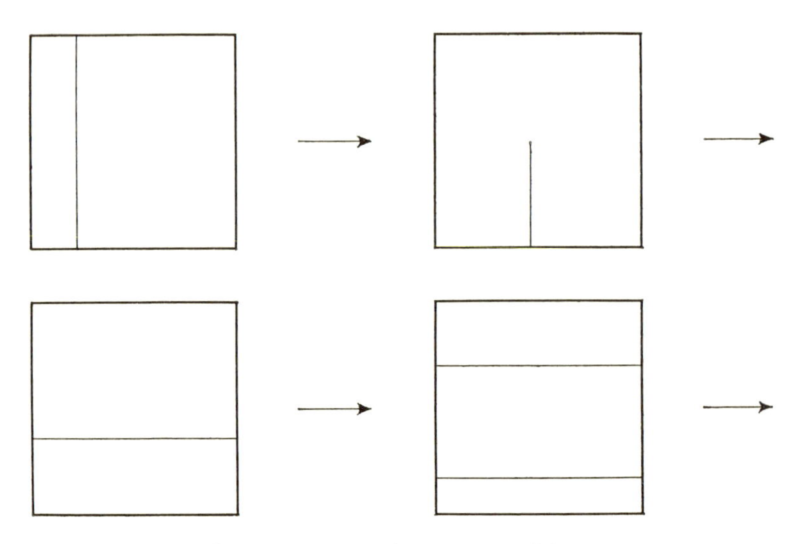

図 10.3　パイこね変換——縮小ファイバーと拡大ファイバー.

(第 4 章参照). 他方，もし対称性の破れが Λ' によって生ずるならば，物理的に実現されないとみなすべきなのは，拡大する多様体に伴う状態である.

何が物理的に実現されて**何が実現されないかは，もちろん経験的な問題**である. 私達の第 2 法則の定式化が成し遂げたことは，第 2 法則とそれに伴う《時の矢》を，基礎的なレベルにおいて，ある種の初期状態の設定に対する制限と結びつけたことである. 興味深いことに，物理的に興味ある動力学的系の模型では，対称性を破る変換 Λ によって除外される初期状態の種類は，直感的に考えて実現不可能と思われる種類に丁度一致しているのである.

例えば，二次元ローレンツ気体を考えてみよう. この模型は，固定された配置の複数の円盤（散乱体）と複数の軽い点粒子とからなっていて，点粒子どうしでは相互作用をせず，散乱体の間を一定速度で自由に運動し，散乱体に達すると弾性的に反射される. 軽い点粒子間の相互作用は無視しているので，そのような粒子の束の振舞いを調べるには，固定された複数の凸状散乱体と一個の軽い粒子の系の位相空間上の分布関数の運動を調べればよい. この系は K-流の性質をもつことが知られている.

この系に伴う K-分配(パーティション)，つまり縮小ファイバーは次のようにして求められ

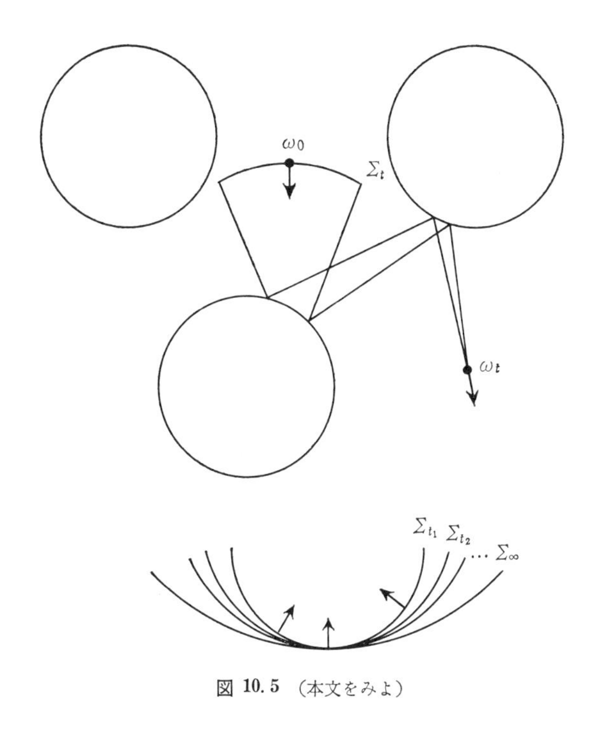

図 10.5 （本文をみよ）

る（**図 10.5** 参照）．位相空間上における最初の点を ω_0 とし，時間 t の後の点をω_t とする．もし，点 ω_t のまわりで粒子の（空間的位置は変えずに）方向だけを変化させて $t=0$ まで運動をさかのぼり，粒子が出発したはずの最初の位相点を求めたとすれば，与えられた点 ω_0 を含む曲線 Σ_t が得られる．少なくとも十分に狭い ω_0 の近傍を考える限り，曲線 Σ_t は滑らかであろう．上述の方法と同じようにして，種々の値の時間 t' に対して（ただし最初の点 ω_0 は共通として），$\Sigma_{t'}$ が構成される．

この系の典型的な縮小する多様体は，$t\to+\infty$ で曲線 Σ_t の族が収束する曲線 Σ_∞ である．言い換えると，そのような縮小ファイバー上に凝集している（特異な）分布関数で表わされるような一束の粒子の位置や速度（の方向）は，本来的に強く相関し合っていて，固定された散乱体に繰り返し衝突した後の**無限の未来**には，それらすべては一点に収束するのである．したがって，それらの間の相関は**無限に遠い未来**に一点へと収束するように入射する波がしらの場合のそれと類似している．$t \geqq 0$ におけるエントロピー増大へと導く対称性を破る変換 Λ は，このような種類の入射波中の相関を，出射波の波がしら中における時間反転された相関から区別し，前者を物理的に実現不可能として除外するのである．

他にも多くの例を挙げることができる．付録Bではどの量子力学のテキストにもあるポテンシャル散乱の問題を検討する．そこでは平面波の他に，入射または出射する球面波が得られる．物理的な直感に基づいて，一般的に出射する球面波だけが観測されると述べられている．私達は，選択原理の役目を果す我々の第2法則の定式化は，入射する球面波を除外させることを示すであろう．

この関連において，アインシュタインとリッツの間の有名な討論（1909）を思い起すことは興味深い．リッツは第2法則を，例えば電磁力学における先行波のような，動力学方程式のある種の実現（方程式の解のこと（訳者））を自然界における物理的実現から除外する原理であると信じていた．一方，アインシュタインは，エントロピー増大法則はありそうもない（秩序立った）状態からありそうな状態への発展，という統計的な意味しかもち得ないと主張した．さらに，アインシュタインにとっては，確率的記述の導入は**理論的記述の不完全さ**を意味していた．

リッツとアインシュタイン両者の見解の調停を妨げていたのは，リッツが心に描いたような絶対的な排他原理がどのようにエントロピー増大の確率的解釈へと結びつくかを示すことが困難なことであった．前の段落で述べたように，我々の第2法則の定式化は，第2法則は物理的に実現される状態に対する基礎的レベルにおける制限を表わすというリッツの見解を具体化するものである．しかし，以下で分るように，我々の定式化はアインシュタインの見解をも具体化するのである．なぜなら，それは決定論的な動力学的発展から確率論的過程への移行をもたらすのであり，後者では秩序立った状態からより無秩序な状態へと発展が進行するからである．このようにして，アインシュタインとリッツの見解は一見されるように調停不可能なのではなく，それらは単に第2法則の2つの側面の不完全で部分的な表現であっただけなのである．これら二つの見解を結ぶ見失われていた環（ミッシングリンク）は，**本来的な形の対称性の破れ**という考えであり，それは一方では物理的に実現される状態に対する制限を意味し，他方では決定論的動力学から確率論的過程へと導くのである．

ここで強調しておきたいことは，私達の見解は，マーティン・ガードナーの『自然界における左と右』(坪井忠二，小島弘訳，紀伊国屋書店（1971)）という秀れた本で明らかにされた通俗的見解とは全く異なるということである．彼は次のように書いている．《ある事象は一方向のみに進行する．それは他の方向へ進行することができないからではなく，逆向きに進行することが非常に起りにくいからである.》これは次のような我々の定式化とは抵触している．即ち，**許される**状態に確率測度を与えることができるのは，自然界においてその他の状態が**厳密に**禁止されているからであり，自然界においてそれらを見出すこともできなければ我々が設定することもできないからである．

3. 内部時間

変換 Λ（式（10.10）参照）によって，動力学的記述から確率論的記述へと実際に進むことができることを示すには，第8章で導入した内部時間（式（8.22）参照）をさらに詳しく議論しなければならない．通常の《外部》時間変数 t では，状態の時間非対称な性質すら定式化できないことは明らかである．この目的のために，個々の状態の（平均）《年齢》に言及できるような新しい時間概念が必要となるのである．そのような時間概念は内部時間演算子 T によって与えられる．式（8.22）の代りに，ユニタリ演算子 $U_t(=e^{-iLt})$ と T の間の関係を次のように書き表わせることが簡単に示せる．

$$U_t^{\dagger}TU_t=T+t\cdot I. \tag{10.15}$$

この関係式は，単位時間間隔ごとに起るパイこね変換のような離散的写像において特に有用である．

次に，演算子時間 T の物理的意味を議論し，それは局所的な演算子であって強い不安定性を示す系では新しい古典動力学的記述へと導くことを示そう．

再び上述のパイこね変換の例に戻ることにして，この変換を B で表わす．B の反復 B^n（n は正または負の整数）は，単位時間間隔ごとにおこる系の動力学的発展の模型とみなすことができる．B^n に対応するユニタリ演算子は（式（10.2）参照）

$$(U_n\rho)(\omega)=\rho(B^{-n}\omega). \tag{10.16}$$

T の固有関数の直交完全系は次のようにして構成することができる．χ_0 を正

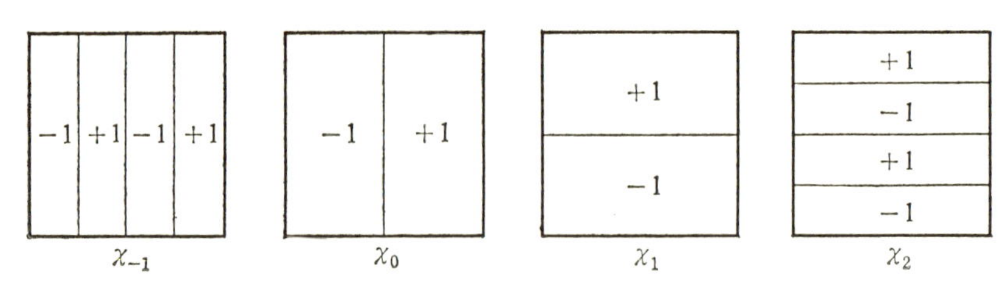

図 10.6 パイこね変換に対する内部時間演算子の固有関数.

方形の左半分では −1，右半分では +1 の値をとる関数とし，次のように定義する.

$$\chi_n = U^n \chi_0. \tag{10.17}$$

χ_0 から出発して，n 回のパイこね変換の後に χ_n を得る（n は正または負の整数）. これらの関数のうちのいくつかは，**図 10.6** に示されている. この定義から分るように，χ_n は演算子 T の固有関数であり，《年齢》n に対応している.

$$T\chi_n = n\chi_n. \tag{10.18}$$

証明は付録Aで示される.

T の固有関数の完全系は，χ_n の有限個の積のすべてによって与えられる（付録A参照）. もし m が，積の中に現われる χ_n の添字 n の最大値であれば，そのような積は T の固有値 m に属することになる. 例えば，$\chi_{-5}\chi_3$, $\chi_{-1}\chi_2\chi_3$ や χ_3 などは，どれも固有値 +3 に属する T の固有ベクトル（または固有関数（訳者））である. $\phi_{n,i}$ で T の固有ベクトルの完全系を表わすことにしよう. 添字 n は T の固有値を表わし，添字 i でその他の多重度を区別する（第2の添字 i は，以下ではしばしば省略する）. 固有関数 $\phi_{n,i}$ は，定数関数 1 と共に，直交関数の完全系を形成する. したがって，どの分布関数 ρ も固有関数 ϕ_n によって次のように展開される.

$$\rho = 1 + \sum_{n=-\infty}^{\infty} c_n \phi_n. \tag{10.19}$$

一様な平衡分布からの ρ のずれを記号 $\bar{\rho}$ で表わすことにすれば，

$$\bar{\rho} = \rho - 1 = \sum_{n=-\infty}^{+\infty} c_n \phi_n. \tag{10.20}$$

ここで，年齢が零で χ_0 に対応する分布関数の場合には，

$$\rho=1+\chi_0. \tag{10.21}$$

このとき系は位相空間の右半分（図 10.6 参照）だけに存在することになる．しかし，右半分の何処にあるかについての情報はこれ以上得ることはできない．逆に，もしその正確な位置が分ったとすると，分布関数は δ 関数となり，次のようになる．

$$\begin{aligned}\rho&=\delta_{\omega_0}(x, y)=\delta(x-x_0)\delta(y-y_0)\\&=1+\sum_{n=-\infty}^{+\infty}\phi_n(x_0, y_0)\phi_n(x, y).\end{aligned} \tag{10.22}$$

式（10.22）においては，どの年齢も同じ割合で現われる．したがって，位相空間上の点による記述と，いろいろな内部的な《年齢》に対応した《分配》による記述との間には，（量子力学の場合と同じような意味で）一種の《相補性》が存在する．内部的年齢は，系の新たな非局所的記述を提供するのである．

もし，内部時間演算子が存在すれば，任意の状態 ρ に対して次のような平均的な《年齢》を当てはめることができる．

$$\langle T\rangle_\rho=\frac{\langle\bar{\rho}, T\bar{\rho}\rangle}{\langle\bar{\rho}, \bar{\rho}\rangle}. \tag{10.23}$$

式（10.20）と関数 ϕ_n の直交性を用いると，この式は次のようになる．

$$\langle T\rangle_\rho=\frac{\sum n{c_n}^2}{\sum {c_n}^2}=\langle n\rangle. \tag{10.24}$$

式（10.15）を用いると，次式が容易に示される．

$$\langle T\rangle_{\rho_t}=\langle T\rangle_{\rho_0}+t. \tag{10.25}$$

つまり，状態 ρ に伴う平均的年齢は**外部時間または時計時間 t の経過と歩調を合せて**進行する*.

しかしながら内部時間は，我々が時計上で読みとる外部時間とは全く異なっている．内部時間は，人間にあてはめられた年齢の方により密接に対応している．年齢の判断は，人の体のどこか一部分をとり出して定めることはできない．

---

* さらに，次のことも容易に示される．

$$\langle\delta T^2\rangle=\langle T^2\rangle-\langle T\rangle^2 \quad \text{とするとき，} \quad d\langle\delta T^2\rangle=0,$$

つまり，分散は常に一定に保たれる．

それは，個々の部分を含む平均的，全体的な判断に対応するのである．この内部時間の考えは，最近《年齢地理学》という概念を導入した地理学者達の考えとも近いものである．ある都市または風景の構造を観察するとき，時間的な要素が相互作用しあい共存していることを見出す．ブラジリアやポンペイは，内部年齢が確定した場合に相当し，パイこね変換におけるある一つの基本的な分配（パーティション）に類似している．反対に，現代のローマは，その建物が全くばらばらな時期に設立されているので，ある平均的年齢に相当するであろう．それは丁度，任意の分配はいろいろな内部時間をもつ分配へと分解されるのと同じである．

量子力学においては，非局所性はプランク定数 h を通じて導入される（付録 D 参照）．しかし驚くべきことに，内部時間の存在をもたらした運動の不安定性が，すでに古典力学において非局所性のもう一つの源泉として現われるのである（本章の第 5 節参照）．このことは広範な帰結をもたらす．なぜなら，いまや我々は第 8 章と第 2 節とで導入された対称性を破る変換 Λ を容易に構成することができ，さらに，動力学つまり存在の物理学から，熱力学つまり発展の物理学への転換を遂行することが可能となるからである．

4. 過去から未来へ

一旦，内部時間を導入してしまえば，対称性を破る変換演算子 Λ を構成することは実に簡単なことである．この演算子はユニタリ群 U_t から半群 W_t を導き，$t\to+\infty$ において平衡状態へともたらす．以下でわかるように，このためには内部時間の減少関数 $\Lambda(T)$ を導入しさえすればよい．すでにみたように（式（10.18）参照），

$$T\phi_n=n\phi_n. \tag{10.26}$$

したがって，

$$\Lambda(T)\phi_n=\lambda_n\phi_n. \tag{10.27}$$

T の減少関数であることは次のことを意味する．

$$0\leqq\lambda_{n+1}\leqq\lambda_n. \tag{10.28}$$

さらに，$\Lambda(T)$ はエルミート演算子であるという条件を付加する（式（8.28）参照）．次にリアプーノフ関数 Ω_ρ（式（7.16），式（8.4）参照）を考える．式（8.1）と式（8.4）に対応して，

$$\Omega_\rho=\int\tilde{\rho}^2 d\omega=\int(\Lambda\rho)(\Lambda\rho)d\omega$$

$$=\int\rho\Lambda^2\rho d\omega. \tag{10.29}$$

時刻0と時刻1(つまり1回のパイこね変換の後)における Ω_ρ を比較してみよう．式 (10.19) より

$$\rho_0=\sum_{n=-\infty}^{+\infty}c_n\phi_n+1, \tag{10.30}$$

また,

$$\tilde{\rho}_0=\sum_{n=-\infty}^{+\infty}c_n\lambda_n\phi_n+1, \tag{10.31}$$

同様にして（式 (10.17) 参照）

$$\rho_1=U\rho_0=\sum_{n=-\infty}^{+\infty}c_n\phi_{n+1}+1, \tag{10.32}$$

$$\tilde{\rho}_1=\sum_{n=-\infty}^{+\infty}c_n\lambda_{n+1}\phi_{n+1}+1. \tag{10.33}$$

この結果，式 (10.29) より

$$\Omega_{\rho_1}-\Omega_{\rho_0}=\sum_{n=-\infty}^{+\infty}({\lambda_{n+1}}^2-{\lambda_n}^2){c_n}^2<0 \tag{10.34}$$

を得る．最初の Ω_ρ が一定に保たれるのとは反対に，変換された分布関数によって定義された $\mathscr{H}$ 関数は単調に減少する．条件 (10.28) は，$\tilde{\rho}$ が純粋な確率分布（量子力学では正値演算子）であるという要請を用いれば，もっと強められる．付録 A で示されるように，これは次のことを意味する．

$$0\leqq\lambda_n\leqq1 \quad ただし \quad \lambda_n\to1 \ (n\to-\infty)$$
$$\lambda_n\to0 \ (n\to0).$$

さらに，

$$\frac{\lambda_{n+1}}{\lambda_n}\to0 \qquad (n\to+\infty). \tag{10.35}$$

実際に Λ が，測度を保存する動力学的群 U_t を**縮小する**半群へと変換させることを示そう．明らかに U_t は，次のように ($t=m$ に対して)，測度を保存している．

$$U_m\phi_n=\phi_{n+m}. \tag{10.36}$$

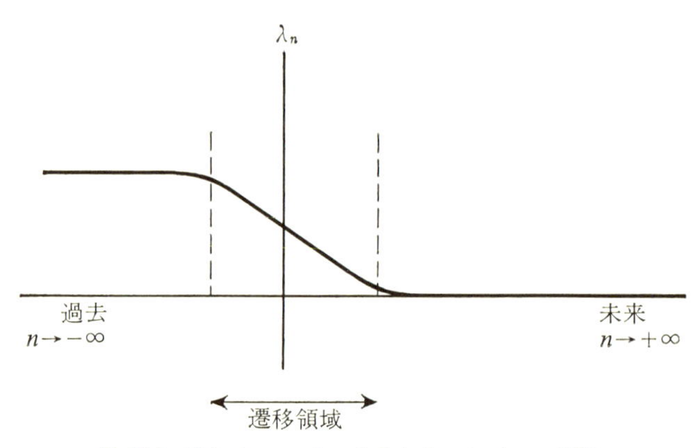

図 10.7 過去（$n\to-\infty$）から未来（$n\to+\infty$）への遷移.

反対に（式（10.17）参照）

$$W_m\phi_n=\Lambda U_m\Lambda^{-1}\phi_n=\Lambda U_m\frac{\phi_n}{\lambda_n}$$

$$=\Lambda\frac{\phi_{n+m}}{\lambda_n}=\frac{\lambda_{n+m}}{\lambda_n}\phi_{n+m}. \tag{10.37}$$

式（10.28）からの帰結として，ϕ_n に対応する面積は，時間と共に減少する．不等式（10.28）と（10.37）は次のようにとれば満される*.

$$\lambda_n=\frac{1}{1+a^n}=\frac{1}{1+e^{n/\tau_c}}. \tag{10.38}$$

$$\text{（ただし，}a>1, \log a=\frac{1}{\tau_c}\text{）}$$

次に，変換された状態 $\tilde{\rho}$(式（10.10）参照）の物理的意味について付言しよう．あるパラメーター時刻 t における ρ や $\tilde{\rho}$ は，一般的に**内部時間 T** についての過去と未来の両方の寄与から成り立っている．しかしながら，ρ においては過去と未来が対称的な役割を果しているのに対して，$\tilde{\rho}$ においてはそうではない．$\tilde{\rho}$ では，未来の状態からの寄与は《**低減して**》いる．現在の状態は，過去からの寄与と《近い》将来からの寄与を含んでいる．これは決定論的系における現在が，過去と未来の両方を含んでいるのと対照的である．次に，λ_n を

* もっと一般的には，$\lambda_n=\exp[-\phi(n)]$ ととることができる．ここに，$\phi(n)$ は n の凸関数である．

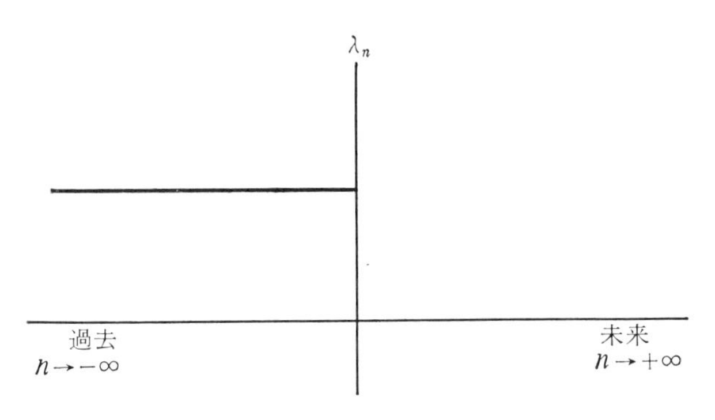

図 10.8　$\tau_c\to0$ の極限における過去（$n\to-\infty$）から未来（$n\to+\infty$）への遷移.

n の関数として表わそう（**図 10.7** 参照）．式（10.38）を採用すると，過去と未来の遷移領域は，特性時間 τ_c の程度である．過去と未来の間の鋭い遷移があるのは，$\tau_c\to0$ の場合だけである（**図 10.8** 参照）．

時間の記述法が如何に劇的な変化を遂げたかを次にみよう．伝統的な時間の記述法では，時間は遠い過去（$t\to-\infty$）から遠い未来（$t\to\infty$）へと到る一本の直線と同型だと信じられていた（**図 10.9** 参照）．すると現在は，過去と未来を分ける **1 点**に相当することになる．現在は，いわば，何処からともなく現われ何処へともなく消え去るのである．さらに，一点へと縮小されることによって，現在は過去とも未来とも無限に近く隣り合う．この表示においては，過去，現在そして未来の間には全く距離が存在しないのである．これとは逆に，我々の記述においては，過去は未来から特性時間 τ_c で測られる間隔だけ隔たっているのである．我々は，現在の《持続》について語ることができる．

興味深いことに，ベルクソン（1970）やホワイトヘッド（1969）のような多くの哲学者が，現在に対してそのような圧縮不能な持続を帰することを主張した．第 2 法則を動力学的原理とすることは，それが空間的な非局所性へ導いたのと同じようにして，丁度この結論へと導くのである（第 6 節参照）．

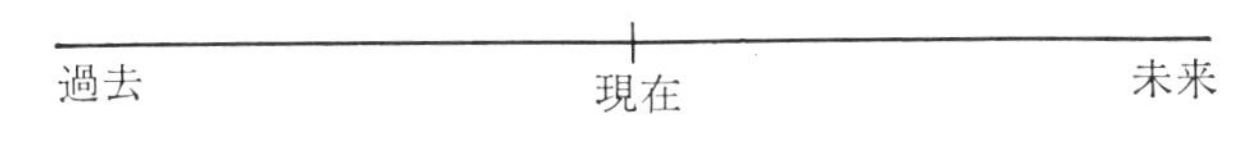

図 10.9　伝統的な時間の記述法.

5. エントロピーによる制限

これまでの節でみたように，パイこね変換で記述されるような非常に不安定な動力学的系は《本来的にランダム》である（第2節参照）．その時間発展は，演算子 Λ によって確率過程へと射影される．しかし，$n\to-\infty$ で零に近づくような λ_n を用いれば，同じような変換 Λ' が構成され，$t\to-\infty$ で平衡状態に達するようなマルコフ連鎖が得られる．したがって，我々は我々の課題の第2の部分，つまり本来的にランダムな系から本来的に不可逆な系へと向かわねばならない．この二種類の半群の相違の起源は，我々が自然界において見出し，あるいは設定しうる物理的状態のタイプには対する制約にあることは明らかである．

我々はすでに第2節で，縮小ファイバーと拡大ファイバーという定義を導入した．次に我々は，Λ 変換が実際に，この両者の間の劇的な違いをもたらすことを示さねばならない．逆にどちらか一方を可能な初期条件として選べば，保持される半群が決定される．拡大ファイバーは次の分布に対応している．

$$\rho_d(x, y)=\delta(y-y_0). \tag{10.39}$$

関数 ϕ_n による展開を用いれば（式（10.26）参照），

$$\begin{aligned}\rho_d(x, y)&=\sum_{n=-\infty}^{+\infty}\left[\int\rho_d(x', y')\phi_n dx'dy'\right]\phi_n+1\\&=\sum_{n=-\infty}^{+\infty}\left[\int\phi_n(x', y_0)dx'\right]\phi_n+1.\end{aligned} \tag{10.40}$$

ここで図 10.6 を参照すると，負の内部時間に相当する分配（例えば，χ_{-2}, $\chi_{-1}, \cdots$ など）を含む場合には，交互に符号の異なる縦縞が現われることが分る．したがって，

$$n<0 \quad \text{ならば,} \quad \int\phi_n(x', y_0)dx'=0. \tag{10.41}$$

次に ρ_d の Λ 変換を求める．式（10.4）を用いて，

$$\tilde{\rho}_d(x, y)=\sum_{n\geqq 0}^{\infty}\lambda_n\int\phi_n(x', y_0)dx'\cdot\phi_n(x, y)+1. \tag{10.42}$$

---

* 読者は，正則関数 $f(\alpha)$ に対しては，$\int f(\alpha)d\alpha$ だけではなく $\int|f(\alpha)|d\alpha$ もまた存在しなければならないことを思い起してほしい．多重度の効果までも含むより精しい研究については，Misra と Prigogine（1983）を参照のこと．

式（10. 27）とは対照的に，この関数は，λ_n を次のように選べば，もはや特異的ではなく**正則**である*.

$$\sum_{n\geqq 0} 2^{n-1}\lambda_n < \infty. \tag{10.43}$$

$\tilde{\rho}_d$ は正則関数なので，式（10. 29）のようなリアプーノフ関数（または H 関数）へ代入することができる．逆に，もし縮小ファイバーに対して同様の手続きを行うと，$\tilde{\rho}_c$ は特異関数のままであり，式（10. 29）は発散してしまうことが示される．

もし，未来へと向かう半群として Λ' を選んでいれば，縮小ファイバーを残し拡大ファイバーを排除したであろう．すでに強調したように，エントロピーはこのような選択原理を提供するのである．この選択原理は新しい原理であって，**動力学から導出することはできない**．この原理は，観測されまたは作り出される関数の種類に対して制限を与える．この選択原理は**動力学によって伝達されてゆく**のである（この点で，量子力学におけるパウリ排他原理と著しい類似性をもつ）．もちろん，拡大（または縮小）ファイバーは**常に**，拡大（または縮小）ファイバーであり続ける．逆にいえば，第 2 法則が成立するのは時間反転が禁止されるような状態が存在するような系の場合だけだということが期待される．

選択原理を定式化するために式（10. 39）のような特異関数が必要だということは，一見したところ奇妙に思えるかもしれない．しかしながら，例えば縮小ファイバーに十分に近いような正則な分布を考えたとすると，対応する《情報量》（その分布のエントロピーの符号を変えた量）は次第に大きくなってゆき，この状態を作り上げることはどんどん難しくなっていってしまうのである．このことから次のことがわかる．不安定な系においては，初期条件と，リアプーノフ関数（これは Λ を通じて系の動力学に依存する）によって測られる対応する《情報量》との間には，ある関係が存在するのである．

さらに，この《情報量》は対称性を破る変換 Λ によって導入されるのだから，ある状態についてと，その状態で時間（または速度）が反転された場合についてとでは，その値が異なるのは驚くべきことではない．この点はすでに第 7 章でみたとおりである（図 7.3 参照）．

6. 不可逆性と非局所性

第4節で強調したように，Λ 変換を用いることは時間についての《非局所性》を導入することになる．なぜなら，過去に対して τ_c 程度の《厚味》をもたせることになるからである．同じようにして，Λ は位相空間においても**非局所性**を導入することになる．例えば

$$\rho_0=1+\chi_n \tag{10.44}$$

について考えよう（式（10.30）と図 10.6 参照）．この分布関数は位相空間上で，$\chi_n=-1$ となる部分では零であり，$\chi_n=+1$ となる丁度その部分だけで零と異なる値をとる．今度は，次のような《物理的な》分布を考えよう（式（10.38）参照）．

$$\tilde{\rho}=\Lambda\rho_0=1+\lambda_n\chi_n=1+\frac{1}{1+e^{n/\tau_c}}\chi_n. \tag{10.45}$$

すると $\tilde{\rho}_0$ は全位相空間上で零ではない値をとる（なぜなら $0<\lambda_n<1$）．同様にして，もし初期分布が位相空間上のある点 ω_0 に中心をもつ δ 関数であったとしても，$\Lambda\delta$ は非局在の統計集団を表わすことになるのである．容易に示されるように，**図 10.10** で示されるような特殊な場合は，点 ω_0 を通過するような縮小ファイバーに相当しているのである（Misra and Prigogine 1983 参照）．確率過程への移行によって**空間と時間**の双方について非局所性が導入される．ここで再び，第3節で述べた空間の年齢計測（タイミング）という考えに達する．というのは，特性時間 τ_c によって空間の非局所性が測られるからである．

動力学的群 U_t による δ 関数の推移と，半群 W_t によるそれとを比較することは大変興味深いことである．動力学的群のもとでは時間が経過しても δ 関数はそのままである．ところが半群の方は，遷移確率を生み出し，したがって軌道の局在性を破壊する．再び式（10.38）を用いると，軌道という概念が失

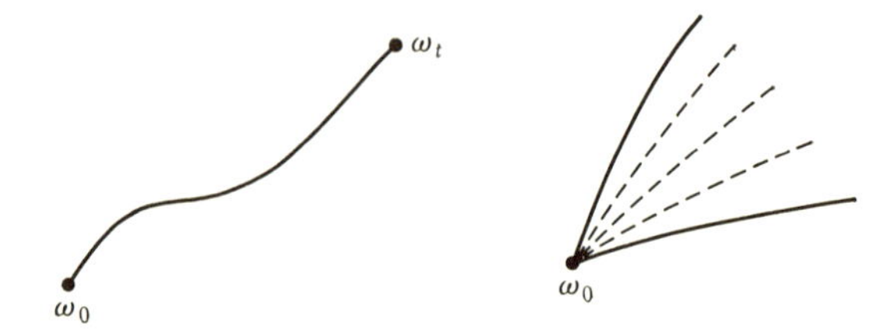

図 10.10 動力学的群 U_t とマルコフ的半群 W_t のもとでの位相点の推移.

われるまでの時間の程度は

$$t \approx \tau_c \tag{10.46}$$

であることが容易にわかる.

次に，時間と空間の双方についての非局所性を表わすために用いた特性時間 τ_c の意味についてさらに詳細に考えてみよう.

すでにみたように，K-流（パイこね変換はその最も簡単な例である）のような不安定な系では，各点は縮小ファイバーと拡大ファイバーの交点となっている．拡大の程度はいわゆるリアプーノフ関数によって測られる．位相空間上の2点の間の距離 δ_{L} は時間と共に次のように変る

$$\frac{d\delta_{\mathrm{L}}}{dt}=\frac{\delta_{\mathrm{L}}}{\tau_{\mathrm{L}}} \qquad \text{または} \qquad \delta_{\mathrm{L}}(t)=e^{t/\tau_{\mathrm{L}}}\delta_{\mathrm{L}}(0). \tag{10.47}$$

$1/\tau_{\mathrm{L}}$ は《平均的な》リアプーノフ指数である．式（10.47）の振舞いは，不安定鞍点に対応する式（4.52）の特別な場合となっている．分散方程式の2根は実数で異符号であり，正根は拡大に対応し，負根は縮小に対応している.

このことから，先に導入した特性時間 τ_c とリアプーノフ指数の間には次のような密接な関係のあることが期待される.

$$\tau_c \approx \tau_{\mathrm{L}}. \tag{10.48}$$

もちろん τ_{L} は位相空間上を走査する時間の目安となる．明らかにこの時間はまた，分布関数が平衡状態に近づくための時間でもある．この議論はさらに精確化することができる（Goldstein 1981 参照)．しかし，ここでそれに深入りすることはしない．Λ の構成を通じて行われた非ユニタリ変換の意味は，ようやく明らかとなった．《力学的な》時間 τ_{L} は分布関数 $\tilde{\rho}$ の緩和時間として理解されるのである.

7. ボルツマン－グラッドの極限

特別な極限（例えば希薄気体のような）においては不可逆過程の伝統的手法が回復される点に着目することは重要である．通常考えられる状況は，リアプーノフ時間 τ_{L} または緩和時間 τ_c が無限に長い場合である．もっと正確にいうと，$t\to\infty$，$\tau_c\to\infty$ で

$$\frac{t}{\tau_c}=\text{有限} \qquad (10.49)$$

であるような極限である．この極限において，式（10.49）の巾乗の項は残されるが，$\left(\frac{1}{\tau_c}\right)^n$ のような《相殺されていない》，つまり適当な t の巾乗が掛けられていない項は無視される．この極限は，文献上ではしばしば，ボルツマン－グラッドの極限とよばれる（具体的な定式化については Prigogine 1962 参照）．この場合には図 10.7 の遷移領域は非常に長くなる．さらに，任意の n について次式が成り立つ．

$$\lambda_n=\frac{1}{1+e^{n/\tau_c}}\to O(1) \qquad (\tau_c\to\infty). \qquad (10.50)$$

この事情があったので，不可逆過程を表わすために時間対称性の破れた新しい分布関数 $\tilde{\rho}$ を導入する必要のあることが長いこと見過されていた．古典的な運動論では（第 7 章参照），リウヴィル方程式を満す分布関数 ρ を扱いながら，H 定理を満たすようにしようと試みられていた．明らかにこれは矛盾したやり方である．時間対称性の破れた分布関数 $\tilde{\rho}$ だけが第 2 法則を伴う確率過程をもたらすのである．

8. 巨視的定式化への移行

本章で述べた不可逆性に関する概念構成は極めて一般的である．その概念構成は K-流ではないが衝突演算子が定義されるような系（式（8.34）と付録 B 参照）についても拡張される．さらに，微視的エントロピー演算子 M と非ユニタリ変換演算子 Λ を導入することもできる．M と Λ の固有関数を ϕ_n としよう（それらは固有分布関数でもある）．そうすると*（式（10.27），（10.29）参照）

$$M\phi_n=|\lambda_n|^2\phi_n. \qquad (10.51)$$

ここで再び内部時間 T を定義できる．その固有関数は M のそれと一致し，その固有値は動力学的な時間 t に対応している（パイこね変換の場合と同じく離散的であると仮定する）．すると再び次の結果を得る（式（10.26）参照），

* 一般に Λ はスターユニタリ演算子であるが，エルミートではない（式（8.16）と（8.28）参照）．したがってその固有値は実数とは限らない．これに対し，M はエルミートである．

$$T\phi_n = n\phi_n. \tag{10.52}$$

しかし，ここで違いが生ずる．一般的にはもはや T が式 (8.22) や (10.15) を満たすことは期待されない．K-流の場合には満たしていた，それは動力学的演算子 U_n は単に分配を移し換えるだけだからである（式 (10.17) 参照）．今度は状況はもっと複雑である．1単位の時間ごとに，分配は他の種々の分配の重ね合せへと変換される．その結果，平均内部時間 $\langle T \rangle$ はもはや外部時間 t と歩調が合ってはいない．

ある分配は種々の分配へと移し換えられて，そのうちのある分割は過去に属してすらいる（$\phi_n \to \phi_k$ の重ね合せ，ここで，ある k は n より大きく，他は n よりも小さい）．

対称性を破る変換は系を《一様に》未来の方向へと移し換える．これが，複雑な系について我々が期待することである．しかし，例えば音楽の一節を考えてみよう．音楽へ耳を傾けるとき，演奏の中には新しい要素と共にすでに過去に登場した要素をも見出すのである．

この例は，不可逆性の微視的な意味を記述するために導入した内部時間 T などの概念には，思いがけないほどに種々の新しい構造が隠されていることを示している．

この新しい視点に立って第2法則の巨視的な定式化を考察することは教訓的である（式 (1.2) または (1.3) 参照）．巨視的レベルへ移行するために内部時間のゆらぎを無視する．さらにエントロピー S は平均時間 $\langle T \rangle$ の関数であると考える．すると，孤立系の状態に関する第2法則は次のようになる．

$$\frac{dS}{dt} = \frac{\partial S}{\partial \langle T \rangle} \cdot \frac{\partial \langle T \rangle}{\partial t} > 0. \tag{10.53}$$

巨視的な定式化は，このように2つの正の量の積となることを要求する．第1の量はエントロピーが内部時間についての**増加**関数であることを表わし（一方，H 関数は減少関数である，第4節参照），第2の量は内部時間が平均として動力学的時間と同じ方向に流れることを表わしている．

次に本章を終えるに当って，いくつかの一般的でより認識論的な叙述を行うことにしよう．

9. 時空の新しい構造

本章で示したように，第2法則を基本的な動力学的原理として取り入れることは，我々の時間，空間，動力学に対する考えに対して広範囲にわたる影響を及ぼす．第2法則が成り立つときにはいつも，我々は新しく内部時間 T というものを定義でき，それによって第2法則の起源であるところの対称性の破れを定式化することができるのである．すでにみたように，この内部時間は**不安定な**動力学的系においてのみ存在する．その平均 $\langle T \rangle$ は，パイこね変換で記述されるような状況では，動力学的時間 t と変化を共にする．しかしながらこの場合においてすら，T と t を混同しないことはぜひ必要である．我々の平均内部時間 $\langle T \rangle$ は，我々が所持している時計を使うことによって測ることができる．しかしこれら二つの時間概念は全く違う．動力学的時間 t は古典力学に従う点や量子力学に従う波動関数の運動に見出しを付けるのである．そのような系に対して内部時間 T を付与することができるのは，もっと強い条件下においてのみである（例えば運動の不安定性のような）．

物理的系の時間発展について述べうるためには，その系に対して巨視的スケールでのエントロピー生成を伴わせるか，または本章で導入した概念を用いてこの時間発展を微視的スケールで論ずるかのどちらかしかない．しばしば不可逆性という要素は測定過程を通じて量子力学に登場する．しかし，時間発展を半群へと射影することによる不可逆性の本来的記述の方がずっと望ましく思われる．第2法則の選択規則としての役割は一般相対性理論の文脈においては特に興味深い．その場合には，**物理的に有効な時空**の選択を与えるからである．よく知られているように一般相対性理論は4次限時空間隔 ds^2 に基づいているが，この間隔を記述する時空座標の選択は任意だと考えられている．これを補足するための自然な要請は，時間座標 t が**その**時間を用いればエントロピーが増大するということである．簡単な例がロックハルト，ミスラ，プリゴジン（Lochart, Misra, and Prigogine 1982）によって最近研究された．そこでは，負曲率をもつ空間的な超曲面をもつ宇宙模型において，通常の宇宙時間と密接に結びついた内部時間を導入できるということが示されている．しかしそれは一般的に成り立つことではない．例えば，有名なゲーデル（Gödel 1979）の宇宙模型では，常に時間の増大する方向へと進む観測者は，彼自身の過去へと戻ることがありうる.

第9章では，アインシュタインのディレンマ，つまり不可逆性を物理学における基礎的事実として受け入れることに対する彼のためらいについて述べた．しかしながら，彼はゲーデルの論文に対するコメントの中で（Schilpp 1951 参照），ゲーデルの時間のない宇宙が我々が住んでいる宇宙に対応することに対して疑問を表明している．彼は，《我々は自分達の過去へ向けて電報を打つことはできない》と述べ，さらに次のようにつけ加えている*.

ここで本質的なことは，信号の伝送は熱力学的には不可逆過程だということである．つまり，エントロピーが増大する過程と結びついているのである（一方，**現在の知識に従うと**，すべての素過程は可逆的である）.

アインシュタインが不可逆性を我々の世界観における本質的要素だと考えざるを得なかったことは大変興味深い．これらの問題についての詳細は別の機会に展開したいと考えている．すでに合理的思考の曙において，アリストテレスは《運動》(kinesis) としての時間と《生成と崩壊》(metabole) としての時間を区別していた．第1の側面は動力学において扱われる時間であるし，第2は熱力学で扱われる時間である．我々はこの両方の側面を矛盾なく両立させる記述に近づいてきた．測定行為のようなとりわけ基礎的な過程の記述がさらに必要である（付録 C も参照).

測定過程は，人間と彼をとり囲む世界との間の相互作用の特殊な形態に対応している．そのような相互作用をさらに詳細に分析するには，人間をも含めて，生物系は破れた時間対称性をもつことを考慮に入れねばならない．我々は破れた対称性をもつ他の物質（または生物）と相互作用することもあるし，また時間的に対称な物質と相互作用することもある．例えば，閉じた容器中に液体を入れ，この系が平衡状態に達するのを待つとしよう．平衡状態では詳細釣り合いの条件が成立すると仮定すれば，そのような系はもはや特定の時間方向をもってはいない．しかしながら，我々がこの系に操作を加え（例えば，一部分を

---

* 強調は原著による.

温めて他の部分を冷やせば），この時間対称性を破ったことになり，いわば我々のもつ破れた時間対称性をその系へ受け渡したことになる．

生命が生命を生むということがしばしば言われる．同じ意味で，不可逆性は人間の行動によって受け渡されると言ってよいであろう．

不可逆性の微視的理論は，物質と質的変化とに関連した時間の 2 つの側面の解釈へと導くばかりではなく，時空連続体の構造そのものに関する新しい見方へも導くのである．通常の時空軌道の考えは，不安定な系に適用すると深刻な困難に陥る．このことはパイこね変換の場合にすでにみることができる．付録 A で示されるように，一点を無限数列

$$\{u_i\} = \cdots u_{-3}, u_{-2}, u_{-1}, u_0, u_1, \cdots \qquad (10.54)$$

で表わせば，パイこね変換は次のような移し換えとなる．

$$u_i' = u_{i-1}. \qquad (10.55)$$

もし，数列 $\{u_i\}$ が循環数列であれば，パイこね変換の繰り返しで生成される軌道は周期的な軌道となる．このことは（数列 $\{u_i\}$ で表わされる点の座標が（訳者））**有理数**ならば必ず成り立つことである．これに対し無理数点からは，全位相空間を覆い尽すエルゴード的な軌道が導かれる．したがって，個々の軌道の振舞いは初期条件に非常に敏感であり，しばしば**軌道の乱雑さ**といわれる．しかしながら Λ を通じて**非局所的な**記述へと移行すると，点の振舞いはいわば《小さい》領域の振舞いで置き換えられる．軌道による記述とは対照的に，この記述は**安定**である．全領域はどんどん微細な領域へと分割されていって，ついには全位相空間を覆い尽すことになる．

これは非常に本質的な点である．半群への移行は動力学的系における**軌道の乱雑さ**を取り除くのである．これは巨視的レベルにおける実験的状況と完全に一致する．それはすべての乱雑さが取り除かれるという意味ではない．それとは逆に，現在では《カオス的なアトラクター》に大変興味がもたれている（例えば，Nicolis and Prigogine 1984 参照）．そこでは巨視的軌道が依然として強い乱雑さを保持していて，それが再びリアプーノフ数で特徴づけられる．この乱雑さの構造の《階層性》については，第 11 節で再説することにする．

10. 状態と法則――存在と発展の交互作用

次に，第2法則の微視的定式化によって動力学的概念に導入されたもう一つの変化について論じよう．伝統的な手法では初期条件と発展法則の間には基本的な区別があった．初期条件はある《状態》の特定に対応し，古典力学ではそれは位相空間上の一点であるし，量子力学では波動関数（またはヒルベルト空間上の《一点》）であった．これに対し発展の方は《法則》によって与えられる．しかしながら状態と法則の間には，明らかにある種の関係が存在しなければならない．なぜなら，ある状態はそれまでの動力学的発展の結果だからである．この関係は本章で展開した概念構成を用いて，さらに明瞭にすることができる．内部時間演算子の固有関数で展開された分布関数 ρ（または $\tilde{\rho}$）に対する表式（10. 30)〜(10. 31）へと立戻ろう．すでに強調したように，式（10. 30）において過去と未来は対称的に登場する．さらに，この対称性は式（10. 32）で示されるようにユニタリ変換によって伝達されてゆく．それは次のように書き直される．

$$\rho_1=\sum_{n=-\infty}^{+\infty}C_{n-1}\phi_n+1. \tag{10. 56}$$

ϕ_n に掛かる数係数は変化するが，基礎的な時間対称性は保存されるのである．簡単にいえばユニタリ的で測度を保存する法則は時間に関して対称的な状態を（過去と未来の両方の方向へと）そのまま推移させるのである．変換された分布 $\tilde{\rho}=\Lambda\rho$ に対する式（10. 31）の場合には状況は一変する．$n\to+\infty$ につれて λ_n は減少するので未来に属する分配の寄与は《**低減して**》いる．過去と未来は**非対称的な**形で登場する．ここには時間的に《方向づけられた》状態がある．そのような状態はそれ自体が時間的に方向づけられた発展の結果以外ではありえず，また未来においてもそうなのである．実際に次式を得る（式（10. 37）参照)．

$$\begin{aligned}W\tilde{\rho}&=\sum_{n=-\infty}^{+\infty}C_n(\lambda_{n+1}\phi_{n+1})+1\\&=\sum_{n=-\infty}^{+\infty}C_{n-1}(\lambda_n\phi_n)+1.\end{aligned} \tag{10. 57}$$

低減係数 λ_n は $n\to\infty$ においても保持されている．

このように状態と法則は密接に結びついている．存在するのは初期条件を**自己保存する形相**である．結局のところ，初期条件は我々が**任意に**選んだ時刻に対応しており，その時刻を他のすべての時刻から区別する基礎的な性質は何もないのである．

このことから，我々の概念構成の最も顕著な結論と思われるものが導かれる．未来へ向けてのエントロピー増大のような**時間的な方向づけをもつ法則**の存在は，それらの系における**時間的な方向づけをもつ状態**の存在を意味するのである．

11. 結　語

古典的な見地からすれば初期条件は任意であり，初期条件と最終的結果とを結びつける法則だけが本来的な意味をもっていた．

もしそうであるなら，存在の如何はその設定に伴う任意性以外には何の意味ももたないことになる．しかしこの初期条件の任意性は，我々が我々の意志に従って実際に設定できるという非常に理想的な状況に対応している．ある複雑な系に着目すると，それが液体であれ，さらにある社会状況の場合にはなおのこと，初期条件は我々の意志に従いはしない．それはそれまでの系の発展の結果なのである．

存在と発展の間の関係の問題が意味をもつのはそのような状況においてのみである．第10節でみたように，我々は時間的に対称な状態（内部時間に関して）と時間対称性の破れた状態とを定義できる．次に要求されるのは，我々が設定し観察する状態とその発展を司る法則との首尾一貫性である．もちろん，我々が状態の設定や観察を行なう時刻は特別な意味をもってはいない．したがって，対称的な状態は他の対称的な状態から生成され，時間の経過と共に，他の対称的な状態へと変換されるのである．同様にして，対称性の破れた状態は同じ種類の状態から生成され，同じ種類の状態へと変換されてゆく．

状態の性質の不変性は，状態と法則との間の密接な関係へと導く．もっと哲学的な表現を用いれば，存在と発展の間の密接な関係へと導くのである．このようにして存在は状態と結びつけられ，発展は状態を変換させる法則と結びつけられる．

論理的な観点からは，存在と発展の関係の問題は２つの解をもつ．第１の解では，どのような時間的要素も消去されている．そうすると発展は単に存在の展開にすぎない．

第2の解では，時間的な非対称性が存在と発展の両者に導入される．しかしながら，存在と発展の関係の問題に対する解の如何は単に論理的次元のことではない．それは事実についての要素をも含んでいる．実際に，我々が存在と発展のどちらかの意味を問えば，この問を通じて我々はすでに時間の向きを導入しているのである．したがって，我々にとっての唯一つの解は破れた時間対称性を伴う方である．

この存在と発展の間の関係が意味をもつのは，熱力学第2法則が成り立つ世界においてのみだということに注目すべきである．すでにみたように，この法則が成り立つのは十分な不安定性を示す系についてだけである．不可逆性と不安定性は強く結びついている．不可逆的で方向づけられた時間が現われるのは，明日が現在の中に含まれてはいないからに他ならない．

こうして我々は，破れた時間対称性は我々の自然理解における本質的要素なのだという結論へと導かれる．この言明の意味するところは，音楽の簡単な例で示すことができる．ある時間の間，例えば1秒間，ある音列を演奏するとしよう．一例として弱音（ピアノ）から始めて最強音（フォルテシモ）で終るとする．同じ音列を逆の順序で演奏することもできる．明らかに，音響的印象は非常に異なっている．その意味するところは，我々は内部的な時間の矢を備えているので，これら2つの演奏を区別しているのだということに他ならない．本書にまとめられた見地からすると，この時間の矢は人間と自然とを対立させるものではない．それとは逆に，それが強調することは，あらゆる記述のレベルにおいて進化していることが見出される宇宙の中に，人類が埋め込まれているということなのである．

時間は我々の内部的経験の本質的要素であるばかりではなく，個人と社会の両方のレベルにおける人類の歴史を理解するための鍵である．さらにまた，自然を理解するための鍵でもある．

現代的な意味での科学は，今日3世紀の年齢を経た．物理的存在の性質についての明確なイメージを科学が我々にもたらした2つの契機を区別することができる．イヴォール・ルクレール（Ivor Leclerc 1972）の表現を借りるなら

ば，

——１つはニュートンによる契機である．彼の世界観は変化しない物質と運動状態とからなり，時間と空間は物質に対する受動的な容器とされていたので，物質，空間，時間の概念は分離されていた．

——第２の段階はアインシュタインによって到達された．おそらく一般相対性理論の最も偉大な成果は，時空はもはや物質から独立ではないということであろう．時空それ自身が物質から生成されるのである．それでもなおアインシュタインの見解では，時空における位置という考えが理論の不可欠な部分として保持されていた．

我々は今や第３の段階に達し，この時空における位置がさらに徹底的な分析に供せられる．奇妙なことだが，時空の微視的構造の問題は全く独立な２つの方向から生じた．量子力学と，本書で示そうとした不可逆性の微視的理論とからである．時空という静的な含意は，《空間の年齢計測》というもっと動的な含意によって置き換えられる．

最近得られたいくつかの結論が，ベルクソン，ホワイトヘッド，ハイデガーなどの哲学者達の予期と極めて近いことを知るのは驚きである．主な相違点は，彼らにとってはそのような結論は科学との矛盾を犯してのみ導かれるのに対して，我々にとっては今やそれらの結論が，いわば，科学的研究の内側から生じたのだということである．

ホワイトヘッドはその基礎的な業績『過程と実在』(1969) において，時空における単純な位置だけでは十分ではなく，物質を作用の流れへと埋め込むことが本質的だと強調している．ホワイトヘッドはどのような実体も状態も，活動と無関係に定義することはできないと強調している．なんであれ，受動的な物体が創造的な宇宙を導くことは決してないのである．

強い影響力をもつハイデガーの書物『存在と時間』(1927) は題名それ自体が，時間を超えた存在というプラトン以来の西洋哲学の主流に対するハイデガーの反対の立場の宣言となっている．スタイナー (G. Steiner 1980) によるハイデガーの解説において見事にまとめられているように，《人間または自己意識が存在の中心あるいは証人なのではない．人間は存在に対する特権的な聴衆あるいは応答者にすぎないのである》．

本書が，このような最近のすう勢の驚くべき側面を部分的にせよ記述するに不適切であったことはよく承知している．不可逆性は動力学的系のレベルにおいてだけではなく，巨視的物理学のレベル（例えば乱流）や生物学や社会学においても存在している．したがって我々は内部時間にはあらゆる階層があることを認めることができる．一方において，我々は互いに矛盾しあう活動の結果としての存在でありながら，ある一つの内部時間によって特徴づけられる存在である．他方では，我々はあるグループの一員として，もう一つ上の《レベル》の内部時間に所属しそれを共有しているのである．ミンコフスキー（E. Minkowski）が『生きられる時間』（1968）において見事に記述しているように，我々の問題の多くは，我々の内側の内部時間のスケールと我々の外側の外部時間のスケールとの間の対立に起因しているということも大いにありうることである．

いずれにせよこの新しい状況は，科学と他の文化的な人間の営みの間に新しい橋渡しをもたらすことになろう．この世界は自動機械でもなければ混沌でもない．それは不確定な世界ではあるが，個々の活動が必ずしも無意味だと宣告される世界でもない．単一の真実によっては記述することのできない世界なのである．このようにして，科学は互いの橋渡しを助け，互いに対立し合うものを否定するというよりも調停するのだということに，私は深い満足感を覚えるのである．

文　献

Aspect, A., Grangier, P., and Roger, G. 1982. *Phys. Rev. Lett.* **49**:91.

Bergson, H. 1970. *Oeuvres,* Editions du Centenair. Paris: PUF.

Courbage, M., and Prigogine, I. 1983. *Proc. Natl. Acad. Sci. U. S.* **80**:2412–2416.

Einstin, A., and Ritz, W. 1909. *Phys. Z.* **10**:329.

Gardner, M. 1979. *The Ambidextrous Universe; Mirror Asymmetry and Time-Reversal Worlds.* New York: Charles Scribner & Sons. 坪井忠二，小島弘訳『自然界における左と右』(紀伊国屋書店).

Gödel, K. 1979. *Rev. Mod. Phys.* **21**:447–450.

Goldstein, S. 1981. *Israel J. Math.* **38**:241–256.

Goldstein, S., Misra, B., and Courbage, M. 1981. *J. Stat. Phys.* **25**:111–126.

Hawking, S. 1982. *Comm. Math. Phys.* **87**(3):395–415.

Heidegger, M. 1927. *Sein und Zeit*. Tübingen: Ed. Niemayer. 松尾啓吉訳『存在と時間』上，下（勁草書房）.

Leclerc, Ivor. 1972. *The Nature of Physical Existence*. New York: Humanities Press.

Lockhart, C. M., Misra, B., and Prigogine, I. 1982. *Phys. Rev. D* **25**:921–929.

Martinez, S., and Terapegui, E. 1983. *Phys. Letters* **95A**:143.

Minkowski, E. 1968. *Le Temps Veçu*. Neuchatel, Switzerland: De la Chaux et Niestlé. 中江育生，清水誠訳『生きられる時間』1, 2（みすず書房）.

Misra, B., and Prigogine, I. 1983. *Letters Math. Phys.* **7**:421–428.

Misra, B., and Prigogine, I. 1983. "Time, Probability and Dynamics in Long Time Prediction in Dynamics." eds. C. W. Horton, Jr., L. Reichl, and V. Szebehely, New York: John Wiley & Sons.

Misra, B., Prigogine, I., and Courbage, M. 1979. *Physica* **98A**:1–26.

Nicolis, G., and Prigogine, I. 1984. *Exploring Complexity*. Munich: Piper (to appear).

Parks, D. N., and Thrift, N. J. 1980. *Times, Spaces and Places: A Chronogeographical Perspective*. New York: John Wiley & Sons.

Popper, K. 1956. *Nature* **177**: 538.

Prigogine, I. 1962. *Nonequilibrium Statistical Mechanics*. New York, London: John Wiley & Sons.

Röhrlich, F. 1983. *Science* **221**:1251–1255.

Schilpp, P. A. 1951. *Albert Einstein*. New York: Tudor Publishing Co.

Steiner, G. 1980. *Martin Heidegger*. New York: Penguin Books. 生松敬三訳『ハイデガー』（岩波現代選書）.

Whitehead, A. N. 1969. *Process and Reality: An Essay in Cosmology*. New York: The Free Press. 中林康之訳『過程と実在』1, 2（みすず書房）.

付　　録

付録 A

パイこね変換に対する時間演算子とエントロピー演算子

以下の議論は，時間演算子 T（式（8. 22）を参照）と微視的エントロピー演算子 M とを，第8章で導入したパイこね変換にどのように関係づけるかを説明する試みである．

ここで与えられる結果は，ミスラ，プリゴジン，クービジ[1]による最近の論文のまとめであり，この論文中にはすべての証明と，得られた結果の他の系に対する種々の一般化とが記されている．パイこね変換に関係する，ここでは扱わなかった他の側面については，レボウィッツ，オルンスタインその他による重要な論文で論じられている[2],[3],[4],[5],[6]．

位相空間 Ω が平面内の単位正方形の場合を考える．図 8. 11 に示すように，パイこね変換 B は，Ω 内の点 $\omega=(p, q)$ を次のような点 $B\omega$ へ移す．

$$B\omega=\left(2p, \frac{q}{2}\right),\ 0\leqq p<\frac{1}{2} \text{ のとき}$$

$$B\omega=\left(2p-1, \frac{q}{2}+\frac{1}{2}\right),\ \frac{1}{2}\leqq p<1 \text{ のとき} \qquad (A.\ 1)$$

変換 B は等しい時間間隔でおこり，すべての平面要素をつぎつぎに細かく刻んでゆく離散的な過程を表わしている．一例として，変換 B を正方形の下半分 $0\leqq q<\frac{1}{2}$ に適用した結果を**図 A.1** に示す．

パイこね変換を何回もくり返すと，最初の正方形の下半分は**図 A.2** に示されたように，つぎつぎに細い長方形へと分解されてゆく．

しばらくすると，この分解は十分に細かくなり，観測の精度がどのようであっても（有限でありさえすれば）分布は一様に見えてくる．この段階で，系は（ミクロカノニカルな）熱平衡分布に達したことになる．

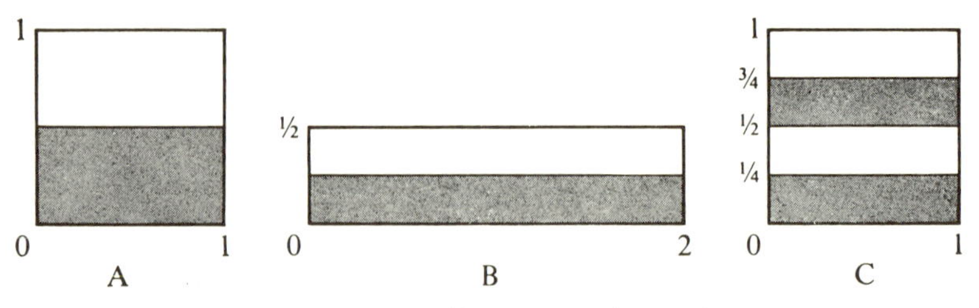

図 **A.1** パイこね変換の正方形の下半分への適用.

図 **A.2** パイこね変換を正方形の下半分につぎつぎに適用した結果.

パイこね変換は《ベルヌーイ・シフト》という興味深い表現法で表わされる.この関係を理解するために，座標 p と q を 2 進法で

$$p=0.u_0u_{-1}\cdots,$$

$$q=0.u_1u_2\cdots$$

のように表わして考える．この記号の意味は

$$p=\frac{u_0}{2}+\frac{u_{-1}}{2^2}+\cdots,$$

q についても同様である．ここで u_i は値として 0 または 1 をとる．

Ω 中の 1 点 ω は 2 重数列 $\{u_i\}$（ただし $i=0,\ \pm1,\ \pm2,\ \cdots$）によって表わされる．具体例を考えることによって，$B\omega$ に対しては数列 $\{u'_i\}$（ただし u'_i

$=u_{t-1}$）が対応することを容易に示すことができる．このことから，パイこね変換が数列のシフトを引き起こすことが明らかにわかる．《ベルヌーイ・シフト》と呼ぶのは主にこのためである[6]．

次に，この《位相空間》で定義されるすべての 2 乗可積分関数に対する簡単な正規直交基底を考えよう．X を $\{0,1\}$ において次のように定義された関数とする

$$X(1)=1,$$
$$X(0)=-1. \tag{A. 2}$$

任意の整数 n に対して，関数 $X_n(\omega)$ を Ω において次のように定義する．

$$X_n(\omega)=X(u_n). \tag{A. 3}$$

したがって，Ω の各点における $X_n(\omega)$ の値は座標 p, q の 2 進法展開における n 番目の数だけによって定まる．

さらに，整数の有限集合 $\{n_1, n_2, \cdots, n_N\}=\boldsymbol{n}$ のそれぞれに対して，次のような積関数 $X_{\boldsymbol{n}}(\omega)$ を対応させる．

$$X_{\boldsymbol{n}}(\omega)=X_{n_1}(\omega)\cdot X_{n_2}(\omega)\cdots X_{n_N}(\omega).$$

さらに次の記号も用いる．

$$X_\phi(\omega)=1. \tag{A. 4}$$

ここで $X_\phi(\omega)$ はミクロカノニカル統計集団に対応している．これらの関数が正規直交基底をなしていることは実際に示すことができる．正規直交基底を形成するとは，量子力学で普通に用いられているように（第 3 章の「量子化の規則」の節参照），次式が満たされることである．

$$\int_\Omega X_{\boldsymbol{n}}(\omega)X_{\boldsymbol{n}'}(\omega)d\omega=\delta_{\boldsymbol{n},\boldsymbol{n}'},$$

ここで $\delta_{\boldsymbol{n},\boldsymbol{n}'}$ は，$\boldsymbol{n}=\boldsymbol{n}'$（つまり，$n_1=n'_1, \cdots, n_N=n'_N$）のときに 1 に等しく，それ以外のときは 0 である．例えば，式（A. 3）を用いると次式が簡単に検証できる（図 A. 3，A. 6 も参照）

$$\int_\Omega X_1(\omega)X_2(\omega)d\omega=0.$$

さらに $X_{\boldsymbol{n}}(\omega)$ と X_ϕ をひとまとめにすると**完全系**となる．つまり，Ω で定義されるどんな（2 乗可積分の）の関数もこれらの関数の適当な線形結合に展

開される.

以下では，次式で定義される2乗可積分関数 f_1, f_2 のスカラー積を用いる.

$$\langle f_1, f_2 \rangle = \int_\Omega f_1^{cc}(\omega) f_2(\omega) d\omega.$$

（f_1^{cc} は f_1 の複素共役）

パイこね変換はまた，関数 $\phi(\omega)$ に作用する演算子 U を用いて表わすこともできる（説明は教科書にある，Arnold and Avez[(5)]参照，U はユニタリ演算子である).

$$(U^n \phi)(\omega) = \phi(B^{-n}\omega). \tag{A. 5}$$

この結果，式 (A. 3) を用いて次式を得る.

$$\begin{aligned}(UX_j)(\omega) &= X_j(B^{-1}\omega) \\ &= X(u_{j+1}) \\ &= X_{j+1}(\omega).\end{aligned} \tag{A. 6}$$

簡単に表わせば，

$$U\boldsymbol{X_n} = X_{\boldsymbol{n+1}}.$$

ここで $\boldsymbol{n}+\mathbf{1}$ は整数の集合 $\{n_1+1, n_2+1, \cdots, n_N+1\}$ を意味する．したがってパイこね変換は**基底関数の単純なシフト**を引き起こす．ここで Ω 内の領域 Δ の特性関数 ϕ_Δ を導入する．これは Δ 上では1であり，それ以外の Ω 内では0となる関数である．そのような特性関数は，すでに導入した基底 $X_{\boldsymbol{n}}$ を用いて表わすことができる.

一例として，$X_1(\omega)$ を考えてみよう．定義によって $X_1(\omega)=X(u_1)$ は，$u_1=0$ のとき $\left(\text{つまり } 0 \leqq p < \frac{1}{2}\right)$ には -1，また $u_1=1$ のとき $\left(\text{つまり } \frac{1}{2} \leqq p < 1\right)$ には $+1$ の値をとる関数である．したがって，$X_1(\omega)$ は正方形の左半分 A_0^0 では -1，右半分 A_0^1 では $+1$ の値をとる．正方形をこの (A_0^0, A_0^1) のように分割したときの《原子》の特性関数をつくることは，今や簡単なことである．特性関数の表式を **図 A.3** に与えておく．同様の確定した分配に対応する特性関数についても，同様の表式が成り立つ.

今度は，Ω 内の任意の領域の時間発展を調べて，それを本書でくり返し議論している《弱い安定性》の考えと結びつけよう（第2章の「弱い安定性」の節を参照)．式 (A. 5) から，変換された領域 $B\Delta$ の特性関数が，諸定義をつ

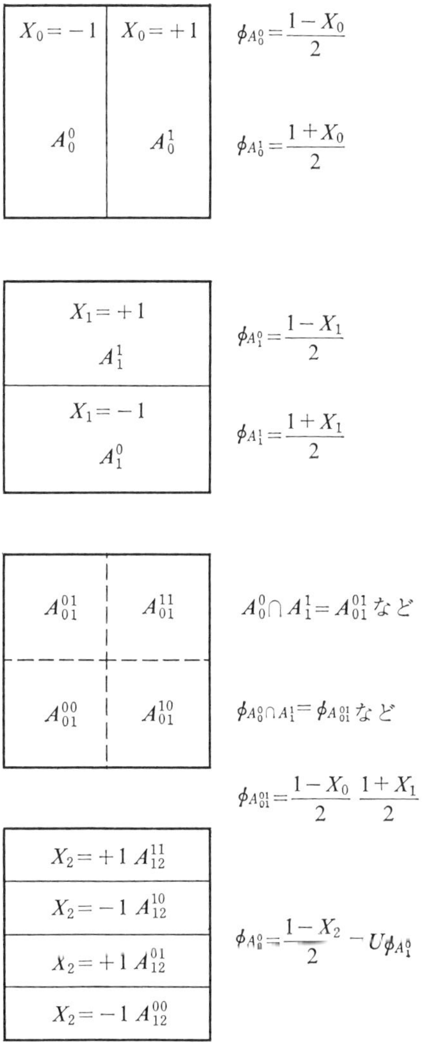

$X_0=-1$	$X_0=+1$
A_0^0	A_0^1

$$\phi_{A_0^0}=\frac{1-X_0}{2}$$

$$\phi_{A_0^1}=\frac{1+X_0}{2}$$

$X_1=+1$ A_1^1
$X_1=-1$ A_1^0

$$\phi_{A_1^0}=\frac{1-X_1}{2}$$

$$\phi_{A_1^1}=\frac{1+X_1}{2}$$

A_{01}^{01}	A_{01}^{11}
A_{01}^{00}	A_{01}^{10}

$A_0^0\cap A_1^1=A_{01}^{01}$ など

$\phi_{A_0^0\cap A_1^1}=\phi_{A_{01}^{01}}$ など

$$\phi_{A_{01}^{01}}=\frac{1-X_0}{2}\,\frac{1+X_1}{2}$$

$X_2=+1$ A_{12}^{11}
$X_2=-1$ A_{12}^{10}
$X_2=+1$ A_{12}^{01}
$X_2=-1$ A_{12}^{00}

$$\phi_{A_2^0}=\frac{1-X_2}{2}-U\phi_{A_1^0}$$

図 A.3 平面 A_i^j の形とそれらの重複部 A_{ii}^{jj} の形を示す例. ただし, 面 A_i^j とは$u_i=j$ であるような点 ω の集合であり, $A_{ii'\cdots}^{jj'\cdots}$ とは $u_i=j, u_{i'}=j', \cdots$ であるような点 ω の集合である. さらに, これらの平面上における $X_i(\omega)$ の $i=0, 1, 2$ のときの値と, 特性関数 $\phi_{A_j^i}$ その他, も与えてある.

ぎつぎに用いて，以下のように求められる．

$$\phi_{B\Delta}(\omega)=\begin{cases}1, & \omega\in B\Delta \text{ のとき}\\ 0, & \omega\notin B\Delta \text{ のとき}\end{cases}$$
$$=\begin{cases}1, & B^{-1}\omega\in\Delta \text{ のとき}\\ 0, & B^{-1}\omega\notin\Delta \text{ のとき}\end{cases}$$
$$=\phi_{\Delta}(B^{-1}\omega)=(U\phi_{\Delta})(\omega). \tag{A. 7}$$

したがって次式を得る．

$$\phi_{B\Delta}=U\phi_{\Delta}. \tag{A. 8}$$

例えば，領域 A_1^0 は B を n 回作用させた後，$B^nA_1^0=A_{n+1}^0$ へと変換される（これらの領域の形と，基底関数 X_i を用いたそれらの特性関数については図 A. 3 参照）．

一般的な場合には，Ω の任意に小さい《原子》的領域を考えることができる．$2^m\times2^n$ 個の《原子》$\Delta_{m,n}$ のおのおのに対する特性関数は，次の $2^m\times2^n$ 種類のうちのどれかで表わされる．

$$\phi_{\Delta_{m,n}}=\left(\frac{1\pm X_{-m+1}}{2}\right)\left(\frac{1\pm X_{-m+2}}{2}\right)\cdots\left(\frac{1\pm X_n}{2}\right). \tag{A. 9}$$

n や m を大きくしていけばそのような原子はいくらでも小さくすることができる．興味深いのは，B を $(m+1)$ 回作用させると $\Delta_{m,n}$ は 2 個の原子に分裂することであり，これは式 (A. 9) より次のように導かれる．

$$U^{m+1}\phi_{\Delta m,n}=\left(\frac{1\pm X_2}{2}\right)\cdots\left(\frac{1\pm X_{n+m+1}}{2}\right)$$
$$=\left(\frac{1-X_1}{2}\right)\left(\frac{1\pm X_2}{2}\right)\cdots\left(\frac{1\pm X_{n+m+1}}{2}\right)$$
$$+\left(\frac{1+X_1}{2}\right)\left(\frac{1\pm X_2}{2}\right)\cdots\left(\frac{1\pm X_{n+m+1}}{2}\right)$$
$$=\phi_{\Delta_{0,n+m+1}}+\phi_{\Delta'_{0,n+m+1}}. \tag{A. 10}$$

得られた 2 つの《原子》は対称的であり，それぞれは 2^{n+m} 個に分割されている．

したがって，たとえ系が最初に位相空間内のどんなに小さい領域にあったとしても，時間の経過とともに系は位相空間内でばらばらにわかれた領域へと時間発展していくので，われわれにできるのはこれらいろいろな領域に系が見出される確率を見積もることだけである．言いかえると，**それぞれの領域は（どんなに小さくても）**いろいろな領域へと通ずるさまざまなタイプの《軌道》を含んでいるのである．これがまさに弱い安定性の定義そのものである．

これらの予備的な考察が済んだので，次に《年齢》または《内部》時間に対応する基礎的な演算子 T を導入しよう．定義によって，（連続的な変換に対しては）それは式（8.22）を満たし．
あるいは（離散的な時間に対しては）

$$U_m^{-1}TU_m=T+m \qquad (A.11)$$

を満たす．パイこね変換の場合には，T の具体的な表式をつくることは簡単である（詳細は，Misra, Prigogine, and Courbage[(1)]を参照）．すでに見たように，U を基底関数の集まり $\{X_{\boldsymbol{n}}\}$ に作用させると $X_{\boldsymbol{n}}$ から $X_{\boldsymbol{n}+1}$ へのシフトを引き起こす．

したがって $X_{\boldsymbol{n}}$ が，U と共役な演算子 T の固有ベクトル（固有関数）であることは驚くにはあたらない．さらに，それぞれの $X_{\boldsymbol{n}}$ に対する固有値は n_i の最大値である（$\boldsymbol{n}$ は整数 $n_1, \cdots, n_N$ の有限集合であったことを想起せよ）．例えば，（n が1個の整数の場合には（訳者））$X_{\boldsymbol{n}}$ に対する固有値は n であり，$X_0X_1X_2$ に対するのは2，等々である．この結果，T は次のようなスペクトル形式に分解される．

$$T=\sum_{n=-\infty}^{\infty} nE_n. \qquad (A.12)$$

ここで E_n は，基底関数の集まり $\{X_{\boldsymbol{n}}\}$ で張られる空間内において，ミクロカノニカル統計集団（X_ϕ のこと（訳者））の直交補空間内にあり，関数の集まり X_n, X_iX_n $(i<n)$, $X_iX_jX_n$ $(i, j<n)$ 等々によって張られる部分空間への射影演算子である．この E_n について

$$U_mE_nU_m^{-1}=E_{n+m} \qquad (A.13)$$

が成り立つことが証明できるが，この式は関係式（A.11）にほかならない．T の固有値（つまり演算子年齢の具体的数値）は $-\infty$ から $+\infty$ までのすべての整数である．このことは簡単な物理的意味をもっている．例えば，X_2 のような年齢2に対応する固有関数を考え，これに U_1 を作用させるとそれは X_3 のような年齢3に対応する固有関数へと変換される，といった具合である．

ここで次の注意をしておく．式（10. 28）で示される第1の不等式は，Λ が正値性を保存するという要請からの直接の帰結である．これは次式の正値性から容易に導かれる．

$$\langle \phi_{\Delta}, \Lambda \phi_{\Delta'} \rangle \geqq 0. \tag{A. 14}$$

ここで，ϕ_{Δ} と $\phi_{\Delta'}$ は領域 Δ と Δ' の特性関数である（Misra, Courbage and Prigogine 1979 参照）．簡潔な導出法は，Goldstein, Misra and Courbage (1982) に与えられている．同様にして第2の不等式（10. 34）は，

$$W_t = \Lambda U \Lambda^{-1} \tag{A. 15}$$

が正値性を保存することに由来する．これから第2の条件（10. 35）が導かれる．

文　献

(1) B. Misra, I. Prigogine, and M. Courbage, *Proceedings of the National Academy of Sciences, U.S.A.* 76 (1979): 3607; *Physica* 98A (1979): 1.

(2) J. L. Lebowitz, *Proceedings of I.U.P.A.P. Conference on Statistical Mechanics* (Chicago, 1971).

(3) D. S. Ornstein, *Advances in Mathematics,* 4 (1970): 337.

(4) J. G. Sinai, *Theory of Dynamical Systems,* vol. 1 (Denmark: Aarhus University, 1970).

(5) V. I. Arnold, and A. Avez, *Ergodic Problems of Classical Mechanics* (New York: Benjamin, 1968).

(6) P. Shields, *The Theory of Bernouilli Shifts* (Chicago: University of Chicago Press, 1973).

(7) B. Misra, and I. Prigogine, in *Long-Time Prediction in Dynamics,* edited by C. W. Horton, Jr., L. E. Reichl, and V. G. Szebeley (New York: John Wiley & Sons, 1983).

(8) S. Goldstein, B. Misra, and M. Courbage, *J. Stat. Phys.* 25 (1982): 111.

付録 B

不可逆性と運動論的方法

1. 相関の動力学

第10章で紹介したような不可逆性に対する概念枠の単純さは，主として内部時間 T とリウヴィル演算子 L の間の単純な関係に起因している（式 (8.22) 参照）．このことが，T の固有関数の分割を用いた具体的な構成法をもたらし（付録 A も参照），ついには変換演算子 Λ とエントロピー演算子 M とをもたらしたのであった．

K-流の場合以外には，T と L の間にそのような単純な関係を期待することはできない．そこで我々は現代的な形の運動論的方法に訴えざるをえない（第8 章参照）．ここで定性的な議論を行い，第10 章との類似を強調しようと思う．その次に量子力学的なポテンシャル散乱に関するいくつかの結果を示す（詳細は，*Advances in Chemical Physics*, 1984 に掲載の予定）．

演算子 P と Q を用いると（式 (8.29) 参照），リウヴィル方程式はひと組の連立方程式へと分割することができる．

$$i\frac{\partial \rho_0}{\partial t}=PLP\rho_0+PLQ\rho_c, \tag{B.1}$$

$$i\frac{\partial \rho_c}{\partial t}=QLP\rho_0+QLQ\rho_c. \tag{B.2}$$

ここで $P\rho=\rho_0$ は運動量またはエネルギーの分布関数であり，ρ_c は空間的な相関を記述している．したがって ρ_0 は《相関の真空》とよぶこともできる．式 (B.1) と (B.2) から分るように，相関 ρ_c は QLP を通じて真空から生成され，QLQ を通じて伝播し，さらに PLQ を通じて消滅する．

式 (2.2) と (2.3) は，ある瞬間における ρ_0 と ρ_c の初期条件から出発して，種々の方法で解くことができる．そのための便利な手法は L のレゾルベント $(z-L)^{-1}$ を用いることである．上半面 ($\mathrm{Im}\ z \geqq 0$) における z の値は正の時間と関連し，下半面 ($\mathrm{Im}\ z \leqq 0$) における値は負の時間と関連している．

式 (8.31) におけると同様に，1を P と Q の和に分解することに対応して，L のレゾルベントを次のような部分レゾルベントの和に分解する．

$$(z-L)^{-1}=(P+\mathcal{C}(z))(z-PLP-\Psi(z))^{-1}(P+\mathcal{D}(z))$$
$$+\mathcal{P}(z). \tag{B. 3}$$

このようにして運動論的記述の基礎的な演算子が導入される．つまり，

伝播演算子　　$\mathcal{P}(z)=(z-QLQ)^{-1}Q,$

消滅演算子　　$\mathcal{D}(z)=PLP\mathcal{P}(z),$

生成演算子　　$\mathcal{C}(z)=\mathcal{P}(z)QLP,$

衝突演算子　　$\psi(z)=PLQ\mathcal{P}(z)QLP$

である（式 (8.34) も参照）．

これらの定義を用いると，いわゆる《一般化されたマスター方程式》が容易に導かれる（Prigogine, George, Henin, Rosen 1973 参照）．

$$i\frac{\partial \rho_0(t)}{\partial t}=PLP\rho_0(t)+\int_0^t dt'\hat{\Psi}(t-t')\rho_0(t')$$
$$+\mathcal{D}(t)\rho_c(0). \tag{B. 4}$$

ここで，例えば，核 $\hat{\Psi}(t)$ は衝突演算子 $\Psi(z)$ のラプラス逆変換によって与えられる．衝突と相関の間の2重性は式 (B. 4) に明瞭に現われている．ある正の時刻 t における真空成分 $\rho_0(t)$ の変化率は，それ以前の時刻におけるその値 $\rho_0(t')$ に（非マルコフ的な形で）依存する．しかし，相関に対しては最初の時刻の値 $\rho_c(0)$ に**しか**依存しない．そのような相関は**未衝突**相関と名付けることができる．なぜなら，演算子 Ψ で表わされる衝突が影響を及ぼす以前にそれらは存在していたからである．同様にして，新たな相関が演算子 Ψ を通じて，以前の時刻における相関の真空 $\rho_0(t')$ から生み出される．しかしそのような**既衝突**相関は，どのような形であれ，相関のない部分 $\rho_0(t)$ の時間発展に影響を与えることはない．もし，一般化されたマスター方程式 (B. 4) において最初の相関が消え失せてゆくならば，時間の経過と共に，時間発展に次第に衝突による影響が支配的となるであろう．

未衝突と既衝突の相関の間の区別は，既に第6章でみたように，ロシュミットの背理の分析において決定的な役割を果す．簡単な例は散乱の場合であり，次の2つの効果をもつ．1つは，衝突過程が粒子を分散させる（つまり，分布関数の対称性をより高める）ことであり，他は，散乱される粒子と散乱体の間に相関を作り出すことである．相関の出現は**速度の逆転**を行う（つまり，散乱体を中心としてある距離のところに球形の鏡を設置する）ことによって明確化される．簡単にいうと散乱の果す役割は次のようである．直接過程においては速度分布関数をより対称的にし，相関を作り出す．逆転過程においては速度分布関数はより非対称的になり，相関は失われる．したがって，直接過程（一連の衝突→相関）と逆転過程（一連の相関→衝突）の間の物理的区別が導入されるのは，相関に関する考察を通じてである．

一般化されたマスター方程式（B. 4）によって示されたように，長時間にわたる振舞いは初期状態の設定に密接に結びついている．次のことを認識する必要がある．我々に興味のある系においては，実験者や観測者の意志に従って初期条件を任意に選ぶことはできない．初期条件はそれ自体がそれ以前の動力学的時間発展の結果なのである．したがって初期状態に関する選択原理を次のように定式化することは極めて自然なことである．即ち，**自然界において作り出され，または見出されうるのは，過渡的な未衝突相関だけである．**

一般化されたマスター方程式（B. 4）については，数々の研究がなされている．式（B. 4）は単にリウヴィル方程式の別の表現にすぎないということは心に留めておく必要がある．その結果，式（B. 4）は依然として決定論的で時間的に可逆な過程を表わしているのである．不可逆性への移行は，時間対称性を破る変換 Λ によってのみ生ずる．

次に運動の不変量を考察する．式（B. 4）から推察されるように二種類の不変量がありうる．1つは，《特異不変量》であり一定の値は未衝突相関に対する衝突の影響が相殺することによって保たれる．他は，《正則不変量》でありそれは衝突における不変量である．簡単のためにここでの議論では，正則不変量はエネルギー**だけ**であると仮定する．すると得られる分布は，$t\to+\infty$ で正則不変量（つまり平衡分布）へと近づき，$t\to-\infty$ では特異不変量に近づく分布と，それが逆になった分布とである（Prigogin and George 1983 参照）．

選択原理としての第2法則は，後者および $t\to+\infty$ で平衡分布へと近づかない全ての分布を排除する．これらの基本的性質を表現するために開発された手法が《サブダイナミックス》である．以下で簡単にこの手法を述べる．

レゾルベントから $z=+i0$ 付近の適当な特異性を抜き出すことによって，次のような性質をもつ《未来向きの》演算子 Π を定義することができる．まず Π は巾等演算子 $\Pi^2=\Pi$ であり（この理由で Π は射影演算子ともよばれる），Π はリウヴィル演算子と可換である $[\Pi, L]_-=0$．これが私達がサブダイナミックスとよぶ理由である．同様の手法によって，$z=-i0$ 付近を考察すれば，《過去向きの》演算子 Π' が定義される．それは同じような性質，$\Pi'^2=\Pi'$，$[\Pi', L]_-=0$ をもつ．Π' は L の反転によって Π から構成することもできる．演算子 Π と Π' は異なっているが，互いに関係し合っているのである．もちろん，Π も Π' もエルミートではない（$\Pi\neq\Pi^\dagger$，$\Pi'\neq\Pi'^\dagger$）．しかしそれらは《スターエルミート》である．つまり，エルミート共役と L 反転の両方を行えば不変に保たれる（第8章参照）．即ち，

$$\Pi=\Pi'^\dagger\equiv\Pi^*. \tag{B. 5}$$

Π と Π' は他の対称性ももっている[3)]が，ここではそれは用いない．重要な点は，$\Pi\rho$ は $t\to+\infty$ で正則不変量へと近づく分布関数 ρ に対してのみ定義されるということである（同様にして，Π' は $t\to-\infty$ で平衡分布関数に近づく ρ に対してのみ定義される）．

簡単に，我々の手法とボルツマンの最初の定式化とを比較してみよう．ボルツマンは相関のない，つまり P 成分だけをもつ，初期条件を考えた（これは分子的混沌に相当している）．特定の種類の初期条件だけを選び出すというボルツマンの革命的着想は，それまでにはない重要性をもつが，彼自身によるこの考えの実現は十分ではなかった．事実，P は L と可換ではない $[P, L]_-\neq0$ ので，時間の経過と共に，どのような分布も Q 成分をもち始める．さらに，P は L の反転に関して不変 $P=P'$ なので，ボルツマンの考察は時間に特定の方向をもたらしはしない．

次のステップは，変換演算子 Λ の構成である．これは次のような関係を用いて遂行される．

$$\Pi=\Lambda^{-1}P\Lambda \text{ かつ } \Pi(\lambda\to0)=P. \tag{B. 6}$$

ここで λ はハミルトニアン内の結合定数である（$H=H_0+\lambda V$）．Λ が得られれば，さらに微視的エントロピー演算子 M（式（8.3）参照）も得られる．

次に第10章の概念枠の関係へと戻る．再び ϕ_n を M の固有関数（または固有分布）とよぶ（式（10.27）参照）．

$$M\phi_n=\lambda_n{}^2\phi_n. \tag{B.7}$$

さらに内部時間 T を，M と同じ固有関数をもつ演算子であり，その固有値は《時計上で》読まれた時刻の値となるように**定義**する．

$$T\phi_n=n\phi_n.$$

しかし，K-流の場合とは対比的に，T とユニタリー的な運動演算 U_t の間に簡単な関係を期待することはできない．時間の経過と共に，ϕ_n は非常にこみ入った形で混り合ってゆく．この問題は現在研究中である．

次に一例の考察へと移ろう．

2. 超空間における量子力学的散乱理論

不可逆性は古典的系にも量子論的系にも発生する．どちらの場合にもリウヴィル演算子 L が連続スペクトルをもつときにのみ現われる．したがって量子論的系には大きい系の極限を考察せねばならない（付録 C 参照）．

第3章で述べたように量子論は，波動関数 ψ を用いてヒルベルト空間で定式化することもできるし，密度行列 ρ を用いて我々がよぶところの《超空間》で定式化することもできる．系の状態の時間発展は，前者の場合にはハミルトン演算子 H を用いたシュレーディンガー方程式（3.17）で表わされるし，後者の場合にはリウヴィル超演算子 L を含むリウヴィル－フォン・ノイマン方程式（3.36），つまり H との交換子によって表わされる．

《超空間》における L の演算は因子分解された2つの超演算子の差として表わされる（式（3.35）参照）．

$$L=H\times I-I\times H. \tag{B.9}$$

したがって超空間における時間発展演算子（式（3.36）参照）もまた因子分解された形をとる．

$$e^{iLt}=e^{iHt}\times e^{iHt}. \tag{B.10}$$

ヒルベルト空間から超空間へと移行しても得るところは何もないように思え

るかもしれない．しかし，不可逆性が記述の中に導入されるともはやそうではないのである．事実，もしオブザーバブルの代数を拡張してエントロピーを取り入れる可能性があるとするならば，そのようなオブザーバブルは分解不可能な超演算子としてのみ定義されうるのである（付録 C 参照）．このように不可逆性はヒルベルト空間の枠組みには納めきれないオブザーバブルをもたらすので，超空間は第2法則を量子系に適用しうるあらゆる定式化において中心的役割を果すのである．その際，ヒルベルト空間と超空間における記述の間の単純な対応関係（B. 10）はもはや失われている．

分解不可能な超演算子の導入は量子論の基礎的定式化に対して徹底的な変更をもたらす．なぜなら超空間においては純粋状態と混合状態は同じ立場で扱われねばならないからである．このように不可逆性が現われ得るのは，系に固有の運動の不安定性の結果として，古典的軌道や量子論的波動関数による記述が物理的に無意味となる場合だけなのである．どちらの場合にも，不可逆性は《非局所性》へと導く．なぜなら実現される状態は，位相空間上の《点》に帰着することもできないし，ヒルベルト空間上の《純粋状態》に帰着することもできないからである．

不可逆性の微視的理論によって提起された基礎的問題は，ポテンシャル散乱という簡単な例で既に出会うことになる（George, Mayné and Prigogine 1984），ここではこの問題に集中することにする．

この場合には，ハミルトニアン H は運動エネルギーの部分 H_0 と（有限作用距離の）ポテンシャル V とからなっている．

$$H=H_0+V. \tag{B. 11}$$

この分解は式（8. 30）における射影演算子 P と Q を用いた分解に対応している．

シュレーディンガー方程式（3. 17）の一般解は，ハミルトニアンの固有状態を用いて式（3. 21）のように簡単に表わされる．この観点からは散乱理論は，非摂動系の基底（つまり H_0 が対角化される基底）において H を対角化するユニタリ演算子 U を求める問題へと帰着される．

束縛状態が存在しないときには H のスペクトルは H_0 のそれと一致するので，次の式

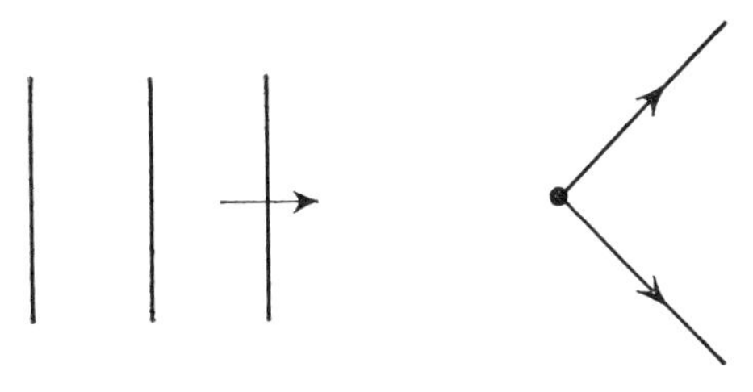

図 B.1(a)　散乱状態（入-状態）$|k^{+}\rangle$（本文をみよ）．

図 B.1(b)　散乱状態（出-状態）$|k^{-}\rangle$（本文をみよ）．

$$U^{-1}HU=H_0 \tag{B.12}$$

は，適当な境界条件のもとで，ミラー演算子 $U_{\pm}$ へと導く（例えば，Goldberger and Watson 1964 参照）．非摂動基底におけるベクトル $|k\rangle$ に対してそれらを作用させると H の入射固有状態と出射固有状態とが得られる．

$$|k^{\pm}\rangle=U_{\pm}|k\rangle. \tag{B.13}$$

用いられている大きい体積への極限操作の結果として，$U_{\pm}$ あるいは $|k^{\pm}\rangle$ は，**ディストリビューション**とよばれる特異関数を含み，その取り扱いには注意が必要である．

散乱状態の物理的意味については散乱理論に関するどのテキストにも述べられている．入-状態 $|k^{+}\rangle$ は，平面波の状態にある入射粒子と，散乱波（例えば球面波）の状態にある出射粒子の状態を記述している．出-状態 $|k^{-}\rangle$ は，入射球面波と出射平面波とを含んでいる．一般に次のような言明がなされる．物理的な直観によって，一方の定常解つまり $|k^{+}\rangle$ が実際の実験状況に対応し，他方の $|k^{-}\rangle$ は決して作られもしないし観測されもしないと．この重要な言明は，例えば適当な初期条件を実現することが《実際上》不可能だというような，《技術的》で特殊な考察からの帰結としてなされている．したがって，出射球

面波に対応する状態だけが未来向きの散逸的半群に属することを示し，それによって入射球面波（さらに一般的には《先行》ポテンシャル）の排除についてのより深い正当化を私達が与えられるということは，大変望ましいことである．第10章で用いた縮小ファイバー，拡大ファイバーとの類似は著しい．ここでも K-流の場合と同じく，《共通の未来》が指定されはしない．

ここでは，この付録の第1節に含まれていることに付け加えて，手法に関するいくつかの指示を与えるに止める．

大きい系の極限における波動関数による散乱の記述には，適当な解析接続が必要となる（リップマン－シュヴィンガーの手法）．このことは，波動関数の2次汎関数（式(3.32)）である密度演算子による記述の場合にも同様である．しかしながら，密度演算子に対する解析接続は単に解析接続された波動関数の2乗をとることとは違う．

このことは，ファン・ホーヴ（Van Hove）による次のような見解と密接に結びついている．散乱は波動関数とその複素共役との間の《建設的干渉》の結果と考えなければならない．したがって，それらの時間発展を独立に扱うことは許されない，なぜならそれら両者が密度演算子の時間発展を与えるからである．

この見解はまさに量子論における時間の意味そのものに関連している．オブザーバブルの期待値は（時間に依存する）波動関数の2次式なので，《2 重の》時間依存性をもつ．しかしながら，衝突のような不可逆過程の源泉となる過程が導入されるときには，この2重の時系列は事象の単一の系列へと再配列されねばならない．言い換えれば，解析接続は密度演算子それ自身のレベルで直接行われねばならないのである．このようにすれば，サブダイナミックスの演算子 Π と変換演算子 Λ とを具体的に構成することができる．本質的な結果は，Λ は $|k^{+}\rangle$ のうちの出射波と共に拡大してゆく状態には作用できるが，Λ を $|k^{-}\rangle$ を含む状態に作用させれば発散してしまうということである．

さらに，散乱断面積はいまやリウヴィル演算子の Λ 変換として次のように大変明瞭な形で現われる（式（8.7）参照）．

$$-i\Phi_{kkk'k'}=-i(\Lambda L\Lambda^{-1})_{kkk'k'}$$
$$=2\pi\delta(\omega_k-\omega_{k'})|t_{kk'}{}^{\dagger}(\omega_k)|^2. \qquad \text{(B.14)}$$

ここで $t_{kk'}^{\dagger}$ は，散乱理論で普通に用いられる遷移行列あるいは t 行列の行列要素である（偏角は正の虚数部をもつ）．この式はもちろん古典的なものである．しかし，散乱断面積は決してユニタリ変換からは得られないということは注目の価値がある．事実，L に対する式（B. 9）から示されるように，$L_{iij'j'}$ のような要素は零となるのであり，このことはユニタリ変換を行なってもそのままである．したがって，散乱断面積や寿命のような基礎的な概念は実は非ユニタリ的記述の一部なのであり，それは不可逆性を含んでいるのである．

文　献

（1） I. Prigogine, C. George, F. Henin and L. Rosenfeld, *Chemica Scripta* 4 (1973): 5.

（2） I. Prigogine, and C. George, *Natl. Acad, Sci.* USA 80 (1983): 4590.

（3） C. George, F. Mayné, and I. Prigogine, *Advances in Chemical Physics* (1984).

（4） 散乱理論に関するテキスト参照，例えば，M. L. Goldberger and K. M. Watson, *Collision Theory*, Wiley (1964).

付録 C

エントロピー，測定および
量子力学における重ね合わせの原理

純粋状態と混合状態

第3章で述べたように，量子力学では波動関数で表わされる純粋状態と密度行列で表わされる混合状態の間には本質的な区別がある．量子力学における純粋状態は，古典力学における軌道といくぶん似た，特権的な立場を占めている．シュレーディンガー方程式によって示されるように（式（3. 17),（3. 20）を参照），純粋状態は時間発展によって他の純粋状態へと変換される．さらに，オブザーバブルはヒルベルト空間内のベクトルを同じ空間内に射影するエルミート演算子によって定義される．このような演算子もまた純粋状態という性質を保存する．したがって量子力学の基本法則は密度行列，つまり混合状態に対応する状態の記述，を用いなくとも定式化できる．密度行列を用いるのは単なる便宜のためまたは近似と考えられている．この状況は，古典動力学において純粋状態に対応する基礎的な要素は動力学的な系の軌道や軌跡であると考えられているのと同じである（とくに第2，第7章を参照).

第3章で次のような質問を発した，量子力学は完成されているのだろうか？過去50年にわたる量子力学の著しい成功にもかかわらず，このような質問を発するひとつの理由は，すでに見たように，測定過程を取り入れることがむずかしい点にある（第3章の「観測の問題」の節を参照). すでに見たように，測定過程は純粋状態を混合状態へと変換するので，純粋状態を別の純粋状態へと変換するシュレーディンガー方程式では記述することはできない．

多くの議論にもかかわらず（デスパーニアによるみごとな解説[1]参照)，この問題は解決から程遠い状態にある．デスパーニア（161ページ）によれば《（観測の）問題を大多数の理論物理学者達は存在していないかまたは無意味な問題

と考えているが，比較的少数ではあるが着実に数を増しつつある彼等の仲間達はそれをほとんど打ち勝ち難い困難だと考えている.》

私はこの論争において強い立場をとりたいとは思わない．なぜなら，今の目的にとっては，測定過程は量子力学における不可逆性の単なる実例にすぎないからである.

どのような立場に立とうとも，この理論における純粋状態と混合状態との間の本質的な区別，および純粋状態の特権的な立場は放棄されなければならない．そうすると，問題はこの区別の廃棄に対する本質的な正当化をどのように提供するかということになる．注目すべき事実は，エントロピー演算子 M を理論の基本的な対象として導入することは（第8章の「不可逆性と古典および量子力学の定式化の拡張」の節を参照)，純粋状態と混合状態の間のこの区別の廃棄を必然的に伴っていることである.

この付録の目的は，この言明の証明を略述することにある．詳細に関しては読者はミスラ，クービジと私により近く出版される論文[2]を参照してほしい．この付録はそれに基づいているのである.

エントロピー演算子と運動の生成要素

通常の量子力学では運動はシュレーディンガー方程式に従いハミルトニアン演算子によって駆動されるのであるが，われわれがそれを越えて行かねばならないのはなぜなのか．仮に次式を得たとしてみよう（式（7.27）を参照，便宜のため D の符号を変えてある).

$$i[H, M] \equiv D \geqq 0. \quad \text{(C. 1)}$$

そうするとこの D は微視的なエントロピー生成演算子とみなすことができる．M と D が同時に測定可能だと考えることは自然なことである．よく知られているように，これは次のことを意味する.

$$[M, D]=0. \quad \text{(C. 2)}$$

式（C. 2）は以下すべてのことに対する《十分条件》とみなされる．この条件を弱めることも可能である．しかしここでは詳細に立ち入る必要はない.

条件（C. 1）と（C. 2）がひとつの演算子 M では満たされえないことの本質的な理由は，ハミルトニアン演算子 H が量子力学において2重の役割を果たしていることである（第8章の「粒子と散逸：脱ハミルトニアンの微視的世界」の節を参照）．時間発展を生成するほかに，H は系のエネルギーを表わしている．したがって，H は下に有界でなければならない．

$$H \geqq 0 \tag{C. 3}$$

（これは，任意の ψ に対して $\langle\psi, H\psi\rangle \geqq 0$ であるという意味（訳者））．

ハミルトニアン H が正値であることと条件（C. 1），（C. 2）とは両立しえないことを示すために，次の等式を考える．

$$\frac{d}{dt}\langle e^{-iMt}\psi, He^{-iMt}\psi\rangle = -i\langle e^{-iMt}\psi, [H, M]e^{-iMt}\psi\rangle = -\langle\psi, D\psi\rangle. \tag{C. 4}$$

最後の等号は M と D が可換なので $e^{iMt}De^{-iMt}=D$ となることからきている．式（C. 4）の両辺を0から t まで積分すると次式を得る．

$$\langle e^{-iMt}\psi, He^{-iMt}\psi\rangle - \langle\psi, H\psi\rangle = -t\langle\psi, D\psi\rangle.$$

書きなおすと

$$\langle\psi, H\psi\rangle = t\langle\psi, D\psi\rangle + \langle e^{-iMt}\psi, He^{-iMt}\psi\rangle. \tag{C. 5}$$

ここで $H \geqq 0$ なので，

$$\langle\psi, H\psi\rangle \geqq t\langle\psi, D\psi\rangle$$

がすべての t に対して成り立つ．しかし，それが可能なのは，$D=0$ というあたりまえの場合以外にはないことは明らかである．

エントロピー演算子が存在しないことと，通常の量子力学の定式化において時間の演算子 T が定義できないこと（パウリが気づいた(3)）との間には興味深い関係がある．そのような時間の演算子は時間発展の群（正確には時間並進群（訳者））の生成要素 H とカノニカルに共役であろう．つまり（第3章の「量子力学は完成されているか？」の節と，第8章の「エントロピー演算子の構成と変換理論：パイこね変換」の節を参照）

$$i[H, T] = I. \tag{C. 6}$$

しかし，もし式（C. 6）を満たす自己共役な演算子が存在すれば，式（C. 1）と（C. 2）を満たすエントロピー演算子 M は，単に T の単調関数をとるだけのことによって得られる．

$$M = f(T).$$

エントロピー演算子が定義できないこと，量子力学には時間演算子が存在しないこと，および時間とエネルギーの不確定性関係を解釈し証明する問題は，このように互いにつながり合っているのである．これらの共通の原因は，通常の量子力学の定式化では時間並進群の生成要素 H が系のエネルギー演算子と同じだという事実である．エントロピー演算子 M を定義できるためには，この縮退を乗り越える必要がある．これを遂行する最も簡単な方法は，いわゆる（量子）動力学のリウヴィル式定式化である（第3章の「シュレーディンガー表示とハイゼンベルク表示」の節を参照）．この定式化における基本的な対象は，密度行列の時間発展を記述する群である．第3章で指摘したように，時間並進群の生成要素はここでは次式で定義されるリウヴィル演算子である（式(3.35)と(3.36)を参照）．

$$L\rho=[H, \rho]. \tag{C.7}$$

そこで，M の存在をリウヴィル演算子によって生成される時間発展との関連において調べることにする．

エントロピー超演算子

量子動力学にリウヴィル式定式化を採用することによる重要な利点は，時間並進群の生成要素 L が物理的にもはや下から有界とはならないということである．事実，H のスペクトルが0から $+\infty$ まで広がっていると，L のスペクトルは実数軸上全体にわたるのである．したがって，M を関係式

$$i[L, M]=D\geqq 0,$$

および

$$[M, D]=0 \tag{C.8}$$

を満たす《超演算子》（第8章の「不可逆性と古典および量子力学の定式化の拡張」の節を参照）として定義する可能性は，今までの議論によって排除されることはないのである．

古典力学の場合と同じく，補足的な条件（第2章の「エルゴード系」の節を参照）を課さねばならない．M は次のどちらの場合にも存在しえない．

1. H は純粋に離散的なスペクトルをもつ
2. H は連続的だが有界なスペクトルをもつ

このことを物理的な用語で言うと，エントロピー超演算子は有限個の粒子だけ

からなる有限な広がりしかもたない系においては存在しえないことを意味している.

エントロピー超演算子の基本的に重要な性質は，それが必然的に**分解不可能**だということである．その意味は，$M\rho$ が次のような形ではありえないということである.

$$M\rho = A_1 \rho A_2, \tag{C. 9}$$

ここで，A_1, A_2 は通常の自己共役な演算子である．まず言えることは，もし M が分解可能ならば，エルミート性の保存のような一般的な性質（参考文献（2）を参照）を用いると，それは次のようなもっと簡単な形に書かれることである.

$$M\rho = A\rho A. \tag{C. 10}$$

このような分解可能な演算子は純粋状態を保存する．事実それは $|\phi\rangle$ を単に $A|\phi\rangle$ へ変換するだけである（式（3. 30）を参照).

したがって M が分解不可能だという性質は非常に重要である．事実もし $M\rho$ が式（C. 10）で与えられるならば，M に対する不確定性関係（C. 8）から A に対する次の関係式が導かれることを証明するのはむずかしいことではない（参考文献（2）を参照).

$$i[H, A] = D_1 \geqq 0,$$
$$i[D_1, A] = cA^2. \tag{C. 11}$$

ここで c は実数である．（$c=0$, $c>0$ および $c<0$ に対応する）3つの場合がどれも不可能であることが，それぞれ次のように示される.

1. $c=0$. 上の議論から $[H, A] = D_1 = 0$ となる．これは式（C. 10）によれば次の関係となる.

$$i[L, M] \equiv D \equiv 0. \tag{C. 12}$$

この式は M が時間的に不変であることを意味している.

2. $c>0$. この場合には，

$$D_1 \geqq 0,$$
$$i[D_1, A] = cA^2. \tag{C. 13}$$

この場合はこの付録の前節の場合との形式的なアナロジーによって調べられる．正値演算子 D_1 は H の役割を果たし，A は M の役割，そして cA^2 は D の役割を果たす（式（C. 1）を参照)．したがって，$A^2=0$ であること，さらに

式 (C. 10) で与えられる M もまた 0 であることが結論される．(3. $c<0$ の場合も不等号の向きが逆転するだけで証明法は同じである (訳者))．

上の考察から次のような結論が導かれる．無限に大きい量子論的系に対しては，オブザーバブルの代数を拡張して非平衡状態のエントロピーを表現する演算子 M を導入することが可能である．ただし，演算子 M が定義できるのは，分解不可能な超演算子としてのみである．オブザーバブルの中にエントロピー演算子 (必然的に分解不可能) を取り入れることは，純粋状態が理論の中で特権的な立場を失い，純粋状態と混合状態とが同等の立場で扱われることを意味している．物理学的にはこれは次のことを意味する．エントロピーをオブザーバブルとして含む系においては，純粋状態と混合状態との間の区別は操作的に無意味とならざるをえない．そして，量子状態のコヒーレントな重ね合わせを実現する可能性には限界が生ずる (第 3 章の「観測の問題」の節を参照)．

この結論はエントロピー演算子の理論からの論理的帰結として導かれたものなので，純粋状態と混合状態の区別が失われることに対する物理的な理由の分析によって，さらに解明される必要が明らかにある．

古典的な系に対する状況についてはくり返し議論を行なった (第 3, 7, 8, 9 章を参照)．すでに見たように，今のところ 2 つの機構が運動の不安定性を導くことが知られている．それらがさらに確定した軌道の《観測》を不可能にするのである．エントロピー演算子をもつ量子論的な系で純粋状態と混合状態の区別が失われる物理的な理由も，やはり，いま議論したような不安定性の然るべき量子論的類似物であろうということは期待されることである．

ここでも再び，古典力学の場合と同じく，複数の機構が関係しているのかもしれない．ひとつは，強いミクシングの性質をもつ古典的な系に対応するものであろうし，もうひとつは，量子論的な系に対するポアンカレのカタストロフィの存在かもしれない (第 8 章の「エントロピー演算子とポアンカレのカタストロフィ」の節を参照)．古典的な系における簡単な例で，$z \to 0$ における漸近的な衝突演算子 $\Psi(z)$ が 0 とはならない場合を付録 B で議論した．同様の状況は量子論的な系にもあり，運動論方程式を導く際に本質的な役割を演ずる (式 (8. 34) を参照)．量子論的な不安定性機構の厳密な数学的定式化は未来の問題である．けれども，演算子 M の存在によって動力学的な原理と解釈された熱力学第2法則が純粋状態と混合状態の区別の廃棄を要求すること，しかもそれがちょうどそのような区別を物理的に観測できないと思われる場合になっていることは満足すべきことである．

文　献

(1) B. d'Espagnat, *Conceptual Foundations of Quantum Mechanics,* 2d ed. (Menlo Park, California: Benjamin, 1976). 町田茂訳『量子力学における観測の理論』(岩波書店).

(2) B. Misra, I. Prigogine, and M. Courbage, *Proceedings of the National Academy of Sciences,* in press.

(3) M. Jammer, *The Philosophy of Quantum Mechanics* (New York: Wiley-Interscience, 1974), p. 141 を参照. 井上健訳『量子力学の哲学』上巻（紀伊国屋書店).

付録 D

量子力学におけるコヒーレンスと不規則性

演算子と超演算子

第9章において，統計物理学の基礎づけに対する不安定性の果たす重要な役割を強調した．付録 A では，決定論的な動力学から出発して確率（マルコフ）過程に到達する可能性を論証した．その際，非ユニタリな《表現の変換》を行なうがそれは情報の減少を伴うことはなかった．この表現の変換を行なうことは，系の動力学的性質が適当に高度の不安定性を含む場合に可能である．このことは，確率論的な理論は依然として《完全》であり，《客観的》であることを証明している．

付録 A で採られた立場は次のようであった．もし（古典的な）動力学的系が十分に不安定ならば，われわれはもはや軌道について語ることはできず，根本的に違う方法を採らざるをえなくなる．つまり，位相空間における分布関数（または軌道の束）の時間発展を追う方法である．そのような条件下では，分布関数から位相空間の単一の点への移行はできなくなる（第9章の「時間と変化」の節を参照）．

量子論では，座標や運動量はその意味を保つが，測定が定めるのは，その系が適当な位相空間内で占める領域だけである．そうすると次のような疑問が生ずるであろう．位相空間の分布関数から個々の軌道への移行が不可能となる状況には，これまで述べてきた状況のほかに，量子論の定式化と関係する状況もあるのではないか．

通常とられているのは別の立場である．単一の軌道への移行は，古典力学や量子力学の間の関係が問われる以前にすでに行なわれていたとする立場である．しかし，古典的な軌道の概念と量子論的な波動関数の概念はあまりにもかけ離れているのでそれらを納得のゆくしかたで結びつけるのはむずかしい.

ここで問われている問題は，古典力学の場合に出会った問題とは全く違う型のものである．古典力学で扱ったのは不安定で《乱雑な》系であった――つまり，エントロピーと密接な関係をもつリアプーノフ関数を定義できるほど乱雑な系であった．それとは反対に，古典から量子力学への移行は古典力学のもつ基本的な可逆性を変更することはない（第3章を参照）．さらに，第3章の「不安定粒子の崩壊」の節で述べたように，量子力学における有限系はどれも離散的なエネルギースペクトルをもっており，したがって純粋に周期的な運動を行なう．この意味で，量子論は古典論よりもいっそう《コヒーレントな》運動の様相を示す．このことが，《隠れた》変数を用いたり，通常の意味の確率的なモデルを用いて量子論を理解しようとする企てに対する，強い物理的な反論の根拠になっていると考えられる．確率論的な模型の場合とは逆に，コヒーレンスが増大しているという点で量子論はむしろ《過剰に決定された》古典論に相当していることを示すように見える．言いかえると，量子論的効果は，位相空間内で隣接する古典的軌道の間に相関を引き起こしているように思われる．これは，昔のボーア－ゾンマーフェルトによる面積 h の位相細胞の描像が直感的に表わしていた内容にほかならない．

この考えを新しく正確な方法で表現する(1)には，演算子と超演算子の間の基本的な区別を導入しなおさなければならない(2)．この区別についてはすでに第8章の「不可逆性と古典および量子力学の定式化の拡張」の節で議論した．またさらに，リウヴィル演算子は分解可能な超演算子であることも指摘した（式(3. 35)と付録 C)．定義によって，分解可能な超演算子とは $A_1 \times A_2$（式（C. 9)を参照）と書かれ，それが次の意味をもつものである．

$$F\rho = (A_1 \times A_2)\rho = A_1 \rho A_2. \tag{D. 1}$$

この記号を用いると，リウヴィル超演算子は次のようになる．

$$L = \frac{1}{\hbar}(H \times I - I \times H). \tag{D. 2}$$

量子論的超演算子のもつ分解可能性は，古典論にはない本質的な性質である．例えば古典的なリウヴィル演算子 L_{cl} もまた分布関数に作用するので**超演算子**である（古典的な分布関数は**2種類**の変数 p, q の集まりの関数であり，したがって連続的な行列要素に対応するものである). しかしながら, L_{cl} はポアソン括弧式 (2.13) で表わされるので分解可能ではない.

古典的および量子論的な超演算子の間の簡単な対応関係を明らかにすることは, 量子力学の構造を理解する源泉を提供するであろう.

古典的な交換関係

1個の運動の自由度をもつ古典的な系に対しては, 4つの基本的な超演算子(そのうち2つは掛け算の超演算子である) が導入される.

$$Q, \quad P, \quad i\frac{\partial}{\partial P}, \quad -i\frac{\partial}{\partial Q}. \tag{D. 3}$$

これらを分布関数に作用する超演算子と考えていることを強調するために, 大文字を用いる. i を掛けてあるのはエルミートな超演算子とするためである.

明らかにこれらの4つの量は2つの独立な非交換の関係を満たしている. ひとつは P と $i(\partial/\partial P)$ の間の, 他方は Q と $-i(\partial/\partial Q)$ の間の関係である (第3章の「演算子と相補性」の節を参照). ところが, 古典的な軌道の理論は全体が Q と P の関数だけからできているので, 非交換の関係が入る余地はない.

このことから量子論は中間的な立場を採っていると言える. なぜなら, それは量子力学的演算子 q_{op} と p_{op} の間の**ひとつの**非交換関係だけを導くからである. この意味で量子力学は古典的な統計集団の理論よりは《決定論的》であるが古典的な軌道の理論ほどではないと言うことができる.

古典的な非交換関係が意味するものは何であろうか. この疑問はジョージと私の最近の論文[1]で詳細に研究された. 量子力学との類推から期待されるように, 次のような対応関係が得られる.

超演算子	固有分布関数
Q	確定した Q の値
P	確定した P の値
$-i\dfrac{\partial}{\partial Q}$	Q について一様な分布
$i\dfrac{\partial}{\partial P}$	P について一様な分布

これから古典的な非交換関係が簡単な意味をもつことがわかる．例えば，ひとつの分布関数が同時に「確定した Q の値」と「Q に依存しない」との両方に対応するわけにはいかない．つまり，古典的な非交換関係は《論理的な》不整合を表現しているのである．しかしながら，例えば，確定した Q と P 両方の値に対応する分布関数，つまり古典的な軌道，を得ることを妨げるものは何もない．

量子論的な交換関係

ここでは 4 つの分解可能な超演算子に対する量子力学を紹介しよう．超演算子は，ハイゼンベルクの交換関係

$$[p_{\mathrm{op}}, q_{\mathrm{op}}]=\frac{\hbar}{i} \qquad \text{(D. 4)}$$

を満たす演算子 $q_{\mathrm{op}}, p_{\mathrm{op}}$ によって表現される次の 4 つである．

$$\frac{1}{2}(q_{\mathrm{op}}\times I+I\times q_{\mathrm{op}}),\quad \frac{1}{2}(p_{\mathrm{op}}\times I+I\times p_{\mathrm{op}}),$$
$$\frac{1}{\hbar}(q_{\mathrm{op}}\times I-I\times q_{\mathrm{op}}),\quad \frac{1}{\hbar}(p_{\mathrm{op}}\times I-I\times p_{\mathrm{op}}). \qquad \text{(D. 5)}$$

古典的な超演算子（D. 3）と量子論的な超演算子（D. 5）の間には注目すべき同型性がある．つまり，次のような対応関係をつければ，交換関係が全く同じになる．

$$Q\longleftrightarrow\frac{1}{2}(q_{\mathrm{op}}\times I+I\times q_{\mathrm{op}}),$$
$$i\frac{\partial}{\partial P}\longleftrightarrow\frac{1}{\hbar}(q_{\mathrm{op}}\times I-I\times q_{\mathrm{op}}),$$
$$P\longleftrightarrow\frac{1}{2}(p_{\mathrm{op}}\times I+I\times p_{\mathrm{op}}),$$
$$-i\frac{\partial}{\partial Q}\longleftrightarrow\frac{1}{\hbar}(p_{\mathrm{op}}\times I-I\times p_{\mathrm{op}}). \qquad \text{(D. 6)}$$

この対応関係によって対応する一組の量には《同じような》物理的意味を与えることができる．しかしこのことは，一次結合をつくり定義式（D. 1）を用いると，次のような対応関係のあることを意味するのである．

$$p_{\mathrm{op}} \longleftrightarrow P - i\frac{\hbar}{2}\frac{\partial}{\partial Q}, \qquad q_{\mathrm{op}} \longleftrightarrow Q + i\frac{\hbar}{2}\frac{\partial}{\partial P}. \tag{D. 7}$$

この結果はとくに興味深い．ヒルベルト空間の演算子 $p_{\mathrm{op}}, q_{\mathrm{op}}$ は軌道上で定義される量 P, Q だけでは表現されない．それらは分布関数に作用する超演算子までをも含んでいるのである．こうしてわれわれは，なぜ古典力学の純粋状態が，もはやヒルベルト空間では実現されないのかを明瞭に了解する．古典的な超演算子が普遍定数 h を介して結合していることが，Q と P 両方の確定した値に対応する固有統計集団の実現を妨げているのである．

もし連続的な分布関数から1点へ（つまりデルタ関数へ）移行しようと試みれば，式（D. 7）の微分係数は無限大となり，無限大のエネルギーの状態を得てしまう．このことがまさに，h によって引き起こされた位相空間内の相関の考えを表現しているのである．

過去においてもしばしば指摘されたことだが[3]，統計集団という観点が古典力学に対する量子力学の位置を明らかにしていることがわかる．量子論に固有なのは非可換な演算子の出現ではない．この特徴は古典的なアンサンブル理論の中に，いつでも組み込むことができる．新しくしかも固有な特徴は4つの基本的な超演算子（D. 5）が式（D. 7）で示される2つの結合に帰着してしまうことである．これが可能となったのは，物理学で作用（運動量×座標）の次元をもつ普遍定数 h が存在するからこそである．その結果，運動量と座標の概念はもはやヒルベルト空間において独立ではなく，量子論は隣接する点の運動が独立には指定できないように過剰に決定された古典力学とみなされるのである．量子力学の《古典的》な理論というのはけっして存在しないのではあるが，物理的状況が非常によく似ているのは弦の古典的な運動である．この場合にも隣接する点の運動を独立に指定することはできない——もしそうしたとしたら，弦は極端に変形されてしまい，いくらでも大きいエネルギーの状態となってしまうであろう．

結　語

この付録 D のはじめに述べたように，古典的な統計集団理論の枠内に対しても非可換な演算子や古典的な相補性の原理を導入することはできる．しかしながらこの場合のこの原理にはあたりまえの意味，つまり分布関数 ρ に対して互いに矛盾する言明をすることはできないという意味しかない．量子力学における新しい特徴というのは，構成される統計集団のタイプに h による制限が生ずるということである．その上，単一の軌道という極限への移行はもはやできず，したがって相補性原理は量子力学において本質的な位置を占める．

強調すべきことは，量子力学に対するこの方法において，観測者やその他の主観的要素による系の乱れを一度も持ち出さなかったということである．

統計力学の場合と同じように，統計集団から軌道への移行は位相空間における構造の変化をきたすことによって禁止されるのである．統計力学の場合には決定的な役割を果たしたのは運動の不安定性であった（第9章と付録 A, C を参照）．ここでは量子論的な統計集団を記述する動力学的演算子の構造が，完全でかつ確率論的な理論へと導いたのである．

結論すると，量子論の基礎に関する有名なアインシュタイン対ボーアの論争の核心の問題（『量子力学の哲学』[3]を参照）は新しい形をとりはじめた．完全でかつ客観的な確率論的理論を考えることは，実際に可能なのである．無知の表現どころではなく，確率論的な要素は動力学的理論の構造における新しい本質的な特徴を表現しているのである．

文　献

（1） ここの議論は最近の論文 C. George, and I. Prigogine, *Physica* 99A (1979): 369 にそのまま従っている．

（2） I. Prigogine, Cl. George, F. Henin, and L. Rosenfeld, *Chemica Scripta*, 4 (1973): 51.

（3） Wigner, Moyal, Bopp その他の仕事については，M. Jammer, *The Philosophy of Quantum Mechanics* (New York: Wiley, 1974)，井上健訳『量子力学の哲学』上，下（紀伊国屋書店）を参照．この本には広範な文献が挙げてある．

参考文献

Allen, P. M. 1976. *Proc. Natl. Acad. Sci. U. S.* 73(3): 665.

Allen, P. M., Deneubourg, J. L., Sanglier, M., Boon, F., and de Palma, A. 1977. Dynamic urban models. Reports to the Department of Transportation, under contracts TSC-1185 and TSC-1460.

Allen, P. M., and Sanglier, M. 1978. *J. Soc. Biol. Struct.* 1: 265–280.

Arnold, L. 1973. *Stochastic differential equations.* New York: Wiley-Interscience.

Arnold, L., Horsthemke, W., and Lefever, R. 1978. *Z. Physik* B29: 367.

Babloyantz, A., and Hiernaux, J. 1975. *Bull. Math. Biol.* 37: 637.

Balescu, R. 1975. *Equilibrium and non-equilibrium statistical mechanics.* New York: Wiley-Interscience.

Balescu, R., and Brenig, L. 1971. Relativistic covariance of non-equilibrium statistical mechanics. *Physica* 54: 504–521.

Barucha-Reid, A. T. 1960. *Elements of the theory of Markov processes and their applications.* New York: McGraw-Hill.

Bellemans, A., and Orban, J. 1967. *Phys. Letters* 24A: 620.

Bergson, H. 1963. L'evolution créatrice. In *Oeuvres,* Editions du Centenaire. Paris: PUF. ベルグソン，真方敬造訳『創造的進化』上，下（岩波文庫）.

Bergson, H. 1972. Durée et simultanéité. In *Mélanges.* Paris: PUF.

Bohr, N. 1928. *Atti Congr. Intern. Fis. Como, 1927,* vol. 2 [さらに *Nature suppl.*(1928) 121: 78.]『世界大思想家全集　社会・宗教・科学 35』(河出書房新社)，273ページ.

Bohr, N. 1948. *Dialectica* 2: 312.

Boltzmann, L. 1872. *Wien. Ber.* 66: 275.

Boltzmann, L. 1905. *Populäre Schriften.* Leipzig. (English translation published in 1974 by Reidel, Dordrecht/Boston.)『世界大思想家全集　社会・宗教・科学 35』(河出書房新社) に抄訳あり.

Bray, W. 1921. *J. Am. Chem. Soc.* 43: 1262.

Briggs, T., and Rauscher, W. 1973. *J. Chem. Educ.* 50: 496.

Caillois, R. 1976. Avant propos à la dissymétrie. In *Cohérences aventureuses.* Paris: Gallimard.

Chandrasekhar, S. 1943. *Rev. Mod. Phys.* 15(1).

Chandrasekhar, S. 1961. *Hydrodynamic and hydromagnetic stability.* Oxford: Clarendon.

Chapman, S., and Cowling, T. G. 1970. *Kinetic theory of non-uniform gases.* 3d ed.

Cambridge University Press.

Clausius, R. 1865. *Ann. Phys.* 125: 353.

Currie, D. G., Jordan, T. F., and Sudarshan, E. C. G. 1963. *Rev. Mod. Phys.* 35: 350.

d'Alembert, J. 1754. *l'Encyclopédie,* vol. N 中の Dimension の項.

De Donder, Th. 1936. *L'affinité.* Revised edition by P. Van Rysselberghe. Paris: Gauthier-Villars.

d'Espagnat, B. 1976. *Conceptual foundations of quantum mechanics.* 2d ed. Reading, Massachusetts: Benjamin. デスパーニア，町田茂訳『量子力学における観側の理論』(岩波書店).

Dewel, G., Walgraef, D., and Borckmans, P. 1977. *Z. Physik.* B28: 235.

Dirac, P. A. M. 1958. *The principles of quantum mechanics.* 4th ed. Oxford: Clarendon. (1st ed., 1930.) ディラック，朝永振一郎他訳『量子力学』(岩波書店). みすず書房からリプリント版も出ている.

Ehrenfest, P., and Ehrenfest, T. 1911. Begrifflische Grundlagen der Statistischen Auffassung der Mechanik. *Encyl. Math. Wiss.* 4: 4. (English translation, *The conceptual foundations of statistical mechanics,* published in 1959 by Cornell University Press, Ithaca.)

Eigen, M., and Schuster, P. 1978. *Naturwissenschaften* 65: 341.

Eigen, M., and Winkler, R. 1975. *Das Spiel.* München: Piper. アイゲン／ヴィンクラー，寺本英他訳『自然と遊戯』(東京化学同人).

Einstein, A. 1917. Zum Quantensatz von Sommerfeld und Epstein. *Verhandl. Deut. Phys. Ges.* 19: 82–92.

Einstein, A., and Besso, M. 1972. *Correspondence 1903–1955.* Paris: Hermann.

Einstein, A., and Born, M. 1969. *Correspondence 1916–1955.* Seuil. (1944 年 9 月 7 日付の手紙.) 西義之他訳『アインシュタイン－ボルン往復書簡集』(三修社).

Einstein, A., Lorentz, H. A., Weyl, H., and Minkowski, H. 1923, *The principle of relativity.* London: Methuen. (Dover edition.)

Erneux, T., and Hiernaux, J. In press.

Farquhar, I. E. 1964. *Ergodic theory in statistical mechamics.* New York: Interscience.

Feller, W. 1957. *An introduction to probability theory and its applications,* vol. 1. New York: Wiley. フェラー，河田龍夫監訳『確率論とその応用 I』上，下 (紀伊国屋書店).

Forster, D. 1975. *Hydrodynamic fluctuations, broken symmetry, and correlation functions.* New York: Benjamin.

George, Cl., Henin, F., Mayné, F., and Prigogine, I. 1978. New quantum rules for dissipative systems. *Hadronic J.* 1: 520–573.

George, Cl., Prigogine, I., and Rosenfeld, L. 1973. The macroscopic level of quantum mechanics. *Kon. Danske Videns. Sels. Mat-fys. Meddelelsev* 38: 12.

Gibbs, J. W. 1875–78. On the equilibrium of heterogeneous substances. *Trans. Con-*

necticut Acad. 3: 108–248; 343–524. (See *Collected Papers.* New Haven: Yale University Press.)

Gibbs, J. W. 1902. *Elementary principles in statistical mechanics.* New Haven: Yale University Press. (Dover reprint.)

Glansdorff, P., and Prigogine, I. 1971. *Thermodynamic theory of structure, stability, and fluctuations.* New York: Wiley-Interscience. グランスドルフ／プリゴジン，松本元・竹山協三訳『構造・安定性・ゆらぎ』(みすず書房).

Goldbeter, A., and Caplan, R. 1976. *Ann. Rev. Biophys. Bioeng.* 5: 449.

Goldstein, H. 1950. *Classical mechanics.* Reading, Massachusetts: Addison-Wesley. ゴールドスタイン，野間進，瀬川富士訳『古典力学』(吉岡書店).

Golubitsky, M., and Schaeffer, D. 1979. An analysis of imperfect bifurcation. Proceedings of the Conference on Bifurcation Theory and Application in Scientific Disciplines. *Ann. N. Y. Acad. Sci.* 316: 127–133.

Grecos, A., and Theodosopulu, M. 1976. On the theory of dissipative processes in quantum systems. *Acta Phys. Polon.* A50: 749–765.

Haraway, D. J. 1976. *Crystals, fabrics, and fields.* New Haven: Yale University Press.

Heisenberg, W. 1925. *Z. Physik* 33: 879.

Henon, M., and Heiles, C. 1964. *Astron. J.* 69: 73.

Hirschfelder, J. O., Curtiss, C. F., and Bird, R. B. 1954. *The molecular theory of liquids.* New York: Wiley.

Hopf, E. 1942. *Ber. Math. Phys. Akad. Wiss.* (Leipzig) 94: 1.

Horsthemke, W., and Malek-Mansour, M. 1976. *Z. Physik* B24: 307.

Jammer, M. 1966. *Conceptual development of quantum mechanics.* New York: McGraw-Hilll. ヤンマー，小出昭一郎訳『量子力学史』上，下 (東京図書).

Jammer, M. 1974. *The philosophy of quantum mechanics.* New York: Wiley. ヤンマー，井上健訳『量子力学の哲学』上，下 (紀伊国屋書店).

Kauffmann, S., Shymko, R., and Trabert, K. 1978. *Science* 199: 259.

Kawakubo, T., Kabashima, S., and Tsuchiya. Y. 1978. *Progr. Theo. Phys.* 64: 150.

Kolmogoroff, A. N. 1954. *Dokl. Akad. Nauk. USSR* 98: 527.

Körös, E. 1978. In *Far from equilibrium,* A. Pacault and C. Vidal 編. Berlin: Springer Verlag.

Koyré, A. 1968. *Etudes Newtoniennes.* Paris: Gallimard.

Lagrange, J. L. 1796. *Théorie des fonctions analytiques.* Paris: Imprimerie de la République.

Landau, L., and Lifschitz, E. M. 1960. *Quantum mechanics.* Oxford: Pergamon. ランダウ／リフシッツ，佐々木・好村・井上訳『量子力学』1, 2 (東京図書).

Landau, L., and Lifschitz, E. M. 1968. *Statistical physics.* 2d ed. Reading. Massachusetts: Addison-Wesley. ランダウ／リフシッツ，小林秋男他訳『統計物理学』上，下 (岩波書店).

Leclerc, Ivor. 1958. *Whitehead's metaphysics.* London: Allen & Unwin.

Lefever, R., Herschkowitz-Kaufman, M., and Turner, J. W. 1977. *Phys. Letters* 60A: 389.

Lemarchand, H., and Nicolis, G. 1976. *Physica* 82A: 521.

McNeil, K. J., and Walls, D. F. 1974. *J. Statist. Phys.* 10: 439.

Margalef, E. 1976. In *Séminaire d'écologie quantitative* (third session of E4, Venice).

Maxwell, J. C. 1867. *Phil. Trans. Roy. Soc.* 157: 49.

May, R. M. 1974. *Model ecosystems.* Princeton, New Jersey: Princeton University Press.

Mehra, J., ed. 1973. *The physicist's conception of nature.* Dordrecht/Boston: Reidel.

Mehra, J. 1976. The birth of quantum mechanics. Conseil Européen pour la Recherche Nucléaire, 76-10.

Mehra, J. 1979. *The historical development of quantum theory: The discovery of quantum mechanics.* New York: Wiley-Interscience.

Minorski, N. 1962. *Nonlinear oscillations.* Princeton, New Jersey: Van Nostrand.

Misra, B. 1978. *Proc. Natl. Acad. Sci. U. S.* 75: 1629.

Misra, B., and Courbage, M. In press.

Monod, J. 1970. *Le hasard et la nécessité.* Paris: Seuil. (English translation, *Chance and necessity,* published in 1972 by Collins, London.) モノー，渡辺格・村上光彦訳『偶然と必然』(みすず書房).

Morin, E. 1977. *La méthode.* Paris: Seuil.

Moscovici, S. 1977. *Essai sur l'histoire humaine de la nature.* Collection Champs Philosophique. Paris: Flammarion.

Moser, J. 1974. *Stable and random motions in dynamical systems.* Princeton, New Jersey: Princeton University Press.

Nicolis, J., and Benrubi, M. 1976. *J. Theo. Biol.* 58: 76.

Nicolis. G., and Malek-Mansour, M. 1978. *Progr. Theo. Phys. suppl.* 64: 249-268.

Nicolis, G., and Prigogine, I. 1971. *Proc. Natl. Acad. Sci. U. S.* 68: 2102.

Nicolis, G., and Prigogine, I. 1977. *Self-organization in non-equilibrium systems.* New York: Wiley. ニコリス／プリゴジーヌ，小畠陽之助・相沢洋二訳『散逸構造』(岩波書店).

Nicolis, G., and Prigogine, I. In press. Non-equilibrium phase transitions. *Sci. Am.*

Nicolis, G., and Turner, J. 1977a. *Ann. N. Y. Acad. Sci.* 316: 251.

Nicolis, G., and Turner, J. 1977b. *Physica* 89A: 326.

Noyes, R. M., and Field, R. J. 1974. *Ann. Rev. Phys. Chem.* 25: 95.

Onsager, L. 1931a. *Phys. Rev.* 37: 405.

Onsager, L. 1931b. *Phys. Rev.* 38: 2265.

Pacault, A., de Kepper, P., and Hanusse, P. 1975. *C. R. Acad. Sci. (Paris)* 280C: 197.

Paley, R., and Wiener, N. 1934. *Fourier transforms in the complex domain.* Providence, Rhode Island: American Mathematical Society.

Planck, M. 1930. *Vorlesungen über Thermodynamik.* Leipzig. (English translation, Dover.)

Poincaré, H. 1889. *C. R. Acad. Sci.* (*Paris*) 108: 550.

Poincaré, H. 1893a. Le mécanisme et l'expérience. *Rev. Metaphys.* 1: 537.

Poincaré, H. 1893b. *Les méthodes nouvelles de la mécanique céleste.* Paris: Gauthier-Villars. (Dover edition, 1957.)

Poincaré, H. 1914. *Science et méthode.* Paris: Flammarion. ポアンカレ, 吉田洋一訳『科学と方法』(岩波文庫).

Poincaré, H. 1921. Science and hypothesis. In *The foundations of science.* New York: The Science Press. ポアンカレ, 河野伊三郎訳『科学と仮説』(岩波文庫).

Popper, K. 1972. *Logic of scientific discovery.* London: Hutchinson. ポパー, 大内義一・森博訳『科学的発見の論理』上, 下 (恒星社厚生閣).

Prigogine, I. 1945. *Acad. Roy. Belg., Bull. Classe Sci.* 31: 600.

Prigogine, I. 1962. *Nonequilibrium statistical mechanics.* New York: Wiley.

Prigogine, I. 1967. *Introduction to nonequilibrium thermodynamics.* 3d ed. New York: Wiley-Interscience.

Prigogine, I. 1975. Physique et métaphysique. In *Connaissance scientifique et philosophie.* Publication no. 4 of the Bicentennial, Royal Academy of Belgium.

Prigogine, I. 近刊. *The microscopic theory of irreversible processes.* New York: Wiley.

Prigogine, I., Allen, P., and Herman, R. 1977. Long term trends and the evolution of complexity. In *Goals in a global community: A report to the Club of Rome,* vol. 1, E. Laszlo and J. Bierman 編. Oxford: Pergamon.

Prigogine, I., and George, C. 1977. New quantization rules for dissipative systems. *Intern. J. Quantum Chem.* 12 (suppl. 1): 177–184.

Prigogine, I., George, C., Henin, F., and Rosenfeld, L. 1973. A unified formulation of dynamics and thermodynamics. *Chem. Scripta* 4: 5–32.

Prigogine, I., and Glansdorff, P. 1971. *Acad. Roy. Belg., Bull. Classe Sci.* 59: 672–702.

Prigogine, I., and Grecos, A. 1979. Topics in nonequilibrium statistical mechanics. In *Problems in the foundations of physics.* Varenna: International School of Physics "Enrico Fermi."

Prigogine. I., Mayne, F., George, C., and De Haan, M. 1977. Microscopic theory of irreversible processes. *Proc. Natl. Acad. Sci. U. S.* 74: 4152–4156.

Prigogine, I., and Stengers, I. 1977. The new alliance, parts 1 and 2. *Scientia* 112: 319–332; 643–653.

Prigogine, I., and Stengers, I. 1979. *La nouvelle alliance.* Paris: Gallimard.

Prigogine, I., and Stengers, I. 1984. *Order out of chaos.* New York: Doubleday.

Rice, S., Freed, K. F., and Light, J. C., eds. 1972. *Statistical mechamics: New concepts, new problems, new applications.* Chicago: University of Chicago Press.

Rosenfeld, L. 1965. *Progr. Theoret. Phys. Suppl.* Commemoration issue, p. 222.

Ross, W. D. 1955. *Aristotle's physics.* Oxford: Clarendon.

Sambursky, S. 1963. *The physical world of the Greeks.* Translated from the Hebrew by M. Dagut. London: Routledge and Kegen Paul.

Schlögl, F. 1971. *Z. Physik.* 248: 446.

Schlögl, F. 1972, *Z. Physik.* 253: 147.

Schrödinger, E. 1929. Inaugural lecture (Antrittsrede), 4 July 1929. (English translation in *Science, theory, and men,* published in 1957 by Dover.)

Serres, M. 1977. *La naissance de la physique dans le texte de Lucréce: Fleuves et turbulences.* Paris: Minuit.

Sharma, K., and Noyes, R. 1976, *J. Am. Chem. Soc.* 98: 4345.

Snow, C. P. 1964. *The two cultures and a second look.* Cambridge University Press. スノー，松井巻之助訳『二つの文化と科学革命』(みすず書房).

Spencer, H. 1870. *First principles.* London: Kegan Paul.

Stanley, H. E. 1971. *Introduction to phase transitions and critical phenomena.* Oxford University Press. スタンリー，松野孝一郎訳『相転移と臨界現象』(東京図書).

Theodosopulu, M., Grecos, A., and Prigogine, I. 1978. *Proc. Natl. Acad. Sci. U. S.* 75: 1632.

Theodosopulu, M., and Grecos, A. 1979. *Physica* 95A: 35.

Thom, R. 1975. *Structural stability and morphogenesis.* Reading, Massachusetts: Benjamin. トム，彌永昌吉・宇敷重広訳『構造安定性と形態形成』(岩波書店).

Thomson, W. 1852. *Phil. Mag.* 4: 304.

Tolman, R. C. 1938. *The principles of statistical mechanics.* Oxford University Press.

Turing, A. M. 1952. *Phil. Trans. Roy. Soc. London, Ser. B.* 237: 37.

Von Neumann, J. 1955. *Mathematical foundations of quantum mechanics.* Princeton, New Jersey: Princeton University Press. フォン・ノイマン，井上・広重・恒藤訳『量子力学の数学的基礎』(みすず書房).

Welch, R. 1977. *Progr. Biophys. Mol. Biol.* 32: 103-191.

Whittaker, E. T. 1937. *A treatise on the analytical dynamics of particles and rigid bodies.* 4th ed. Cambridge University Press. (Reprint, 1965.) ホイッテーカー，多田政忠・藪下信訳『解析力学』上，下 (講談社).

Winfree, A. T. 1974. Rotating chemical reactions. *Scientific American* 230: 82-95. ウィンフリー「渦巻く化学反応」，『サイエンス』1974年5月号.

Winfree, A. T. 1980. *The geometry of biological time.* New York: Springer Verlag.

訳者あとがき

本書の表題『存在から発展へ』(*From Being to Becoming*) は，可逆な力学的世界観から不可逆な熱学的世界観への転換を意味している．熱学的思考の起源は遠くギリシャのヘラクレイトスまでさかのぼることができる．彼は「なべての物は流れ，すべて**ある**はなく**なる**のみ」という有名な言葉を残し，ヘーゲルに代表される弁証法の成立に影響を与えたことはよく知られているとおりである．しかし，ガリレオ，デカルト，ニュートンらによる力学的世界観の普及とともに，このような考えは下火になったと言えよう．

古典物理学の3大支柱のうちで，力学と電磁気学は，ある時刻における条件がすべて与えられればその後の変化がすべて確定的にきまるようにできているという意味で，完全に《決定論的》である．それと同時に，時間の向きを逆転してもすべてがそのまま成立するという意味で，《可逆的》であるという特徴をもつ．これに対し，熱力学は古典物理学の中ではきわめて異質的な存在である．そして，その最も著しい特徴は不可逆性を認める第2法則にあると言えよう．力学的世界観を熱現象に持ちこむ統計力学で一番の難問は，熱現象に特有なこの不可逆性を，どうやって可逆的な力学から導出できるかということであった．

この問題は，量子力学が古典力学にとって代っても本質的には変化していない．そして，粒子の数が莫大であることと，確率の考えとを組合わせることによって，《統計的》に不可逆性を導き出す，というのがその解答であった．しかしこの答えは，何か誤魔化しのような割り切れなさを残していた．そして，コンピュータの発達に伴い，シミュレーションで確かめることをしなければ，物理学者は気がすまなかったのである．しかし，コンピュータは，単に従来の考えを追認するだけではなく，それ以上のものをもたらした．

一方，物理学は化学や生物学の分野にも，物理学帝国主義と評されるほどめざましく進出した．そこは不可逆性がさらにいっそう本質的な役割りを演じる分野である．例えば，生物学者フォン・ベルタランフィは『生命』（長野・飯島訳，みすず書房）のなかで，「生物の形態は，**在る**（sein）というよりもむしろ**成る**（werden）のだ」と述べている．このような立場から彼は，生物体を非平衡な定常開放系として捉える立場に到達したのであった．それでは，このような系を，ミクロの力学とどう結びつけたらよいのであろうか．

一つの立場として，ハーケンらを中心とするシナジェティックス（牧島・小森訳『協同現象の数理』東海大学出版会）がある．これはレーザー発振における状態変化が，相転移と類似性をもつことに着目し，そこから出発した理論であって，情報理論とのつながりを重視する．しかしこれも機械論的な枠組にとらわれすぎているという感を否めないように思われる．

物質の分子的構造を捨象した巨視的理論として19世紀に確立された熱力学は，平衡状態のみを扱うものであり，不可逆性を論じても，そこに時間は入っていなかった．変化そのものを扱う非平衡熱力学が形をとり始めたのは第2次世界大戦後のことであり，プリゴジンの *Étude thermodynamique des phénomènes irreversible* (Desoer, Liège, 1947) がこの分野でおそらく最初の単行本であった．そこで最初に扱われたのは，平衡からのはずれが小さく，現象が《線形》の場合であったが，勿論それでは本書で展開されているような多様な結果は到底得られない．

平衡から大きくはずれた系を扱うようになるとともに，きわめて多彩な結果がつぎつぎと発見されるようになる．それにコンピュータの寄与が大きいことは言うまでもない．こうして，化学反応から生態系の自己秩序形成まで，多種多様の問題が《発展》の物理学の対象として精力的に研究されることになる．

プリゴジンと彼の率いるブリュッセル学派の研究は，現象論とともに，不可逆過程の分子論的基礎づけにもその精力が傾けられる．主力は古典力学で扱う系に向けられ，分布関数に対するリウヴィル方程式が主たる対象である．本書でプリゴジンが革命的と自負する動力学に根ざした不可逆性も，この形式で導出しようとしているわけである．

不可逆性が問題となるような場合には，古典力学的な軌道（量子力学では波動関数）がその意味を失う，というのがその重要なポイントである．したがって，系を記述するには分布関数を用いざるをえないことになり，エントロピーは演算子（もしくは超演算子）で表わされるはずである．この演算子と，系の時間発展を規定するリウヴィル演算子の非可換性によって，不可逆性を導出できる，というのがプリゴジンの主張である．これに関連して，時間も演算子で表わされることになり，従来の時間のような単なるパラメタではなく，不可逆性と密接に関連した時間が定められることになる．

この大胆な提言は，まだ試論の域を出ていないとはいえ，きわめて示唆に富むアイディアである．自己主張の強い著者ではあるが，相当の自信をもって熱っぽく説いているからには，成算はかなりあるのであろう．今後の発展を期待したい．

本書訳出のきっかけとなったのは，訳者の一人（S. A.）が書店に並べてあった原書に目をとめ，内容に非常な興味を感じてもう一人の訳者（S. K.）に相談をもちかけたことであった．その後，みすず書房の松井巻之助氏から翻訳の話がもちこまれ，一気に話がまとまった．ところが，よく検討してみると，原書にはたくさんの誤植があって，その修正には相当な想像力が必要であり，訳業はかなり難航した．訳者の力の及ぶ限りで誤りは訂正したつもりであるが，まだ遺漏があるやもしれない．発見された読者の御指摘を期待したい．

1983年10月

訳　者

訳者あとがき追補

本書の原書，つまり1980年に米国 Freeman 社から出版されたものの翻訳は，「訳者あとがき」を書いた1983年10月にすでに完了していた．ところが翌11月に来日したプリゴジン教授との会見の際に大幅な改訂の話がもちあがり出版は1年以上も遅れてしまった，

プリゴジン教授は，本書の133ページでも簡単に触れられている都市問題に関する貢献が本田技研賞の対象となり，その受賞のために来日したのであった．

訳者ら2名は，みすず書房の松井巻之助氏と戸田盛和東教大名誉教授の同席のもとに，滞在中のホテルでプリゴジン教授に面会し，本書についての意見を交換した．席上で訳者らは，「あとがき」にも書いた原書中の誤記，誤植の修正についての意見を求め，幸いに了解が得られた．一方，プリゴジン教授からは，原書出版後に本書の内容に関連する大きな進歩のあったことが告げられ，邦訳書にはぜひその部分も含めてほしい旨の要望が出された．翻訳，校正はすでに完了していたのであったが，訳者らも含めて読者らの新しい進歩への関心を考え合せ，松井氏とも相談のうえ出版を見合わせたのであった．

数か月後に送られてきたのは，第7章〜第9章，付録Aの大幅な変更の原稿，さらに新しく書き加えられた第10章と，付録Bのさしかえ原稿，および日本語版への序文であった．大幅な変更とさしかえによって英語版に散見された混乱はすっきりと整理され，そのうえ追加された第10章「不可逆性と時空構造」は深い内容を盛った歴史的ともいえる文献であった．訳者らは待った甲斐があったことを喜び，欧文書よりも進んだ内容の訳書を世に送れることを秘かに誇りに思ったのである．訳者らにこのような「特権」を与えて下さったプリゴジン教授とみすず書房に謝意を表したい．

以下で，本書の内容について若干の解説を加えておこう．第10章，223ページでは科学哲学者 Sir. K. ポパーが1956年に「時の矢」と題して *Nature* 誌上に発表した水面上に拡がる波紋に関する論文が引用されている．4分の1頁にも満ないこの短い論文は，その後10年にわたって *Nature* 誌上で不可逆性に関する論争を巻き起すこととなった．ポパーの知的自伝『果しなき探求』(森博訳，岩波書店，194ページ) によると，この論文は「エントロピー増大が結びつくと否とにかかわりなく不可逆的である物理的過程の存在を主張」したのであり，「エントロピー増大の方向は時間の方向を完全に決定するというボルツマン理論」を暗に批判していたのである．そして，ボルツマンの立場を擁護するシュレーディンガーとの間で激しい論戦を繰り拡げた旨が記されている．本書の第10章，232ページによると，同じような論戦はアインシュタインとリッツの間でも展開された由である．リッツと同じような見解は初期のプランクによっても表明されていたことを付け加えておく．

本書の第10章と付録Bで展開されるプリゴジンの理論は，エントロピーを位相空間（古典力学）または超空間（量子力学）上での超演算子へと拡張することによって，このような論争に一つの解決を与えるものである．つまり，不可逆性を我々が住む自然界の基本的事実だと考えるプリゴジンは，リッツやポパーの挙げる力学的な例にまでも当てはまるようにエントロピー概念を拡張するのである．訳者らにとっても因果律とエントロピーの関係は長年の疑問であった．プリゴジンはこの疑問に一つの解決を与えてくれたように思う．それは，我々の住む世界は時間的な対称性の破れた状態にあるということであり，演算子としてのエントロピーはそのような状態に対してのみ導入できるというのである．我々が時間的対称性の破れた世界に住んでいるというプリゴジンの主張は，我々の住む宇宙が膨張しつつあるという事実とも符合している．

訳者らが常に疑問に感じていたもう一つの点は，ハイゼンベルクの不確定性関係の中に時間とエネルギーの間の不確定関係を含められるようにはできないのだろうか，という点であった．本書で，プリゴジンはこの点に関しても一つの解決を与えてくれている．付録D，276ページにあるように，系のエネルギーを表わす正値の演算子であるハミルトニアン H は正準共役な時間演算子をもっていないことに着目して，プリゴジンは時間並進群の生成要素を H からリウヴィル演算子 L に変更することを提案する．そうすれば，量子力学においてもエントロピー演算子や時間演算子を導入できるというのである．さらに，「どのような立場に立とうとも，量子力学における純粋状態と混合状態との間の本質的な区別，および純粋状態の特権的な立場は放棄されなければならない」とも主張している．

本書で興味深いのは，このような一見「特異」とも感じられるプリゴジンの量子力学観である．しかし，反省してみるならば「特異」と感ずるのは，ボーア，ハイゼンベルクによる量子力学のコペンハーゲン流解釈に我々が慣れ親しんでしまっているからであり，量子力学を生み出したのではなく，それを輸入してインスタント的に身につけた我々の弱みなのではあるまいか．プリゴジンの熱学的，不可逆的な量子力学観には，プランク，アインシュタイン，ド・ブロイ，シュレーディンガーと連綿とつながる量子力学の創始者達の伝統がそのまま息づいている．本書の第3章，80ページでは，量子力学は完成されているかという問いかけに対して，プリゴジンは明確に《ノー》と答えている．そしてすでにアインシュタインが，ボーア－ゾンマーフェルトの量子化形式は準周期的運動にしか使えないと指摘していたと述べている．さらに，「物理的な《現実》は連続スペクトルをもった系に対応しており，これは素粒子が場で表わされ，したがって非局所的であるという見解に一致する」と指摘しているのである．

追加された第10章「不可逆性と時空構造」では，このような立場がさらに発展され，不可逆性の微視的理論からの論理的帰結として時空構造に非局所性が導入されることが示される．そして，一般相対性理論においても，物理的に有効な時空は「時間座標 t が，その時間を用いればエントロピーが増大する」ものでなければならず，この考えは晩年のアインシュタインの見解にも一致していたことが247ページで示されている．さらに，測定過程は人間と周囲の世界との相互作用の一形態であり，測定によって生物のもつ破れた時間対称性が測定対象へと受け渡されるのであり，量子力学における観測過程もこの立場から理解されることが示唆されている．

本書の247ページで紹介されているアインシュタインの見解はゲーデルの宇宙論を批判したものである．先述したポパーの自伝184ページによれば，ゲーデルの宇宙論は「アインシュタインの二つの相対性理論からの議論を用いて，時間と変化の実在性に反対する論文」であるが，アインシュタインは実在論を支持する立場から，「宇宙論方程式のゲーデル解は**物理的理由から**排除されなければならない」と考えたそうである．ポパーは「**時間と変化の実在性**は実在論の最も重要な点である」，「明確な立場は《開かれた宇宙》——過去と現在とが未来に厳しい制限を加えるとしても，未来がいかなる意味においても過去または現在に含まれない宇宙——を支持するように構築されなければならない」（本書216ページも参照）と述べている．さらに「生命の進化，生き物，とりわけ高等動物の行動の仕方は，時間をあたかも別の空間座標のごときものと解釈する理論では理解することはできない」と論じている．

本書で展開されるプリゴジンの理論では，アインシュタイン，ポパーと受け継がれてきた実在論の立場が，一つの物理理論として結実している．例えば，ポパーが *Nature* 誌上の論争でもちだした卵のふ化時の発熱の例は，本書の第4章で紹介されるプリゴジンの散逸構造論で説明されることとなる (Prigogine,

Nicolis, and Babloyantz, *Physics Today* **25** (1972) 23)．また，プリゴジンは彼の理論と相対性理論の関係について，「相対論では普遍定数 c をつうじて時間が空間化されるが，我々の観点は，時間の不可逆性が空間の構造に対してもたらす意味を探るのだ」と述べている（Misra, and Prigogine, *Lett. in Math. Phys.* **25** (1983) 421)．

上述したゲーデルは，数学的公理系に関する「ゲーデルの不完全性定理」によって数学基礎論を書き改めた数学者であり，アインシュタインとはプリンストン高等研究所における同僚であった．本書では触れられていないが，プリゴジンは彼の理論とゲーデルの定理との関係を，先に挙げたミスラとの共著論文の中で述べているので紹介しておこう．「古典力学は自己完結的な構造をもつとされているが，第2法則がその枠組みの中に組込まれるとそうではなくなる．位相空間上の点や軌道は数学的な再構成物とみなさねばならなくなり，再構成には無限の精度が必要となる．量子力学に第2法則が導入されると，物理的発展において純粋状態は維持され得なくなり，混合状態へと変換されてゆく．古典力学，量子力学，相対性理論のいずれにおいても，第2法則は局所性からの乖(かい)離をもたらす．ゲーデルの定理によれば，数学的公理系において公理系自身について述べられた（メタ数学的）言明の正当性は，その公理系の中では決定できず，したがってその公理系は不完全ということになる．同様にして，動力学的系に関して述べられた言明，例えば，系は第2法則に従う，が動力学の中の概念や構成物によって定式化されるならば，それらの概念や構成物そのものに限界が生ずるのである．」

ゲーデルの定理と物理理論との関係は，ポパー（自伝185ページ）や朝永振一郎（日本物理学会100周年記念講演）によっても論じられている．訳者（S. A.）も，量子力学の観測理論はこの立場から論じられるべきだと考えていた．つまり，測定過程は量子力学に関する（メタ）言明であり，例えばプリゴジンのように，現行の量子力学の拡張をしなければ論じ得ない性質のものだと思うのである．

このように，本書とその中でもとくに追加された第10章は，アインシュタインによって示唆された見解が一層大きく展開されて，アインシュタインを超える非局所的時空構造にまで発展している．しかも，それは「訳者あとがき」

で述べた生物学者フォン・ベルタランフィや，上述した哲学者ポパー，数学者ゲーデルのような他分野における成果までも踏まえた，幅広いものである．プリゴジン教授の追加手稿を歴史的文献と考えるのは，以上のような理由によってなのである．

最後に，このような意義ある仕事の機会を作って下さったみすず書房の松井巻之助氏を本訳書の完成を待たずして失ってしまったことは，訳者らには悲しい出来事であった．思えば，所在の分らぬ我々をあちこちと電話して探し出してプリゴジン教授のホテルへ呼び出して下さったのも松井氏であった．本訳書を慎んで松井巻之助氏の御霊前に捧げたいと思う．

1984年10月

訳　　者 (S. A.)

人 名 索 引

(主なもののみを記す.)

事 項 索 引

ハ

マ

ヤ

ラ

著者略歴

(Ilya Prigogine, 1917-2003)

1917年モスクワに生まれる．ブリュッセル自由大学卒業．ブリュッセル自由大学物理化学科教授，ソルヴェー国際物理化学研究所長，テキサス大学統計力学・熱力学研究センター所長を歴任する．非平衡熱力学，特に散逸構造理論への貢献によって，1977年ノーベル化学賞受賞．2003年歿．著書『構造・安定性・ゆらぎ』(グランスドルフと共著，みすず書房，1977)『散逸構造』(ニコリスと共著，岩波書店，1980)『混沌からの秩序』(スタンジェールと共著，みすず書房，1987)『複雑性の探究』(ニコリスと共著，みすず書房，1993)『確実性の終焉』(みすず書房，1997) ほか．

訳者略歴

小出昭一郎〈こいで・しょういちろう〉 1927年東京に生まれる．1950年東京大学理学部卒業．理学博士．東京大学名誉教授，山梨大学名誉教授．2008年歿．著書『量子論』『量子力学』I, II (裳華房)『物理現象のフーリエ解析』『熱学』(東京大学出版会)『力学』(岩波全書)『解析力学』(岩波書店) ほか．訳書　メシア『量子力学』1, 2, 3 (共訳) ヤンマー『量子力学史』1, 2 (東京図書) ほか．

安孫子誠也〈あびこ・せいや〉 1942年東京に生まれる．1964年東京大学理学部物理学科卒業．1975年東京大学大学院理学系研究科博士課程修了．理学博士．現在　聖隷クリストファー大学名誉教授．著書『歴史をたどる物理学』(東京教学社)『エントロピーとエネルギー』(大月書店)『エントロピーとは何だろうか』(共著，岩波書店)『アインシュタイン相対性理論の誕生』(講談社現代新書)『安孫子誠也論説集――エントロピー論・近代物理学史・科学論』(東京教学社)．訳書　ヤウホ『量子論と認識論』(共訳，東京図書) スコフェニル『アンチ・チャンス』(共訳，みすず書房) クーン『科学革命における本質的緊張』(共訳，みすず書房) ニコリス／プリゴジン『複雑性の探究』(共訳，みすず書房) プリゴジン『確実性の終焉』(共訳，みすず書房) ほか．

イリヤ・プリゴジン
存在から発展へ
物理科学における時間と多様性
小出昭一郎・安孫子誠也 訳

1984 年 12 月 5 日　初　版第 1 刷発行
2019 年 4 月 10 日　新装版第 1 刷発行

発行所 株式会社 みすず書房
〒113-0033 東京都文京区本郷 2 丁目 20-7
電話 03-3814-0131(営業) 03-3815-9181(編集)
www.msz.co.jp

本文印刷所 精興社
扉・表紙・カバー印刷所 リヒトプランニング
製本所 松岳社
装丁 安藤剛史

ISBN 978-4-622-08803-5
［そんざいからはってんへ］
落丁・乱丁本はお取替えいたします